深井瓦斯抽采与围岩控制技术国家地方联合工程实验室重点项目（SJF2201）
河南省瓦斯地质与瓦斯治理重点实验室项目（WS2022B15）
国家自然科学基金项目(U21A20108、U1704131、51774111)
中原科技创新领军人才项目(224200510012)
河南省科技创新杰出人才项目(184200510003)

采动覆岩内水平定向长钻孔抽采卸压瓦斯技术及应用

郭明杰◎著

中国矿业大学出版社
·徐州·

内 容 简 介

本书是针对煤矿生产现场遇到的实际问题而撰写的，实践性较强。全书共分7章，主要回顾国内外涉及“煤层顶板水平定向长钻孔抽采卸压瓦斯技术”核心内容的研究现状，研究采动覆岩裂隙演化分布规律、定向长钻孔的布置抽采位置以及钻孔抽采和布置参数的优化确定，进而提出定向长钻孔的布置抽采方案，最终为提高卸压瓦斯抽采率、发展现有煤与瓦斯共采理论提供一定的理论与技术依据。

本书可供安全工程、采矿工程、地质工程、煤层气开发工程等专业的研究学者阅读，也可作为煤矿企业从事煤矿安全生产的技术和管理人员的参考用书。

图书在版编目(CIP)数据

采动覆岩内水平定向长钻孔抽采卸压瓦斯技术及应用/郭明杰著.—徐州：中国矿业大学出版社，2023.2

ISBN 978-7-5646-5718-5

Ⅰ.①采… Ⅱ.①郭… Ⅲ.①煤层—顶板—卸压—瓦斯抽放—安全技术 Ⅳ.①TD712

中国国家版本馆CIP数据核字(2023)第028569号

书　　名　采动覆岩内水平定向长钻孔抽采卸压瓦斯技术及应用

著　　者　郭明杰

责任编辑　王美柱　路　露

出版发行　中国矿业大学出版社有限责任公司

（江苏省徐州市解放南路　邮编221008）

营销热线　(0516)83885370　83884103

出版服务　(0516)83995789　83884920

网　　址　http://www.cumtp.com　**E-mail**:cumtpvip@cumtp.com

印　　刷　徐州中矿大印发科技有限公司

开　　本　787 mm×1092 mm　1/16　**印张** 9.5　**字数** 243千字

版次印次　2023年2月第1版　2023年2月第1次印刷

定　　价　45.00元

（图书出现印装质量问题，本社负责调换）

前　言

煤炭是支撑我国经济发展的重要资源，2021年全国原煤产量41.3亿t，消费量占我国能源总消费量的56%。煤炭作为我国能源结构的主体将在未来相当长一段时间内难以改变。瓦斯作为煤炭开采过程中的伴生气体，不仅对矿井的安全生产构成了严重威胁，而且自由排放造成了严重的大气污染。与灾害性相对，瓦斯还是一种清洁能源，亦可作为生产氨气和化肥等的化工原料。由此可见，对瓦斯的抽采不仅可以预防煤矿瓦斯事故，而且可以防止瓦斯排放污染空气，实现瓦斯的资源化利用。

井下煤层开采打破了煤岩的原始赋存状态，造成上覆岩层运移破坏与裂隙演化发育，并伴随赋存于煤层及岩体内的瓦斯等气体大量解吸涌出。解吸的瓦斯在压力和浓度梯度作用下在采动裂隙网络内流动、汇聚，会造成采空区瓦斯积聚和工作面瓦斯超限现象。这不仅给工作面生产带来严重的安全隐患，而且已成为当前矿井实现安全高效生产亟待解决的难题。近年来，钻进技术及装备水平不断提升，采用地面垂直钻孔、顶板普通高位钻孔、顶板水平定向长钻孔等抽采利用卸压瓦斯得到了广泛应用。其中，顶板水平定向长钻孔因其施工成本低、抽采效率高、抽采时间长、可有效缓解采掘接替紧张局面等优势，逐渐成为工作面采空区卸压瓦斯抽采治理的有效途径。但同时存在以下问题：钻孔抽采过程中极易受采动影响发生塌堵孔事故，造成钻孔失效；钻孔布置抽采仍以抽采经验、模拟试验为主要参考依据，相关理论依据较少。因此，开展煤层顶板水平定向长钻孔抽采卸压瓦斯技术研究，对于矿井提高卸压瓦斯抽采率，发展现有煤与瓦斯共采理论，促进煤矿绿色开采技术发展具有重要的理论与工程意义。

本书是作者对此问题长期研究与实践成果的总结，核心是研究采动覆岩裂隙演化分布规律、定向长钻孔的布置抽采位置以及钻孔抽采和布置参数的优化确定，进而提出定向长钻孔的布置抽采方案，最终为提高卸压瓦斯抽采率、发展现有煤与瓦斯共采理论提供一定的理论与技术依据。

本书共分为7章，第1章主要阐述煤炭开采造成的采动损害状况，煤矿煤与瓦斯共采情况，煤层顶板水平定向长钻孔抽采卸压瓦斯原理，定向长钻孔抽采相关理论及技术的研究现状，研究内容与研究方法；第2章研究采动覆岩裂隙演化，定向长钻孔的最佳布置抽采区域及区域边界的界定；第3章在提出钻孔位置判据基础上，通过理论分析采动裂隙内瓦斯积聚程度、采动岩层渗透率和钻孔稳定性三个影响钻孔布置位置的因素指标，确定定向长钻孔的布置位置；第4章对采场卸压瓦斯运移规律进行分析，并结合复变函数和镜像原理，建立单排平行、双排平行和非线性布置钻孔抽采瓦斯数学模型，探讨瓦斯流场分布特征及钻孔抽采相互影响规律；第5章对钻孔有效抽采影响半径进行界定，分析确定定向长钻孔的抽采及布置参数，提出钻孔布置抽采设计方案；第6章对定向长钻孔抽采卸压瓦斯技术在矿井实际生产中的应用进行验证分析；第7章总结本书的主要结论，并对今后在“煤层顶板水平定向长钻孔抽采卸压瓦斯技术”方面需要深入研究的问题进行了讨论。

在本书撰写过程中，郭文兵教授、袁瑞甫教授、孙玉宁教授、刘少伟教授、李东印教授、郭红玉教授、李志强教授、刘勇、谭毅、王国营、白二虎等老师提出了许多宝贵的意见，同时现场应用期间，得到了河南焦煤能源有限公司古汉山矿和九里山矿有关领导及技术人员的大力支持，在此一并表示感谢。本书的出版得到了深井瓦斯抽采与围岩控制技术国家地方联合工程实验室重点项目（SJF2201）、河南省瓦斯地质与瓦斯治理重点实验室项目（WS2022B15）、国家自然科学基金项目（U21A20108、U1704131、51774111）、中原科技创新领军人才项目（224200510012）、河南省科技创新杰出人才项目（184200510003）的资助和支持，同时得到了中国矿业大学出版社的大力支持，在此深表感谢。在撰写过程中，参阅了国内外许多专家学者的论文、著作，在此向所有论著的作者表示由衷感谢。

“采动覆岩内水平定向长钻孔抽采卸压瓦斯技术”是一个多学科的交叉领域，涉及采矿学、采动岩体力学、岩层控制与关键层理论、多孔介质流体动力学、渗流力学等学科。本书在现有的研究水平和条件基础上，综合前人的研究成果，对顶板水平定向长钻孔抽采卸压瓦斯技术进行了有限度的研究。尽管作者尽了最大努力，但由于“采动覆岩内水平定向长钻孔抽采卸压瓦斯技术”的系统性、综合性、交叉性较强，其理论和实践要求较高，许多问题尚处于探索之中，加之作者学术水平及经验等方面的限制，书中难免存在不妥之处，敬请各位读者批评指正。

著　者

2022 年 10 月

目 录

第1章 绪 论

1.1 研究目的及意义

煤炭是支撑我国经济发展的重要资源，我国每年有近几十亿吨煤炭从地下采出。据相关统计，自2010年以来，我国的煤炭年产量均在34亿t以上，2021年达到最高值41.3亿t，2010—2021年我国煤炭年原煤产量如图1-1所示。随着大量煤炭资源从地下被采出，开采所引起的采动损害及环境灾害日益突出，从而使得煤矿区成为生态地质环境被破坏的重灾区[1-2]。

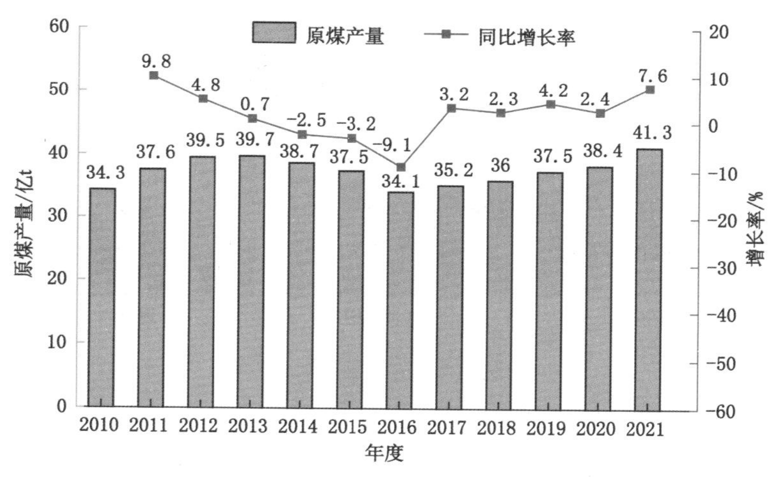

图1-1 2010—2021年我国煤炭年原煤产量趋势图

(1) 煤炭开采直接造成地表建(构)筑物的损坏、土地资源和水资源的破坏

随着地下煤层的开采，开采区域周围岩体原始应力平衡状态受到破坏，应力重新分布，并寻求新的平衡，从而使采场顶板岩层出现变形、弯曲、离层，达到极限跨距后开始断裂、垮落，形成初次垮落直至周期性垮落的过程。上覆岩层随着工作面的推进和采场顶板的垮落、破断，在垂直方向上形成垮落带、裂缝带和弯曲下沉带，最终发展至地表表现为地表的下沉[3]。在覆岩及地表变形破坏的过程中，地层水平衡状态遭到破坏，从而造成水流失、地表土体沙化、地表沉降盆地积水，甚至会发生井下突水事故，威胁正常生产安全；而地表的沉降及裂缝发育会造成地表耕地损毁，铁路、公路、桥梁、房屋等建(构)筑物变形破坏。

以河南省为例[4-5]，省内埋深2 000 m以内的含煤面积约1.89×10^6 ha，约占全省耕地面积的23.2%，因煤炭开采造成土地损毁面积达1.6×10^5 ha，其中耕地面积占70%以上，造成粮食减产约 73.5 万 t，粮食保障和矿产资源供给的矛盾日益凸显。全省村庄下压煤量约 6.5 亿 t，几乎每个煤矿都有村庄压煤，若按传统迁村方式开采，通常生产 10 Mt 煤炭就要迁移约2 000 人，严重影响了人们的正常生产生活。另外，开采造成的水资源破坏也十分严重，永城矿区地下水位在开采不到十年的时间就下降了 5～10 m；焦作矿区经过近百年的开采，矿区地下水位已经下降了 10～20 m；平顶山梁洼矿区大部分地区地下水已经枯竭；全省矿井水年排出量约 2.43 亿 m^3，然而利用率仅为 31.87%，且随着含水层水位下降，土体产生固结沉降，进一步导致地面产生大面积下沉，对矿区自然生态平衡产生很大的影响，如图 1-2 所示。

图 1-2　采动损害案例

(2) 煤炭开采的附属产物煤层气排放造成的大气污染

相较煤层开采造成的建(构)筑物等的直观破坏而言，煤层气排放造成的灾害事故具有隐蔽性、突发性和直接威胁人员生命安全等特点[6]。

煤层气又称矿井瓦斯，主要成分是烷烃，其中 CH_4 占绝大多数，其在煤层中的赋存状态分为自由和吸附两种，如图 1-3 所示。据相关统计[7-8]，我国在地下 2 000 m 范围内赋存有$(3.0～3.5)\times10^{13}$ m^3 的瓦斯资源，目前每年通过矿井排风排放的瓦斯量为$(2.0～2.5)\times10^{10}$ m^3，相当于温室气体排放当量 $3\times10^8～4\times10^8$ t，瓦斯排放导致的温室效应相当严重。另外，井下煤炭开采中瓦斯大量涌出也易出现煤与瓦斯突出事故，或是由瓦斯超限而导致的瓦斯爆炸事故[9-11]，如图 1-4 所示。这不仅会给社会造成巨大的经济损失，而且会严重威胁矿井的高效生产和员工的生命安全。反之，与瓦斯气体的灾害性相对，其还是一种清洁能源，亦可作为生产氨气和化肥等的化工原料[12]。

因此，减轻矿井采动损害，保护矿区生态环境，已成为煤矿企业实现绿色可持续发展的必由之路。鉴于此，国家大力倡导在煤矿企业推广绿色开采技术，绿色开采技术体系[2]包含减沉开采技术、保水开采技术、煤与瓦斯共采技术等几个方面，具体如图 1-5 所示。其中，煤

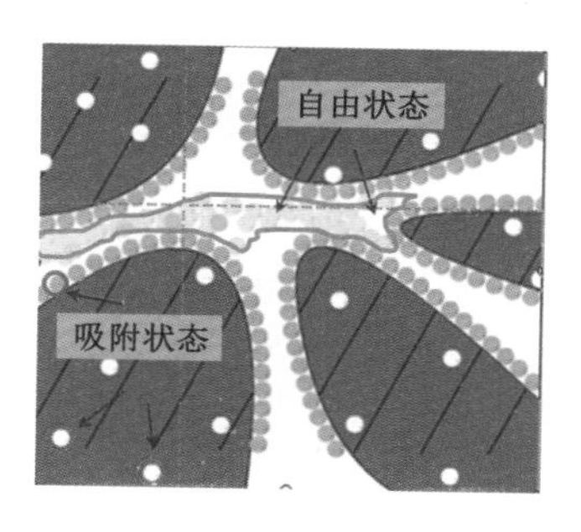

图 1-3 煤层中瓦斯赋存状态

图 1-4 煤矿井下瓦斯爆炸事故

与瓦斯共采技术作为绿色开采的重要组成部分在煤矿企业得到广泛应用，为矿井消除瓦斯隐患、提高资源采出率、实现瓦斯资源化利用和保护生态环境提供了有效的方法途径[13-14]，主要包含煤层采前抽采和采动卸压抽采两个方面，如图 1-6 所示。采动卸压抽采技术因其成本低、抽采效率高等优势已成为我国煤与瓦斯共采技术体系的重要组成部分，主要包括本煤层卸压瓦斯抽采、邻近层卸压瓦斯抽采、远距离煤层卸压瓦斯抽采、老采空区卸压瓦斯抽采和回风井风流瓦斯抽采。

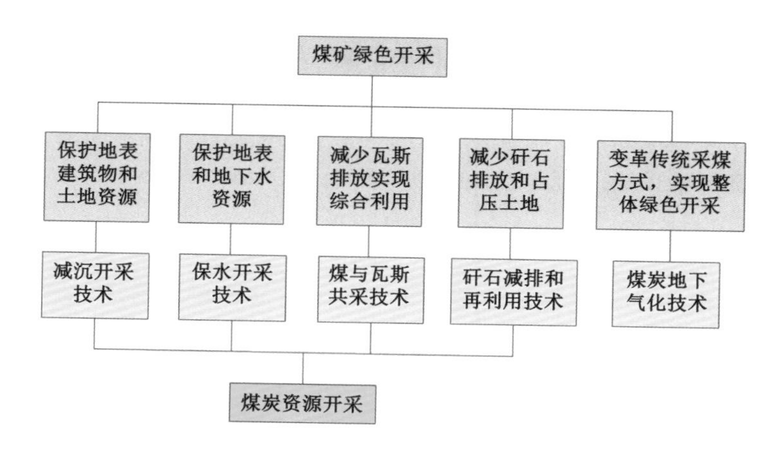

图 1-5 绿色开采技术体系

当前，综合机械化开采方式得到普及、煤矿开采强度也在不断提高，生产变得更加集中和高效，这不可避免地导致赋存于煤层中的瓦斯大量涌出。而在回采工作面后方形成的巨大采空区和采动覆岩裂隙，为瓦斯向采空区的运移和积聚提供了有利条件。采空区内积聚的高浓度瓦斯会在压力和浓度梯度的作用下逐渐向工作面流动，极易造成工作面瓦斯超限。因此，对采空区卸压瓦斯的有效治理是煤矿工作面实现安全高效开采的重要保障。随着钻进技术及装备水平不断提升，采用地面垂直钻孔[15]、普通高位钻孔[16]、水平定向长钻孔[17]等途径抽采利用卸压瓦斯得到了广泛应用。其中，水平定向长钻孔（以下简称“定向长钻孔”）因其具有施工成本低、抽采效率高、抽采时间长、可有效缓解采掘接替紧张局面等优势[18-19]，逐渐成为工作面采空区卸压瓦斯抽采治理的有效途径。

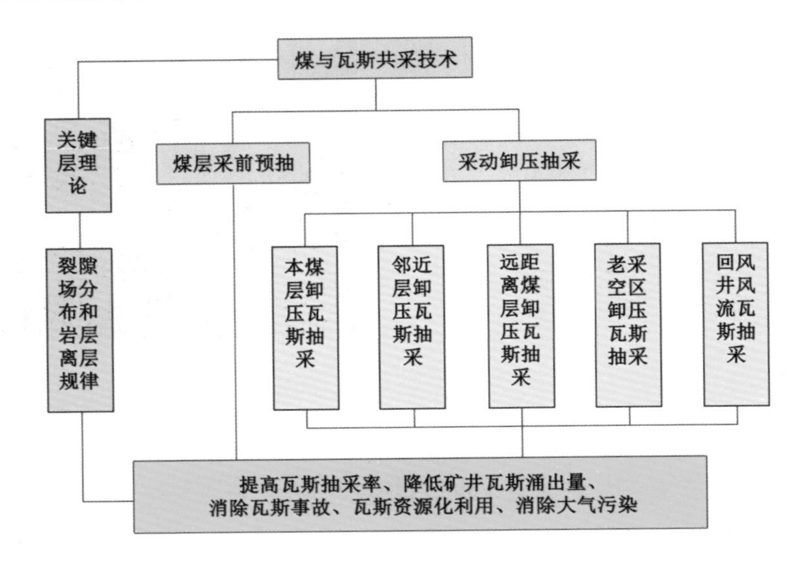

图 1-6　煤与瓦斯共采技术体系

定向长钻孔抽采治理采空区卸压瓦斯技术原理为：工作面开采前，利用当前先进的长距离定向钻进技术及装备，在工作面煤层顶板沿水平施工定向长钻孔，钻孔除开口段外其余为裸孔施工，且根据工作面采空区卸压瓦斯抽采需要，钻孔长度通常为 100～1 000 m；随着工作面开采推进，水平钻孔保持位于稳定的采动覆岩裂隙区域，在钻孔抽采负压和瓦斯扩散、渗流的作用下，工作面上隅角和采空区内的卸压瓦斯会向钻孔源源不断地汇入，并经由钻孔抽出，实现卸压瓦斯抽采治理的目的，如图 1-7 所示。

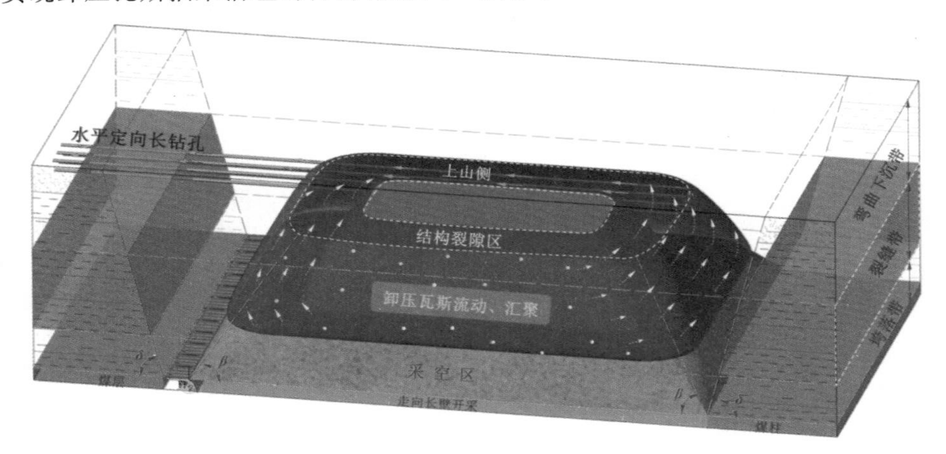

图 1-7　水平定向长钻孔抽采布置示意图

因此，针对采动覆岩裂隙演化规律、采空区卸压瓦斯运移规律及采空区卸压瓦斯定向长钻孔抽采技术 3 个方面的研究，对于定向长钻孔抽采治理采空区卸压瓦斯显得尤为必要，其对矿井实现煤与瓦斯共采和安全高效生产都有着重要的现实意义。

1.2 国内外研究现状

1.2.1 采动覆岩裂隙演化规律研究现状

煤层开采会诱发上覆岩层运移破坏，同时导致裂隙演化发育[20-22]，不同区域覆岩采动裂隙发育特征不同，进而导致瓦斯汇聚、流动的程度不同[23-25]。因此，对采动覆岩裂隙演化规律的研究是确定钻孔抽采位置，进而提高钻孔抽采效率的关键。

国内外学者采用物理相似模拟、计算机数值模拟、理论分析研究和现场实测验证等方法对采动覆岩变形破坏及裂隙演化规律进行了长期大量的研究，取得了卓有成效的研究成果，并提出了压力拱理论、悬臂梁理论、预成裂隙梁理论、铰接岩块理论、砌体梁理论、传递岩梁理论、薄岩板理论和关键层理论等多种具有代表性的理论[3,26-28]。其中，砌体梁理论和关键层理论由我国钱鸣高院士分别于 20 世纪 70 年代和 90 年代提出。砌体梁理论认为采场覆岩活动后会形成外表似梁实质为拱的砌体梁或裂隙体梁三铰拱式平衡结构，该结构具有滑落失稳和回转变形失稳两种失稳形式，并推导出了砌体梁结构“S-R”稳定条件。关键层理论指出含煤地层各层厚度及岩性参数均不相同，某些厚度大、强度高的岩层对其上覆载荷层起控制作用，此类岩层称为关键层。该理论阐述了采场覆岩关键层的判别方法，对关键层的复合效应及关键层对采场覆岩变形破断的控制机理进行了分析研究。在上述理论研究的基础上，诸多学者对采动裂隙的演化、分布特征进行了更加深入的研究，并根据研究特点划分了各种“区带”，形成了多种采动覆岩裂隙分布“区带”论，这为煤矿卸压瓦斯抽采治理提供了理论依据和技术支撑。

国外的 Hasenfus 等[29]、Bai 等[30]和 Palchik[31]认为采动覆岩变形破坏在垂直方向上可以划分为垮落带、裂隙带及连续变形带 3 个不同的带区。Christopher[32]通过对实验数据的分析研究，对采动覆岩变形破坏在垂直方向上进行了分区划定，可划分为垮落区、裂隙区、扩张区和限制区。Yavuz[33]和 Shabanimashcool 等[34]通过对采动覆岩各分带特征的描述，对采动造成的裂隙发育及演化特征进行了分析讨论。Palchik[35]通过采用现场实测的方法，对裂隙带内岩层破断岩块间水平张开裂隙的特性进行了分析，并对采动裂隙的分布特征进行了研究。Saghafi 等[36]采用同位素示踪法，对采动覆岩裂隙的发育特征进行了分析，并确定了瓦斯涌出区及其界限，为钻孔抽采位置确定提供了技术依据。

国内通常将采动覆岩变形破坏划分为“横三区”和“竖三带”[3,5,37]，并对煤层开采矿山压力分布特征进行了论述，见图 1-8。高延法等[38-40]相继提出了采动覆岩变形破坏的“四带”理论，即认为在垂直方向上，采动覆岩变形破坏可以划分为垮落带、裂缝带、离层带和弯曲带。侯忠杰等[41-42]在砌体梁理论指导下，给出了基本顶断裂岩块回转挤压接触面尺寸的计算方法，并给出了判别理论公式用来判断基本顶是否发生破断进入裂缝带。Zhang 等[43]在分析砌体梁结构和应力条件的基础上，从弹塑性力学角度对坚硬厚顶板的破坏机理和破裂孔径进行了理论分析，探讨了直线和曲线断裂痕迹之间的裂缝孔径，为确定采动岩层破坏主要渗流裂隙通道提供了理论依据。

钱鸣高等在关键层理论研究的基础上，提出了采动裂隙的“O”形圈分布特征，并指出“O”形圈是卸压瓦斯流动的通道和储存空间，为采空区卸压瓦斯治理提供了理论依据[26]。在此基础上，袁亮院士等[44-46]通过研究采动覆岩移动、裂隙发育、瓦斯富集区的动态变化规

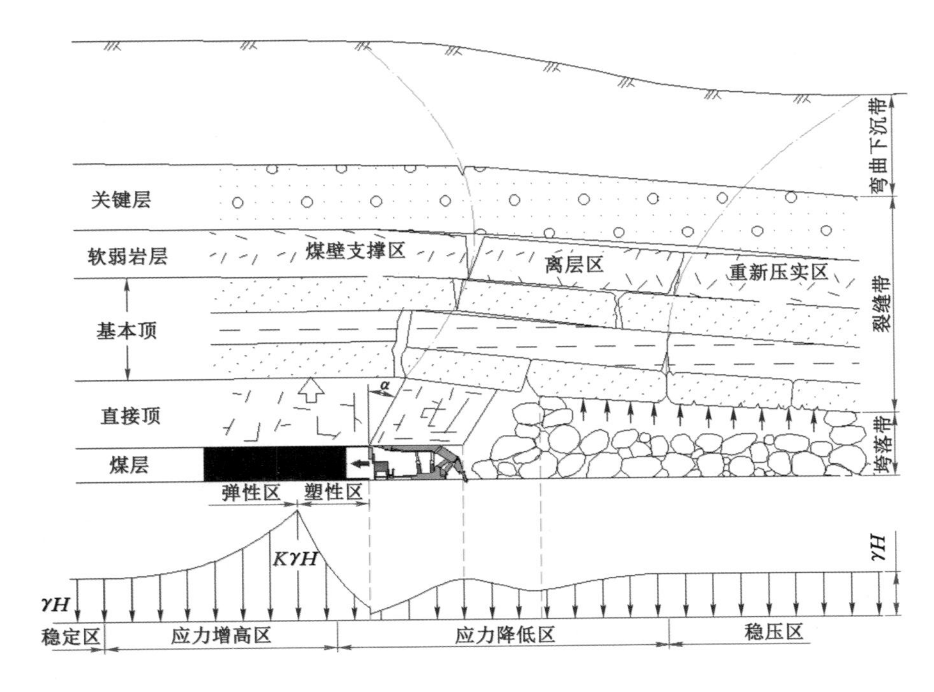

图 1-8　采动覆岩“横三区”“竖三带”划分及矿山压力分布示意图

律，对煤层群开采中瓦斯的高效抽采范围进行了判定，提出了煤层顶板环形断裂环理论和评价采动裂隙演化的双圆理论。许家林等[47-48]在分析确定覆岩关键层位置的基础上，提出了预测导气裂隙带高度的新方法，针对煤层群开采时邻近层瓦斯卸压解吸特征，将采空区上覆岩层划分为导气裂隙带、卸压解吸带和不易解吸带，并通过工程实例进行了分析验证。Qin等[49]根据导气裂隙带岩层应力分布及卸压情况，在水平方向将其划分为侧向裂隙区、“O”形圈裂隙区和重新压实区，并以覆岩卸压程度为指标对“O”形圈裂隙区边界进行了判别。李树刚等[50-51]根据采场覆岩破断裂隙和离层裂隙的空间动态演化过程，提出了指导卸压瓦斯抽采的采动裂隙椭抛带理论，并分析了裂隙椭抛带的动态发育规律。Zhao等[52-53]在采动裂隙椭抛带理论基础上，利用物理模拟实验和分形理论，建立了瓦斯抽采裂隙通道演化特征模型，分析了工作面不同推进速度和采高对采动覆岩裂隙通道演化的影响规律。黄庆享[54]通过相似模拟实验和地裂缝实测，对浅埋煤层采动裂隙演化特征进行了分析，提出并确定了受采动影响的特定岩层“上行裂隙带”和“下行裂隙带”发育高度的计算公式。范钢伟等[55]采用分形维数的方法对采动裂隙发育及裂隙体系统的演化、涨落与跃迁进行了分析，研究了裂隙体系统耗散结构演化中的“孔隙压力熵”变化过程，在此基础上明确了以开采尺度为指标的动力失稳阈值。Zhang等[56]通过理论分析，并结合物理相似模拟实验，提出了一种确定采动覆岩垂直和水平裂隙维度的新方法，可为采空区卸压瓦斯抽采和钻孔布置提供技术参考。

1.2.2　采空区卸压瓦斯运移规律研究现状

采动打破了煤岩的原始赋存状态，形成了大量的岩层采动裂隙，导致赋存于煤层及岩体内的瓦斯等气体大量解吸涌出，并在压力和浓度梯度的作用下在采动裂隙网络内流动、汇聚，直至达到新的平衡状态。针对采空区瓦斯运移规律，多数学者在分析采动裂隙演化和分布规律的基础上，对瓦斯的升浮-扩散规律进行分析研究。

Black 等[57]通过对采动覆岩裂隙分布形态特征的分析，对裂缝带瓦斯运移及积聚区域进行了计算分析。Karacan 等[58]分析了采空区瓦斯孔控制工作面瓦斯排放的机理及特征，提出了一种利用双正态分布确定地层深度-位移、深度-流量百分比、深度-地层和深度-含气量条件概率的方法，预测的各种关键参数的条件概率可与采空区瓦斯孔的流量和瓦斯含量测量数据相结合，以优化采空区瓦斯孔的性能。刘泽功等[59]基于采动裂隙"O"形圈和流场理论，分别对高抽巷的布置和巷道抽采前后采空区内瓦斯流场的分布特征进行了分析讨论。林柏泉等[9,60]通过单元法实验，对采动卸压瓦斯储集与采动覆岩裂隙演化过程之间的关系进行了分析研究。王海峰等[61]通过分析上保护层开采后底板裂隙发育特征和工作面瓦斯涌出规律，对底板穿层钻孔布置间距与钻孔有效抽采半径等技术参数进行了优化分析。李树刚等[62]在采动裂隙椭抛带理论研究的基础上，推导得出了采动覆岩裂隙网络内瓦斯气体升浮-扩散的运移方程，得到了瓦斯沿采动裂隙网络上升与原点距离的关系，从而对采动卸压瓦斯在椭抛带中的升浮-扩散运移理论进行了阐述。屠世浩等[63]通过对地面钻井抽采煤层及采空区卸压瓦斯流量计算模型的简化，结合达西(Darcy)定律提出了采空区等效渗透率的计算模型，进而对采空区卸压瓦斯的渗流特征进行了分析研究。冯国瑞等[64-66]通过物理模拟实验将采空区瓦斯流动空间自上而下划分为瓦斯高浓度区、瓦斯过渡区、瓦斯富集区和瓦斯无流区 4 个区域，并指出这些区域的边界形状始终呈"V"形，进而分析了煤层倾角及采空区宽度对瓦斯富集区范围的影响规律。屈庆栋[67]研究提出了导气裂隙带、卸压解吸带和不易解吸带发育高度的判别方法，明确了瓦斯涌出源及瓦斯抽采的主要区域。在此基础上，吴仁伦[68]结合关键层理论，对影响"三带"发育高度的因素(采高、长度及关键层结构)进行了分析讨论。周福宝等[69]通过研究构建了卸压瓦斯钻井抽采流量的数学模型，通过工程应用验证了模型的合理性，并对保护层开采的卸压效果进行了分析研究。Xie 等[70]通过建立采空区瓦斯流动的垂直切面数值模型和水平切面相似模型，分析了钻孔抽采条件下的瓦斯流场分布特征，并对钻孔抽采机理进行了阐述。

随着数值模拟计算软件的研发，采用数值计算对采空区瓦斯流场进行分析研究的方法得到了广泛应用。姚伟等[71]、金龙哲等[72]、Qin 等[73]和 Hu 等[74]通过采用流体动力学(CFD)软件，对采空区卸压瓦斯渗流、运移规律进行了模拟分析，得到了采空区瓦斯流场的分布特征，并对采空区卸压瓦斯抽采治理措施进行了分析优化。Wang 等[75-76]通过 CFD 软件建立数值计算模型，对采场瓦斯运移特征进行了分析研究。洛锋等[77]采用 COMSOL Multiphysics 数值计算软件，对采空区卸压瓦斯运移规律和不同通风条件下卸压瓦斯分布特征进行了模拟分析，并给出了采空区卸压瓦斯的积聚特征。Cao 等[78]采用离散元软件 UDEC 和数值模拟软件 COMSOL Multiphysics 对采空区裂隙场瓦斯运移规律进行了模拟研究，结果表明，采动会造成采空区覆岩形成梯形裂隙网，瓦斯流量最大部位位于裂隙网络上部区域。

采空区孔隙率直接影响瓦斯渗透率，进而对瓦斯的运移、流动产生很大影响。很多学者通过对采空区孔隙率的分析，得到了采空区渗透率的分布特征。梁运涛等[79]通过分析采动岩层运动变形特征，建立了采空区渗透率的非均匀连续分布模型，并引入 Brinkman-Forchheimer 的扩展 Darcy 模型，建立了采动流场数学模型。赵洪宝等[80]采用

Fluent 数值模拟软件，分析了薄煤层开采条件下采空区瓦斯运移速度与瓦斯浓度随孔隙率的变化关系。陈鹏等[81]基于采动裂隙"O"形圈理论，通过分析岩层运动破坏特征，推导得到了采空区渗透率的三维分布模型。王伟等[82]采用 sigmoid 函数建立了采空区渗透率数学模型，并结合 CFD 模拟研究了高抽巷抽采条件下采空区内瓦斯流场及浓度的分布特征。司俊鸿等[83]通过分析岩层破坏的砌体梁结构，得到了采空区孔隙率及渗透率三维分布模型，并对不同渗透率条件下的采空区瓦斯分布特征进行了数值模拟研究。梁涛等[84]通过对采动覆岩各带区内裂隙分形演化特征的分析研究，得到了裂隙岩体的分形渗流公式。

1.2.3 定向长钻孔抽采卸压瓦斯研究现状

随着矿井开采技术及装备水平的提升，现代化高产高效工作面建设步伐不断加快，工作面开采强度和速度不断提高。相应地，采场瓦斯涌出量也不断增大，这给工作面生产带来严重的安全隐患，采场卸压瓦斯治理已经成为当前矿井实现安全高效生产亟待解决的难题。相关研究表明[85]，采空区卸压瓦斯在工作面回风流中的占比可达 40%～50%，不仅直接造成工作面瓦斯超限，而且瓦斯大量积聚可能引发瓦斯爆炸等事故，严重制约矿井的安全生产。因此，对采空区卸压瓦斯的有效抽采治理，是工作面安全高效开采的重要保障。

国内外学者对采空区卸压瓦斯的抽采治理进行了广泛深入的研究：在相关理论体系方面，主要有惰性气体置换理论、卸压增透理论、卸压瓦斯抽采的"O"形圈理论及采动裂隙椭抛带理论等[3,50,86-89]；在卸压瓦斯抽采技术方面，主要有巷道抽采技术、插(埋)管抽采技术和钻孔抽采技术[90-92]。近年来，随着定向钻进技术及装备水平的提升，顶板水平定向长钻孔在采空区卸压瓦斯抽采中逐步得到了应用。由于定向长钻孔抽采具有瓦斯治理成本低、抽采时间长、钻孔施工效率高等优势，逐渐成为取代高抽巷、尾巷等措施抽采采空区卸压瓦斯的主要技术方式[93-94]。

国内外学者针对定向长钻孔瓦斯抽采技术及其在矿井中的应用进行了广泛的研究与探索。赵耀江等[95]在分析采空区瓦斯流动规律的基础上，建立了在定向长钻孔抽采条件下采空区垂直切面瓦斯流动模型，并对钻孔抽采量及相互影响进行了分析。Qin 等[96]采用 CFD 模拟仿真计算，对水平定向长钻孔替代地面垂直钻孔抽采采空区卸压瓦斯进行了探讨，对水平定向长钻孔的布置位置、直径和数量进行了模拟分析，并通过实例对模拟结果进行了验证。Wang 等[97]采用理论模型和离散元(DEM)数值模拟的方法对裂缝带高度和定向长钻孔布置层位进行了分析，现场应用表明，与常规瓦斯抽采措施相比，定向长钻孔瓦斯抽采稳定性高、效率高、适应性强。林海飞等[98]在采动裂隙椭抛带理论的基础上，采用相似模拟和 Fluent 数值模拟对定向长钻孔抽采时的布置层位进行了模拟研究。段会军等[99]通过现场工程试验，在对定向长钻孔进行分区布设抽采基础上，研究确定了钻孔的合适布置层区。Yan 等[100]通过数值模拟研究，提出了布置定向长钻孔的优化方法，给出了钻孔在覆岩中的布置区间范围。童碧等[101]在分析采动覆岩裂隙演化及定向长钻孔抽采瓦斯特征的基础上，探讨了定向长钻孔替代高抽巷抽采采空区卸压瓦斯的可行性，并提出了相应的技术原理。刘秀保等[102]通过研究采空区卸压瓦斯的渗流、运移特征，提出了针对采空区卸压瓦斯抽采治理的分源抽采理念。另外，水平定向长钻孔抽采治理采空区卸压瓦斯技术分别在焦作、永城、鹤壁、晋城、阳泉、淮南等许多矿区都进行了应用[103-109]，应用结果表明，在采动覆岩内布置水平定向长钻孔可对采空区卸压瓦斯进行抽采治理，能够保障工作面的安全和正常生产，但同时存在多钻孔抽采相互干扰的情况，从而影响钻孔抽采效率，且钻孔受采动影响易发生塌孔、堵孔等失效现象。

定向长钻孔的稳定性是钻孔稳定、高效抽采卸压瓦斯的关键因素，大量学者采用不同的分析方法和数值模型对钻孔的稳定性进行了分析研究[110-114]。Karatela 等[115]对裂隙发育岩体中无支护垂直钻孔的稳定性进行了数值研究，得到了与屈服区范围和最大位移相关的钻孔稳定性准则。Xue 等[116]对地面垂直钻孔变形破坏时空分布规律及其影响因素进行了多维耦合数值模拟研究。Dokhani 等[117]采用修正的 Jaeger 准则对钻井稳定性进行了分析。Liu 等[118]基于坐标变换法和复变弹性理论，对钻孔在各向同性岩层中钻进时的稳定性进行了分析研究。Lan 等[119]对水平定向长钻孔在钻进过程中的剪切破坏和拉伸断裂两种破坏机制进行了数值模拟研究，并对影响参数进行了分析。Liang 等[120]采用 SVM（support vector machine）方法建立了定向长钻孔钻进过程中井壁坍塌的判断模型。Jia 等[121]使用颗粒流程序（PFC2D）分析了在弱面发育良好的页岩中钻进时的水平定向长钻孔的破坏机制。Zhao 等[122]利用瓦斯抽采钻孔稳定性动态监测装置，研究了水平钻孔在稳定垂直载荷作用下的三维变形特征。付彬等[123]基于孔隙介质理论建立了水平定向长钻孔钻进的数学模型，并对钻孔的稳定性条件进行了分析研究。康坤坤等[124]和王建钧等[125]通过分析定向长钻孔钻进过程中影响其稳定性的各因素，对钻孔钻进过程进行了优化，给出了相应的建议方案。然而，采动覆岩裂隙结构具有复杂性和不规则性的特点，对其难以进行定量描述。因此，对水平定向长钻孔在采动覆岩内稳定性的研究很少。

1.2.4 国内外研究现状分析

综上所述，国内外诸多学者在采动覆岩变形破坏及裂隙演化分布规律、采空区卸压瓦斯运移规律等研究方面取得了很大成就，研究成果对普通高位钻孔和高抽巷抽采采空区卸压瓦斯起到了重要的理论指导作用。对于水平定向长钻孔抽采治理采空区卸压瓦斯，很多学者在其技术原理、抽采治理效果等方面进行了大量探索。然而，受限于定向长钻孔自身结构及布置抽采特点，要实现钻孔稳定、高效抽采卸压瓦斯，对于其布置及抽采技术的相关研究仍需进一步完善。

① 采动覆岩变形破坏及裂隙演化规律得到了广泛深入的研究，但是从水平定向长钻孔抽采卸压瓦斯的角度对采动覆岩裂隙进行区域划分，进而对钻孔布置抽采的区域范围进行理论界定，相关研究较少。

② 采动覆岩内定向长钻孔的布置抽采层位得到了大量研究，但仍以施工抽采经验、相似和数值模拟实验为依据，欠缺具体计算方法及理论依据；钻孔为水平布置且直径小，受采动影响易发生塌（堵）孔导致钻孔失效，其布置抽采位置的优化确定是钻孔稳定、高效抽采的关键。

③ 采空区卸压瓦斯流场特性得到了广泛深入的研究，但是针对不同定向长钻孔布置数量及布置方式抽采条件下，采空区卸压瓦斯分布及钻孔抽采相互影响特征的研究较少；且定向长钻孔直径小，抽采能力有限，为提高钻孔抽采效率，钻孔布置抽采方案的优化设计至关重要。

1.3 研究内容与研究方法

1.3.1 研究内容

水平定向长钻孔抽采卸压瓦斯技术研究涉及采矿学、多孔介质流体动力学、渗流力学、岩石力学等学科，是一个多学科的交叉领域。作为一种探索，本书在现有的研究水平和条件的基础上，结合前人的研究成果，对定向长钻孔在采动覆岩内的布置位置及布置抽采方案进行有限度的探索性研究，主要研究内容如下：

（1）采动覆岩裂隙演化及定向长钻孔布置区域研究

采用数值模拟和相似模拟实验对采动覆岩变形破坏及裂隙演化发育特征进行分析研究，对采动覆岩裂隙进行区域划分，在采动裂隙分布和钻孔稳定性分析的基础上，确定钻孔在采动覆岩内的最佳布置区域，并通过理论分析对此区域的位置边界进行界定。

（2）采动覆岩内定向长钻孔布置位置优化研究

从采动裂隙内瓦斯积聚程度、采动岩层渗透率和采动钻孔稳定性3个方面揭示定向长钻孔在采动覆岩内的抽采机理，并在提出钻孔位置判据的基础上，对钻孔的布置位置进行优化确定，给出具体的方法流程。

（3）采动覆岩内定向长钻孔组抽采瓦斯特征研究

在裂隙体流场力学相关原理的基础上，结合复变函数和镜像理论，建立裂隙场定向长钻孔单排平行布置、非线性布置、双排对正及交错布置抽采瓦斯模型，分析在裂隙场内不同钻孔布置方式及数量的抽采条件下瓦斯流场的分布及钻孔抽采特征，为定向长钻孔布置抽采方案的设计提供理论参考。

（4）采动覆岩内定向长钻孔布置抽采方案研究

对影响钻孔抽采能力的抽采参数（包括抽采负压、钻孔直径、裂隙渗透率、钻孔有效抽采长度等）及布置参数（包括钻孔布置间距、数量、方式等）进行分析研究。在此基础上，提出钻孔布置抽采设计方案，通过数值模拟分析各方案抽采条件下采场瓦斯运移分布特征及钻孔抽采效果，并在现场进行工程应用。

1.3.2 研究方法

本书主要采用室内实验、物理相似模拟、数值模拟、理论分析和现场测试相结合的研究方法，对煤矿顶板水平定向长钻孔抽采卸压瓦斯技术进行分析研究。

（1）通过数值模拟和相似模拟实验的方法对采动覆岩变形破坏及裂隙演化规律进行分析研究，在传统“竖三带”划分的基础上，将裂缝带沿水平方向划分为“横四区”，通过分析采动裂隙分布特征和钻孔稳定性，确定钻孔的最佳布置区域，并对区域的空间位置范围进行理论界定。

（2）根据钻孔抽采半径将钻孔布置区域细分为块段，在定义钻孔位置判据的基础上，理论分析各块段采动裂隙内瓦斯积聚程度、采动岩层渗透率和钻孔稳定性3个因素指标，得出各块段钻孔位置判据值，确定钻孔布置位置及顺序。

（3）分析采场瓦斯运移规律，并采用复变函数和镜像理论，建立裂隙场单排平行布置、非线性布置和双排平行（交错及对正排列）布置钻孔抽采瓦斯数学模型，分析各布置方式抽采条件下裂隙场瓦斯分布及各钻孔抽采特征。

（4）采用数值模拟软件对钻孔抽采参数和布置参数进行分析研究，结合钻孔抽采瓦斯数学模型，提出钻孔布置抽采设计方案，并通过数值模拟分析各方案抽采条件下采场瓦斯运移分布特征及钻孔抽采效果，并在现场进行工程应用。

1.3.3 研究技术路线

本书研究技术路线如图1-9所示。

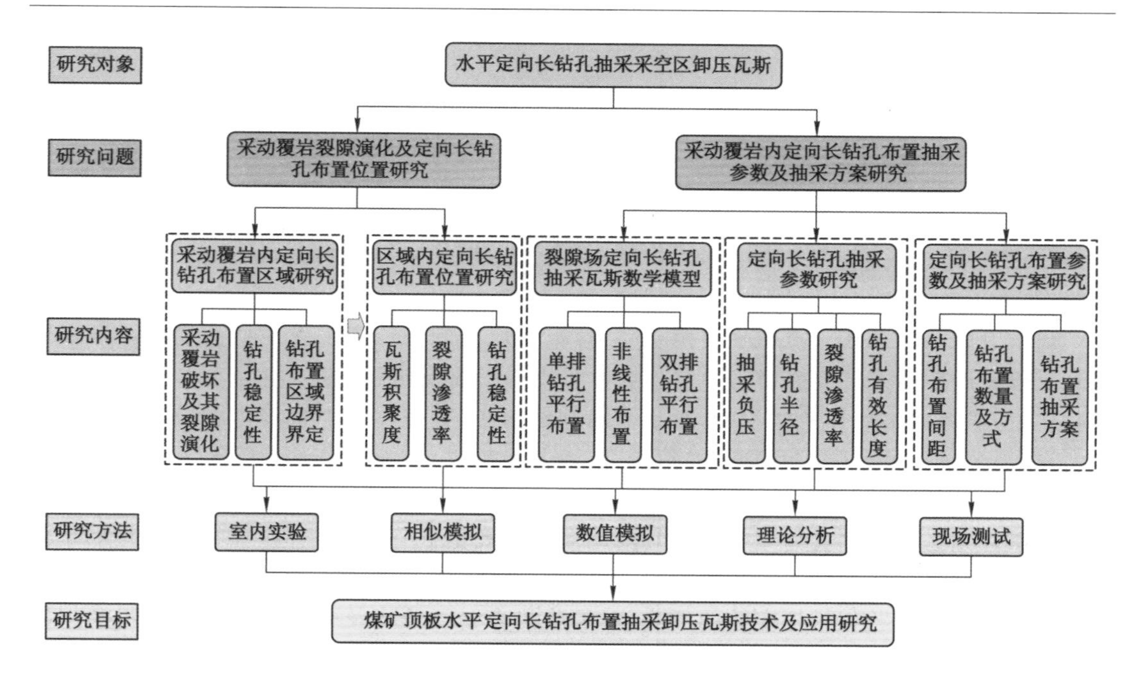
研究对象
水平定向长钻孔抽采采空区卸压瓦斯
研究问题
采动覆岩裂隙演化及定向长钻孔布置位置研究
采动覆岩内定向长钻孔布置抽采参数及抽采方案研究
研究内容
采动覆岩内定向长钻孔布置区域研究
采动覆岩破坏及其裂隙演化
钻孔稳定性
钻孔布置区域边界界定
区域内定向长钻孔布置位置研究
瓦斯积聚度
裂隙渗透率
钻孔稳定性
裂隙场定向长钻孔抽采瓦斯数学模型
单排钻孔平行布置
非线性布置
双排钻孔平行布置
定向长钻孔抽采参数研究
抽采负压
钻孔半径
裂隙渗透率
钻孔有效长度
定向长钻孔布置参数及抽采方案研究
钻孔布置间距
钻孔布置数量及方式
钻孔布置抽采方案
研究方法
室内实验
相似模拟
数值模拟
理论分析
现场测试
研究目标
煤矿顶板水平定向长钻孔布置抽采卸压瓦斯技术及应用研究

图 1-9 研究技术路线

第2章　采动覆岩内定向长钻孔布置的区域范围

煤层开采导致采场区域出现自由空间,顶板岩层在应力作用下发生弯曲变形。顶板岩层达到极限跨距后开始断裂、垮落,并随着开采推进形成周期性破断。由于岩体具有碎胀特征,在岩层破坏向上传递的过程中,自由空间逐渐减小,其破坏形态也发生相应变化。传统上,依据覆岩破坏及裂隙发育特征的不同,可将采动覆岩在垂直方向上划分为垮落带、裂缝带和弯曲下沉带。采动裂隙发育特征不同,造成采空区卸压瓦斯在各带内的运移特征不同;而岩层破坏形态的不同又导致布置于其内定向长钻孔的破坏程度不同。因此,研究采动覆岩变形破坏及裂隙演化特征对布置定向长钻孔并进行卸压瓦斯抽采具有重要意义。本章采用数值模拟和物理相似模拟实验的方法,对采动覆岩变形破坏及裂隙演化特征进行模拟研究,分析采动裂隙分布特征和定向长钻孔受采动影响的稳定性特征,进而确定抽采钻孔布置的区域范围。

2.1　采动覆岩裂隙演化数值模拟

2.1.1　数值计算模型

(1) 3DEC数值模拟软件简介

煤层开采会引起上覆岩层变形、断裂、垮落,并形成大量采动裂隙。断裂、垮落的岩块具有明显的非均匀性和各向异性,采场各处裂隙的分布特征也不相同。3DEC数值模拟软件是在UDEC二维数值模拟软件的基础上发展而来的,它采用离散元方法建立相应的力学模型,对非连续、离散的单元具有很好的模拟仿真效果。因此,其可以满足对岩层下沉变形、采场应力分布、岩层移动破坏及裂隙发育规律等研究的需要。

(2) 数值模型的建立

① 模拟实验原型条件

本次数值模拟实验以河南能源化工集团焦煤古汉山矿16031工作面为基本原型,矿区主采煤层为二叠系山西组二$_1$煤。工作面走向长度为600 m,倾斜长度为160 m,煤层厚度为5.5 m,平均埋深为650 m。工作面采用综采分层开采,顶分层开采厚度为3.0 m。根据工作面附近钻孔地质柱状图(22-6号)和井下实际钻探资料,工作面煤层顶底板部分岩层柱状及物理力学参数如图2-1所示。

② 模型构建

数值模拟工作面开采尺寸为倾向长×走向长×采厚:160 m×200 m×3 m;为去除边界效应,边界煤柱留80 m;模拟工作面上覆岩层厚度为100.5 m,其中对模型顶部厚度1 m左右的泥岩及粉砂岩做合并处理,对厚度较大岩层进行分层处理,并在模型上方施加未模拟的550 m岩层载荷14.3 MPa(覆岩平均重度取26 kN/m^3);模拟工作面煤层底板厚度为

地层柱状	序号	岩性	厚度/m	埋深/m	密度/kg·m⁻³	弹性模量/GPa	抗拉强度/MPa	抗压强度/MPa	泊松比	内聚力/MPa	内摩擦角/(°)
	1	砂质泥岩	4.2	548.5	2 580	14.53	26.37	3.05	0.27	1.18	32
	2	铝质泥岩	10.3	558.8	2 560	6.90	15.78	1.68	0.23	1.05	30
	3	泥岩	3.9	562.7	2 560	6.90	15.78	1.68	0.23	1.05	30
	4	砂质泥岩	7.7	570.4	2 580	14.53	26.37	3.05	0.27	1.18	32
	5	中粒砂岩	3.2	573.6	2 630	36.10	50.46	5.13	0.26	4.40	36
	6	砂质泥岩	2.5	576.1	2 580	14.53	26.37	3.05	0.27	1.18	32
	7	泥岩	1.3	577.4	2 560	6.90	15.78	1.68	0.23	1.05	30
	8	粉砂岩	1.3	578.7	2 660	21.55	34.55	3.84	0.20	2.75	38
	9	泥岩	2.9	581.6	2 560	6.90	15.78	1.68	0.23	1.05	30
	10	砂质泥岩	1.3	582.9	2 580	14.53	26.67	3.05	0.27	1.18	32
	11	泥岩	8.7	591.6	2 560	6.90	15.78	1.68	0.23	1.05	30
	12	粉砂岩	1.1	592.7	2 660	21.55	34.55	3.84	0.20	2.75	38
	13	泥岩	10.1	602.8	2 560	6.90	15.78	1.68	0.23	1.05	30
	14	中粒砂岩	5.7	608.5	2 630	36.10	50.46	5.13	0.26	4.40	36
	15	砂质泥岩	6.9	615.4	2 580	14.53	26.37	3.05	0.27	1.18	32
	16	泥岩	4.5	619.9	2 560	6.90	15.78	1.68	0.23	1.05	30
	17	粉砂岩	4.8	624.7	2 660	21.55	34.55	3.84	0.20	2.75	38
	18	泥岩	1.7	626.4	2 560	6.90	15.78	1.68	0.23	1.05	30
	19	砂质泥岩	6.2	632.6	2 580	14.53	26.37	3.05	0.27	1.18	32
	20	细粒砂岩	7.6	640.2	2 750	38.45	58.45	6.75	0.18	3.80	37
	21	砂质泥岩	4.7	644.9	2 580	14.53	26.37	3.05	0.27	1.18	32
	22	二$_1$煤层	5.5	650.4	1 400	2.30	8.26	1.03	0.31	0.50	24
	23	泥岩	3.3	654.2	2 560	6.90	15.78	1.68	0.23	1.05	30

图 2-1　工作面顶底板部分岩层柱状及物理力学参数

44 m。三维数值模型尺寸为长×宽×高：360 m×320 m×150 m。每 10 m 开挖一次，共开挖 20 次。另外，模型水平方向和底部边界进行位移为零约束。数值模拟本构模型选择莫尔-库仑破坏准则，节理本构模型选择库仑滑移破坏下的区域接触弹塑性模型。工作面模型尺寸及边界条件如图 2-2 所示，建立好的数值计算模型如图 2-3 所示。

2.1.2　采动覆岩卸压区域分析

为研究采动应力变化规律，分别选取工作面推进 40 m、80 m、100 m、120 m、160 m、200 m时沿工作面走向垂直切面和水平切面（煤层顶板 36 m）的垂直应力分布云图进行分析，应力分布云图如图 2-4 和图 2-5 所示。

由图 2-4 可知，随着工作面的推进，工作面前后方均出现应力增高区，支承压力峰值可达 33.79～51.76 MPa，约为原岩应力的 2～3 倍，开采区域上方覆岩受采动影响出现卸压区，该区域为垂直应力降低区，呈拱形分布。其中最靠近煤层部分覆岩出现垂直应力为正，大小为 0.96～2.25 MPa 的现象，说明覆岩中存在局部不受压应力而受拉应力的区域。拱形卸压区变化特征为：当工作面推进 80 m 时，卸压区高度达到最大值，受到基本顶来压作用，其内局部岩层逐渐被压实，出现应力恢复区；当工作面推进 100 m 时，卸压区不再向上发育，而应力恢复区不断向上发育并与卸压区顶部贯通；当工作面推进 120 m 时，开切眼侧卸压区范围无明显变化，工作面侧卸压区宽度保持稳定，并随工作面推进前移，中部应力恢复区范围扩大；随着工作面继续推进，中部应力恢复区范围不断扩大，卸压区宽度保持稳定，工作面侧卸压区随工作面推进不断前移，且开切眼侧卸压区宽度始终小于工作面侧。

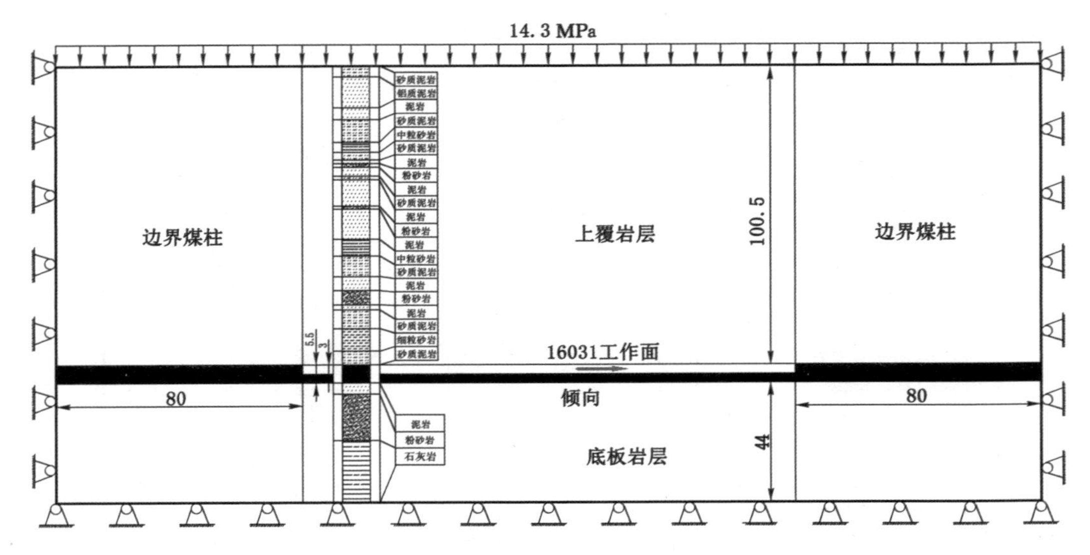

图 2-2　模型尺寸及边界条件(单位:m)

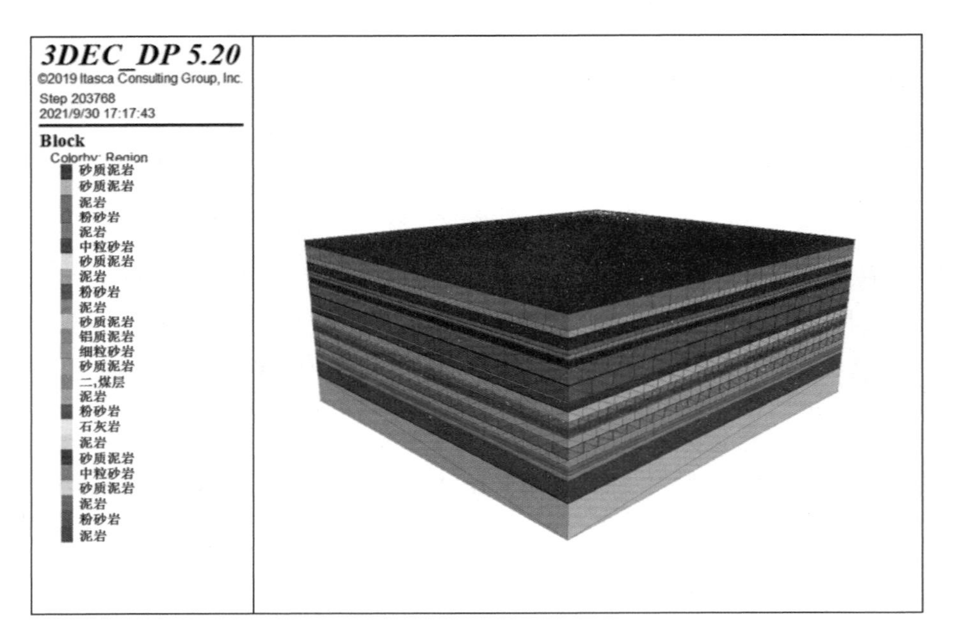

图 2-3　数值计算模型

不同推进距离下水平切面(煤层顶板 36 m)垂直应力分布云图如图 2-5 所示。由图 2-5 可知,随着工作面的推进,采动覆岩应力卸压区呈现圆角矩形分布形态。当工作面推进 100 m 时出现应力恢复区,亦呈圆角矩形分布形态,并随着工作面推进范围不断扩大。受应力恢复区的作用,覆岩卸压区在水平切面上呈现圆角矩形环分布形态,开切眼侧宽度为 20 m,工作面倾向两端宽度为 25 m,工作面侧宽度为 35 m,卸压环形区域各处宽度保持不变,长度随工作面开采推进不断增大。

工作面回采结束后煤层上方 10 m、20 m、30 m 和 40 m 层位岩层走向垂直应力分布如

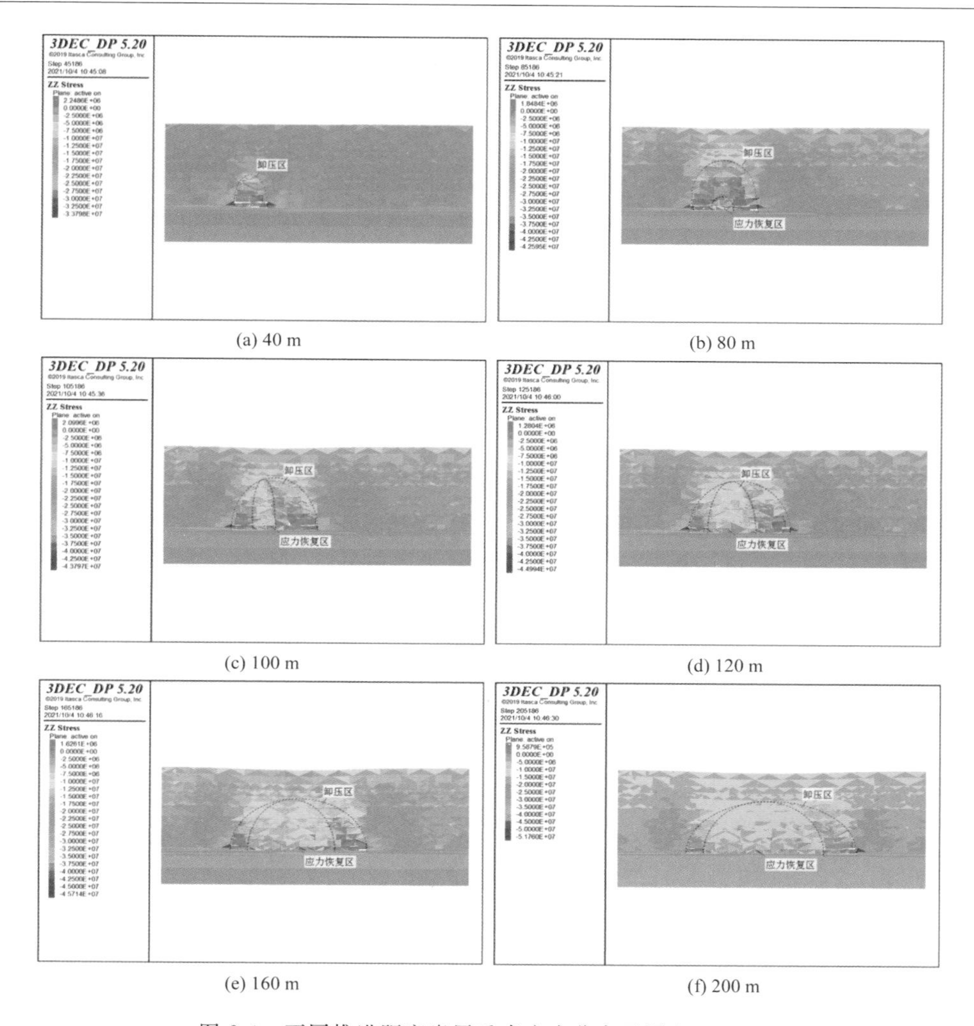

(a) 40 m　(b) 80 m
(c) 100 m　(d) 120 m
(e) 160 m　(f) 200 m

图 2-4　不同推进距离岩层垂直应力分布云图($y=80$ m)

图 2-6 所示。工作面前后方均出现应力增高区，应力大小整体呈现随着距煤层顶板距离的增加而减小的趋势；开切眼侧和工作面侧均出现卸压区，卸压区范围随着距煤层顶板距离的增加而保持稳定，但距煤层顶板 40 m 层位岩层无明显卸压区发育现象；工作面中部出现应力恢复区，区域宽度随着距煤层顶板距离的增加而逐渐减小，呈梯形分布。

为分析采动裂隙动态演化规律，定义覆岩卸压系数 λ 以表征裂隙发育程度。$\lambda=1-$采动覆岩卸压应力/原岩应力，并定义裂隙富集区的 λ 值大于 0.5，仅产生离层裂隙区的 λ 值介于 0.2～0.5 之间，采动影响较弱区域的 λ 值小于 0.2。结合图 2-4 至图 2-6，可以绘制出裂隙富集区的动态演化过程，如图 2-7 所示。

由图 2-7 可知，随着工作面的推进，裂隙富集区呈拱形分布范围不断扩大，当推进 80 m 时，拱形高度达到最大值，距煤层顶板 36.4 m，拱形区中部出现裂隙压密区，裂隙富集区呈现中空圆拱形特征；当推进 100 m 时，裂隙压密区高度与裂隙富集区高度一致，裂隙富集区呈现圆环状分布，开切眼侧宽度为 20 m 左右，工作面倾向两端宽度为 25 m 左右，工作面侧宽度为 35 m 左右；随着工作面的不断推进，裂隙压密区范围不断扩大，裂隙富集环形区长

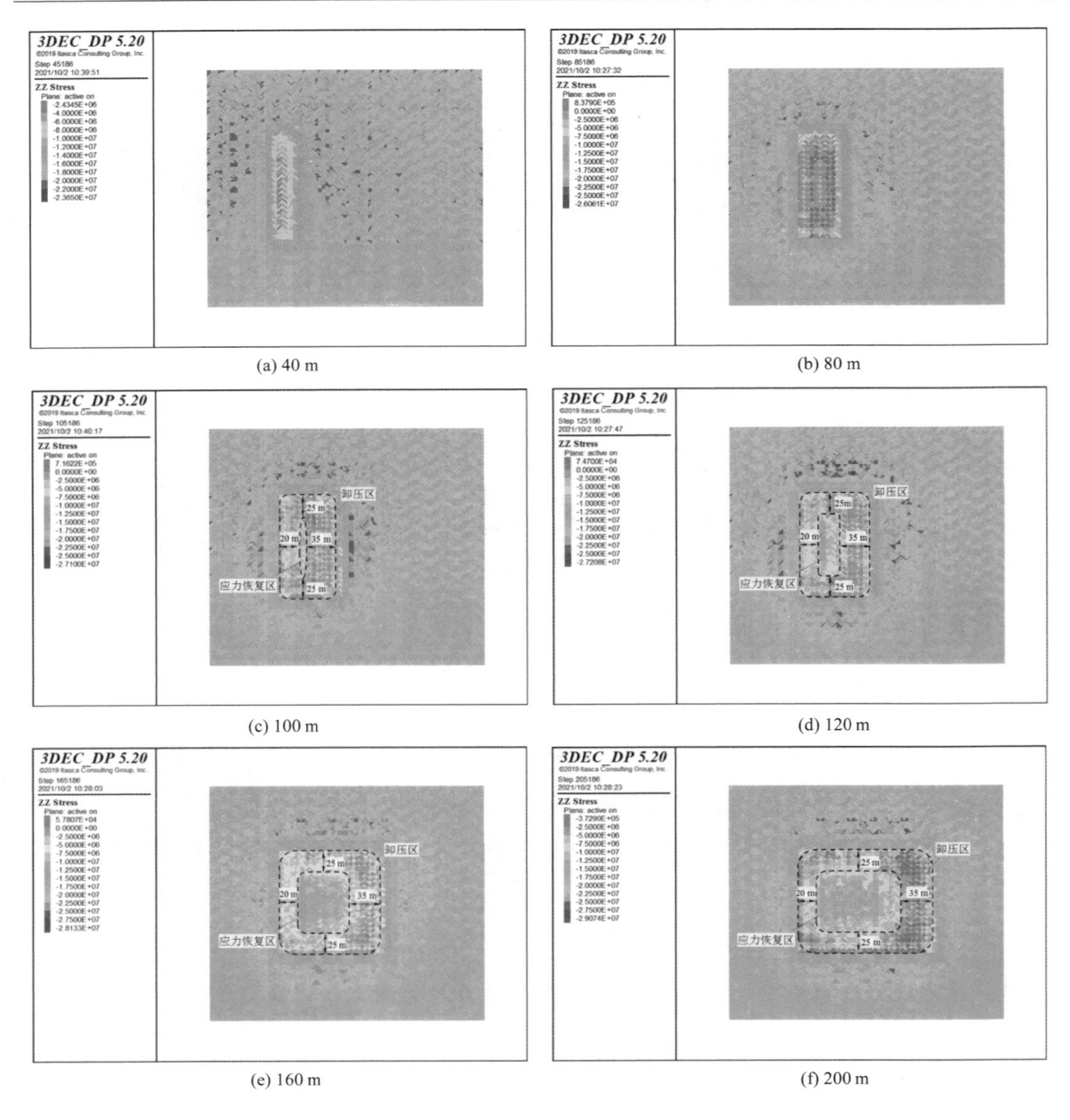

(a) 40 m　(b) 80 m

(c) 100 m　(d) 120 m

(e) 160 m　(f) 200 m

图 2-5　不同推进距离岩层垂直应力分布云图(z=86 m)

度随工作面推进不断增长，环形区的宽度和高度保持稳定。

2.1.3　采动覆岩运动规律分析

图 2-8 为采动覆岩三维位移分布及距煤层顶板不同高度岩层位移分布云图。由图 2-8(a)可知：由于岩层位移值不同，沿工作面走向和倾向覆岩均存在裂隙发育区；采空区中部下方岩层受压位移值相差不大，出现裂隙压密区。由图 2-8(b-e)可知：距煤层顶板 10 m 与 20 m 位置岩层位移差异很大，岩层运动明显不同步，层间离层发育显著；距煤层顶板 20 m 与 30 m 位置岩层位移差异较大，层间仍有离层发育；距煤层顶板 30 m 与 40 m 位置岩层位移差异很小，岩层运动较同步，离层发育较弱。

通过对覆岩离层率的分析可定量分析采动裂隙的发育程度。覆岩离层率可由两岩层下沉

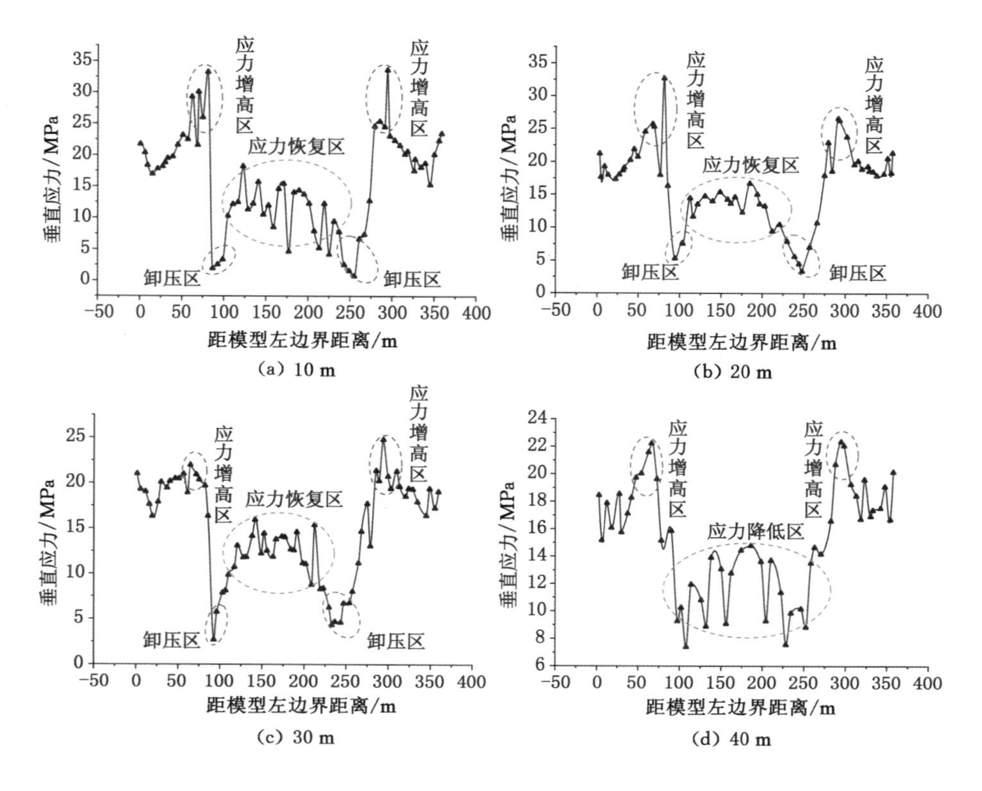

图 2-6　距煤层顶板不同高度垂直应力分布

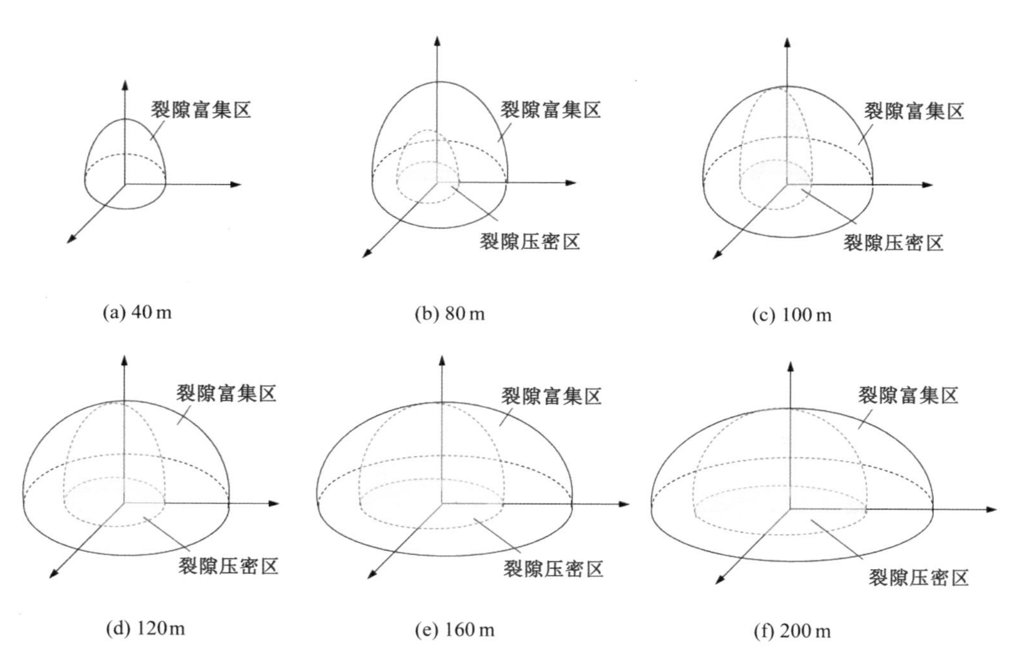

图 2-7　不同推进距离下的裂隙富集区形态

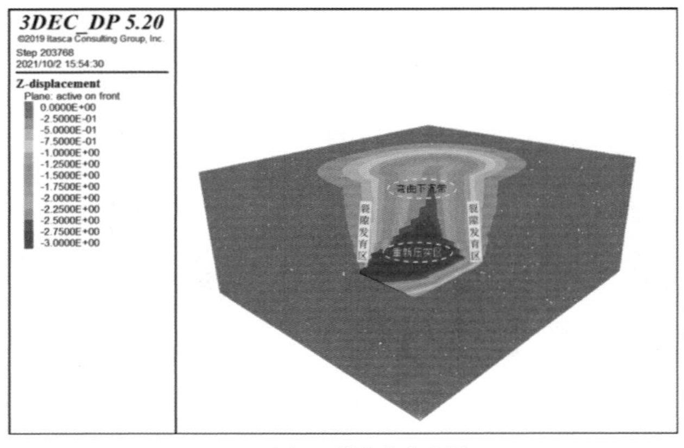

(a) 三维位移分布图

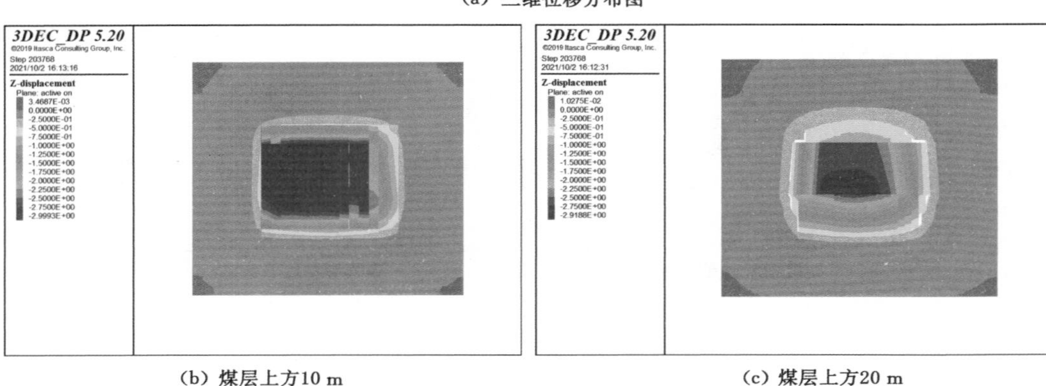

(b) 煤层上方10 m　　(c) 煤层上方20 m

(d) 煤层上方30 m

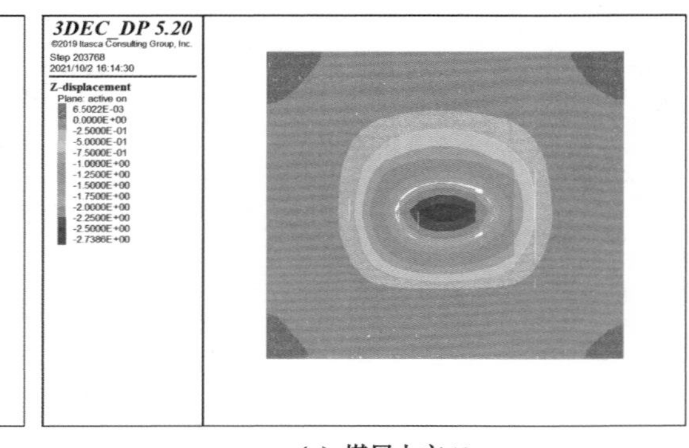

(e) 煤层上方40 m

图 2-8　覆岩位移分布及距煤层顶板不同高度岩层位移分布云图

量差值除以岩层间距求得。沿走向提取工作面中部煤层顶板上方 10 m、20 m、30 m、40 m、50 m、60 m 位置岩层下沉位移值,得到的采动覆岩离层率的分布情况如图 2-9 所示。

由图 2-9 可知:

① 煤层上方 10 m 范围内的岩层离层率整体明显大于其上岩层的离层率,且中部压密区的离层率也在 0.03 左右,可判断垮落带高度小于 10 m。该区域覆岩垮落块体较小,形状不规则,垮落后对采空区进行充填,在上覆岩层载荷的作用下,垮落块体间仍然存在大量孔隙。

② 煤层上方 10～40 m 范围内的岩层处于裂缝带,开切眼和工作面上方的岩层区域裂隙

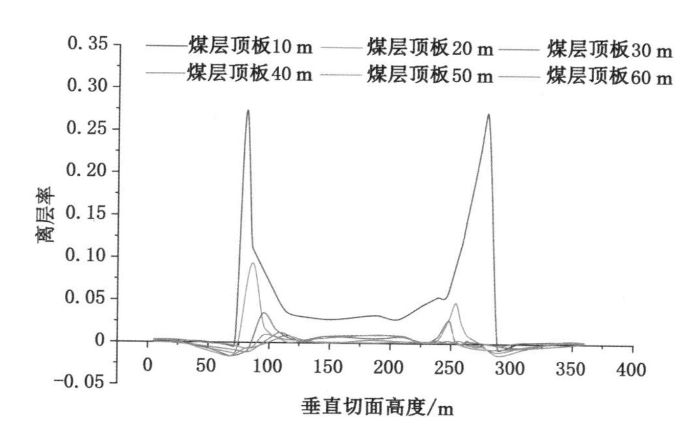

图 2-9　垂直切面不同高度覆岩离层率曲线（y=80 m）

明显发育，存在一定宽度的裂隙富集区，且随着覆岩高度的增大逐渐向采空区中部移动，中部岩层离层率明显较低。其原因在于，垮落带岩层对采空区进行充填后，上方岩层垮落的回转空间受限，岩层破断后呈铰接状，形成砌体梁结构；开切眼侧和工作面侧两端裂隙明显发育主要为岩层破断砌体梁结构所致，中部岩层裂隙发育程度低主要为砌体梁结构逐渐承载受压所致。裂缝带内岩层整体离层率呈现随距煤层顶板距离的增加而逐渐减小的趋势。

③ 煤层上方 40 m 以上的岩层处于弯曲下沉带，岩层不再破断仅发生弯曲下沉，开切眼和工作面上方无明显裂隙富集区存在。各岩层岩性不同，造成弯曲挠度不同，致使层间出现离层。

④ 采动造成覆岩离层率整体近似呈“M”形分布特征：沿工作面推进方向，离层率值最高的区域集中在开切眼和工作面上方，此即裂隙富集区域，且工作面侧离层区域的范围大于开切眼侧；采空区中部岩层受基本顶来压的作用，承载后岩层离层裂隙逐渐闭合，离层率显著降低；自开切眼和工作面向模型两侧边界延伸，岩层受采动影响很小，主要受拉伸作用，离层率很小；继续向外扩展岩层基本不受采动影响，离层率近似为 0。

通过前述对采动覆岩卸压区域及运动规律的分析，可以得出采动覆岩破坏及裂隙发育环形分布的三维形状，并根据裂隙分布特征，划分为 4 个区域：

① 压密裂隙区。随着煤层开采推进，采空区中部基本顶逐渐承载受压，裂隙逐渐被压密，称作压密裂隙区。

② 结构裂隙区。由于砌体梁结构的存在，压密裂隙区四周裂隙发育程度高，且能长期保持稳定，从而使该环形区域成为裂隙富集区域。由于此区域内裂隙由岩层断裂砌体梁结构形成并保持稳定，称作结构裂隙区。

③ 拉张裂隙区。结构裂隙区向外岩层离层率很小，此处岩层受到拉应力作用，因此，产生的裂隙主要为岩层受拉张所致，称作拉张裂隙区。

④ 原岩裂隙区。拉张裂隙区继续向外扩展，岩层逐渐恢复原岩应力，岩层受采动影响很小，无新裂隙生成扩展，称作原岩裂隙区。

模拟实验中裂隙分布环形区域高度为 36.4 m，截面呈梯形。其中，结构裂隙区（环形）开切眼侧宽度为 20 m，工作面倾向两侧宽度为 25 m，工作面侧宽度为 35 m，绘制的压密裂隙区和结构裂隙区如图 2-10 所示。

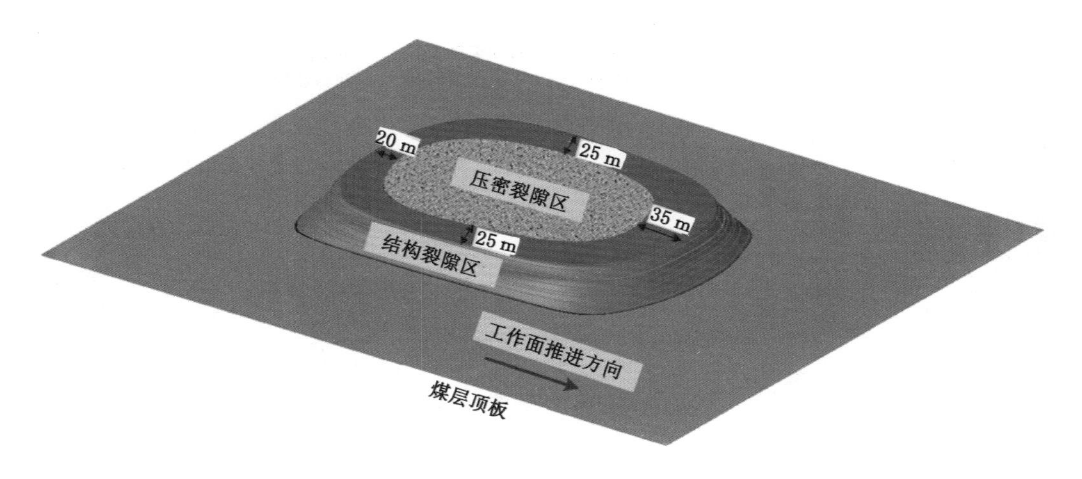

图 2-10　采动裂隙环形分布区域示意图

2.1.4　采动覆岩裂隙发育特征

为直观分析采动裂隙演化过程，对原岩裂隙区、拉张裂隙区、结构裂隙区和压密裂隙区的裂隙分布特征进行分析，对不同工作面推进距离情况下，沿走向在工作面中部（$y=80$ m）作垂直切面，如图 2-11 所示。

分析图 2-11 可知：

① 当工作面推进 40 m 时，离层裂隙和穿层裂隙发育高度均为 18 m 左右。离层裂隙为岩层运动不同步所形成，穿层裂隙为岩层破断所形成。

② 当工作面推进 80 m 时，离层裂隙和穿层裂隙均向上发育，穿层裂隙发育至36.4 m，而离层裂隙发育高度约为 63 m。工作面和开切眼端岩层以一定角度发生破断，形成的断裂裂隙也以一定角度呈正梯形向上发育；离层裂隙超出工作面和开切眼位置呈倒梯形向上发育；采空区中部出现裂隙闭合现象。

③ 当工作面推进 120 m 时，穿层裂隙发育高度不变，仍为 36.4 m 左右，离层裂隙继续向上发育至 74 m 左右。随着工作面的推进，断裂裂隙仍呈正梯形发育，由于岩层破断砌体梁稳定结构的存在，开切眼侧裂隙基本保持不变，工作面侧裂隙随着工作面推进不断前移；离层裂隙仍以倒梯形向上发育，并随工作面推进范围不断扩大；采空区中部承载受压裂隙闭合区域范围不断扩大。

④ 当工作面推进 160 m 时，穿层裂隙发育高度仍为 36.4 m，说明随着工作面的推进岩层破断不再向上传递，裂缝带高度为 36.4 m。工作面侧穿层和离层裂隙随工作面的推进不断生成并向前扩展；开切眼侧裂隙整体保持稳定；采空区中部裂隙承载受压闭合区域范围不断增大。整体工作面侧裂隙发育区域范围大于开切眼侧。

⑤ 垮落带裂隙发育明显，并且随工作面的开采推进，裂隙仍能长期保持，无明显闭合现象。

从上述采动裂隙演化过程可知，采空区中部压密裂隙区的裂隙随工作面的推进承载受压后逐渐闭合，且区域范围不断扩大；结构裂隙区因岩层砌体梁结构的存在，裂隙发育程度较好，且能稳定存在；拉张裂隙区岩层受拉张作用的影响出现少量离层裂隙，无穿层裂隙发育；原岩裂隙区受采动影响很小，裂隙基本保持原岩状态。裂隙发育各环形区域随工作面开

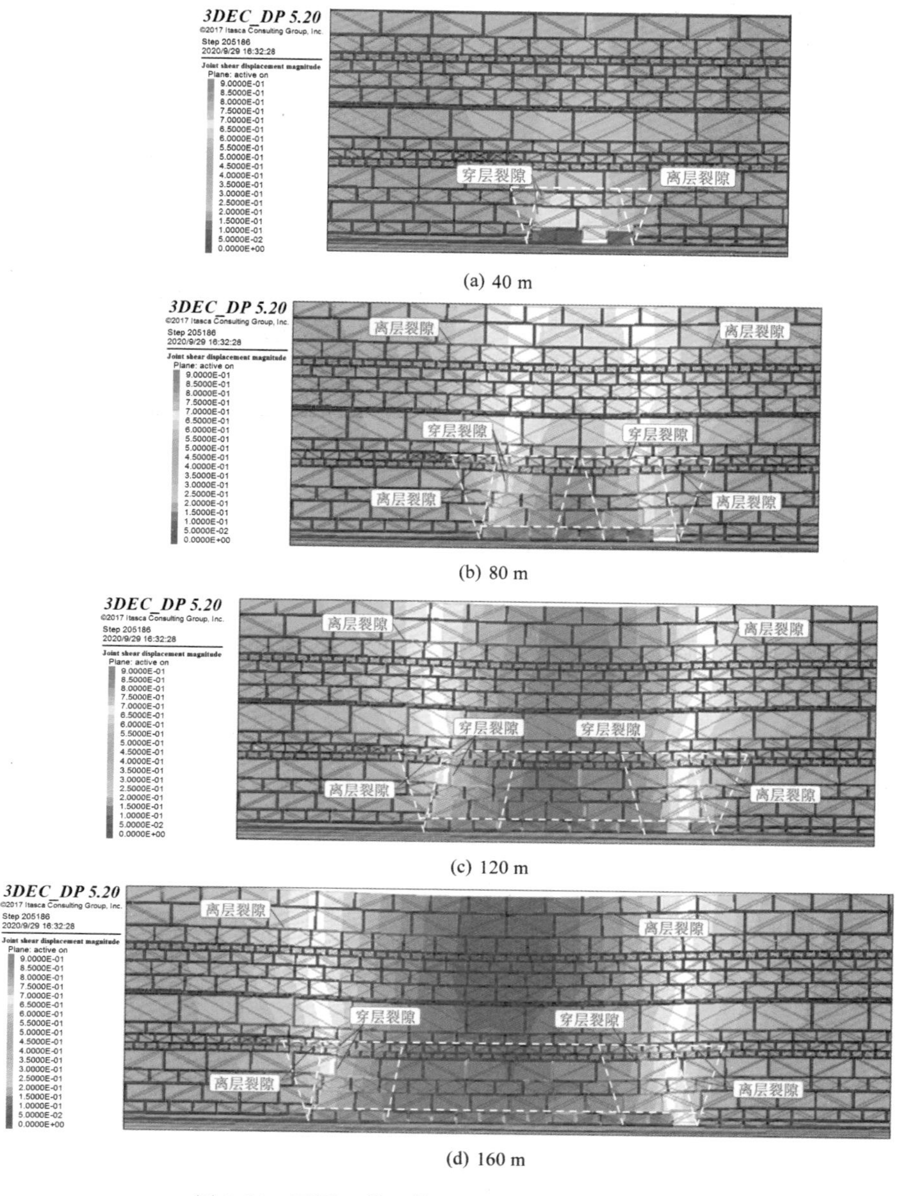

(a) 40 m

(b) 80 m

(c) 120 m

(d) 160 m

图 2-11　不同工作面推进距离采动裂隙分布特征

采推进整体向前生成扩展，工作面侧裂隙发育范围较开切眼侧大。垮落带岩层发生不规则垮落，且中部承载受压后裂隙无明显闭合现象，因此，横向各环形区域划分以裂缝带高度范围内岩层采动裂隙分布为准。工作面开采完成后的覆岩各区带划分如图 2-12 所示。

由图 2-12 可以看出，Ⅰ为垮落带，Ⅱ为裂缝带，Ⅲ为弯曲下沉带；A 为原岩裂隙区，B 为拉张裂隙区，C 为结构裂隙区，D 为压密裂隙区。采空区中部为压密裂隙区，岩层承载受压，应力逐渐恢复，裂隙闭合现象明显；结构裂隙区裂隙发育程度好，且稳定存在，区域岩层断裂形成卸压区域；拉张裂隙区岩层受支承压力影响，存在少量拉张裂隙；原岩裂隙区受采动影响很小，保持原岩状态。

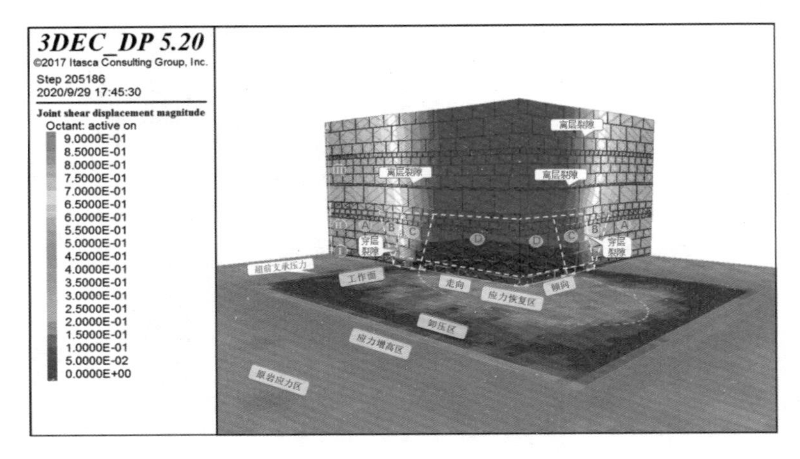

图 2-12　采动覆岩区带划分

2.2　定向长钻孔布置区域分析

相似模拟实验是以相似理论为基础，利用事物或现象间存在的相似和类似等特征来研究自然规律的一种方法。本节仍以焦煤古汉山矿 16031 工作面为工程背景，采用相似模拟实验对采动覆岩裂隙发育特征及钻孔稳定性进行模拟分析，以确定定向长钻孔在采动覆岩内的布置区域。

2.2.1　相似模拟实验方案

（1）相似参数的确定

为了保证模型的稳定性，模型试架在保障有足够的刚度之外也应有一定的宽度。结合实验室现有实验条件及古汉山矿 16031 工作面开采情况，确定在 2.5 m×0.2 m×1.3 m（长×宽×高）规格的钢模型架上完成本次模拟实验。根据现有相似准则，计算出符合工作面实际情况的相似常数。

① 几何相似比：$C_L = L_m / L_p = 1:50$；

② 泊松比相似比：$C_\mu = \mu_m / \mu_p = 1$；

③ 重度相似比：$C_\gamma = \gamma_m / \gamma_p = 1:1.73$；

④ 刚度相似比：$C_E = E_m / E_p = 1:86.5$；

⑤ 应力相似比：$C_\sigma = \sigma_m / \sigma_p = 1:86.5$；

⑥ 时间相似比：$C_t = t_m / t_p = \sqrt{C_L} = 1:7$。

（2）相似材料及配比、用量

相似模拟实验以砂子为骨料，水泥、碳酸钙、石膏为胶结材料，硼砂为缓凝剂，采用不同的比例混合成相似材料，模拟不同强度的各岩层[126]。此外，通过在岩层表面均匀散布云母粉将各岩层分开，以保证岩层破坏及裂隙发育的准确性。

根据研究需要及模型架规格尺寸，实验模拟至煤层顶板第 9 层岩层（泥岩）。根据实际煤岩层的分布情况及参数值（图 2-1）和上述计算得到的各个相似比，计算得到实验模型中各煤岩层所需的力学性能和相似材料的用量比例，见表 2-1。

表 2-1　相似材料配比及用量

序号	岩性	实际厚度/m	实际强度/MPa	模拟厚度/cm	模拟强度/kPa	配比号	总质量/kg	砂子质量/kg	碳酸钙质量/kg	水泥质量/kg	石膏质量/kg	水体积/L
1	泥岩	10.1	15.78	20.2	182.43	537	151.50	126.25	7.58		17.68	21.65
2	中粒砂岩	5.7	50.46	11.4	583.35	955	85.50	64.13		10.69	10.69	12.22
3	砂质泥岩	6.9	26.37	13.8	304.86	337	103.50	90.56	3.88		9.06	14.79
4	泥岩	4.5	15.78	9.0	182.43	537	67.50	54.00	4.05		9.45	9.65
5	粉砂岩	4.8	34.55	9.6	399.42	975	72.00	60.00		7.00	5.00	10.29
6	泥岩	1.7	15.78	3.4	182.43	537	25.50	20.40	1.53		3.57	3.64
7	砂质泥岩	6.2	26.37	12.4	304.86	337	93.00	81.38	3.49		8.14	13.29
8	细粒砂岩	7.6	58.43	15.2	675.49	955	114.00	91.20		11.40	11.40	16.29
9	砂质泥岩	4.7	26.37	9.4	304.86	337	70.50	61.69	2.64		6.17	10.07
10	二$_1$煤	3.0	8.26	6.0	95.49	473	45.00	37.50	5.25		2.25	6.43
11	泥岩	1.0	15.78	2.0	182.43	537	15.00	12.00	0.90		2.10	2.14
	合计						843.00	699.11	29.32	29.09	85.51	120.46

(3) 模型的加载

相似模拟实验不能模拟全部覆岩的厚度，因此，对模型架顶部施加载荷以模拟煤层上方全部岩层。本实验采用液压加载方式，并在加载物与模型之间安置刚度适中的介质层，产生合乎实际的压力重新分布。未模拟出的上覆岩层的自重应力为：

$$q_m = q_p C_\sigma = \gamma_p (H - H_m) C_\sigma = 0.18\ (\text{MPa}) \tag{2-1}$$

式中　q_m——模型顶部需施加的外部应力，MPa；

q_p——覆岩自重应力，MPa；

γ_p——原岩重度，26 kN/m^3；

H——开采深度，650 m；

H_m——模型模拟覆岩高度，52 m；

C_σ——应力相似比，取 1/86.5。

(4) 定向长钻孔布置

根据数值模拟计算结果可知，垮落带发育高度至煤层顶板 4.7 m，裂缝带发育至中粒砂岩底部，距离煤层顶板 36.4 m。水平方向上，在裂缝带高度范围内，随着开采推进覆岩破坏会依次经历原岩裂隙区、拉张裂隙区、结构裂隙区和压密裂隙区。因此在制作好的模型上沿推进方向布设钻孔，模拟随开采推进钻孔的变形和破坏情况。定向长钻孔采用特制的半圆形木条制作，在模型构建时沿全长布设五条，待模型挡板拆除后将木条抽出形成钻孔。钻孔分别距煤层顶板 3 m、15 m、25 m、35 m、45 m。钻孔布置如图 2-13 所示。

(5) 测点布置

为监测覆岩及布置于各区带内定向长钻孔的移动变形情况，在煤层上方布置测点 9 排 25 列，测点列间距 10 cm，最外一列测线距模型架边界 5 cm。在每个钻孔上部 1 cm 处分别布置一排测点，然后在其之上 10 cm 再布置一排，位移监测点布置如图 2-13 所示。

(6) 模型开挖

模型铺设完成后，对其表面整体涂白，并将钻孔进行着色处理，以便于对覆岩及钻孔的变形破坏情况进行直观分析。模型模拟开采长度为 95 m，两侧留保护煤柱以减少模型在实验过程中产生的边界效应。开切眼长度为 5 m，为防止压力步距的产生，工作面推进距离应为2.0 m 和 3.0 m 交替进行。铺设制作好的模型及实验设备如图 2-13 所示。

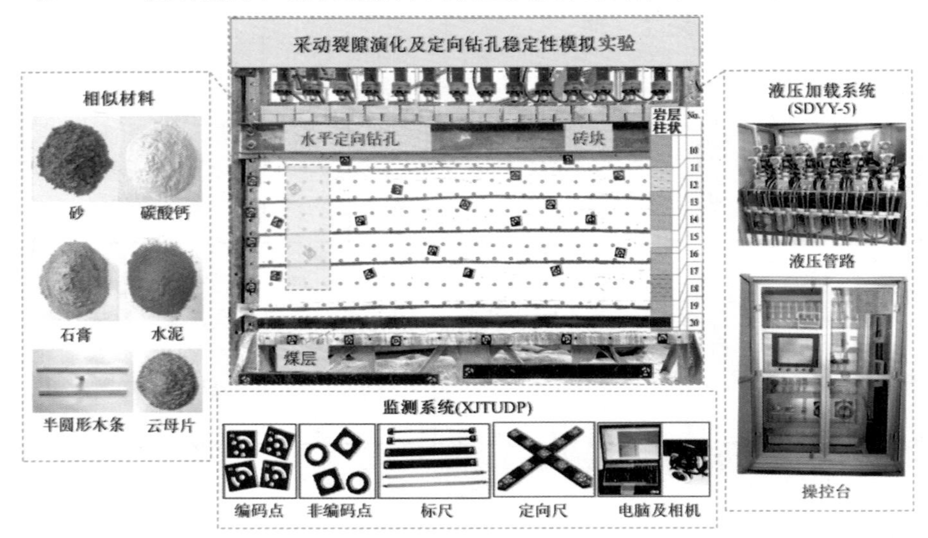

图 2-13　实验模型及设备

2.2.2　采动覆岩破坏及下沉特征

按照单次开挖长度及开挖时间间隔设计开挖煤层，为防止由于加压导致模型垮塌，模型应留设最上部一层挡板保护。在开挖期间，当岩层发生较大变形破坏及裂隙明显发育时应及时进行记录，并对模型拍照，采用监测系统计算结果并存档，确保数据准确、可靠。

(1) 采动覆岩破坏特征分析

按照模拟设计对模型进行开挖。开切眼宽度为 5 m，随着开采推进，当开挖 19.5 m 时直接顶初次垮落，煤层顶板离层发育；当开挖 24 m 时第一层垮落直接顶继续垮落；当开挖 27 m 时直接顶第二层垮落，岩层断裂角显现；当开挖 30 m 时基本顶初次来压，初次来压分两次完成，强度较大，垮落高度距离煤层顶板 8.5 m；随着开采推进直接顶依次破断，破断块体长度 5 m 左右；当开挖 40 m 时基本顶第一次周期来压，岩层破断向上发育并形成砌体梁结构，岩层破断高度 25.6 m；当开挖 53.5 m 时基本顶第二次周期来压，岩层破断向上发育，高度为30.5 m；当开挖 73.5 m 时基本顶第三次周期来压，岩层破断向上发育，高度为 36.4 m；当开挖86 m 时基本顶第四次周期来压，岩层破断不再向上发育。由于基本顶破断时在采空区形成了局部小结构，受小结构支撑作用，基本顶周期来压步距不均等，为 13.5～20 m。采动覆岩破坏垮落带高度为 8.5 m,裂缝带高度为 36.4 m(距煤层顶板距离);工作面开切眼侧岩层破断角为 67°,周期破断角为 62°～65°。采动覆岩变形破坏特征如图 2-14 所示。

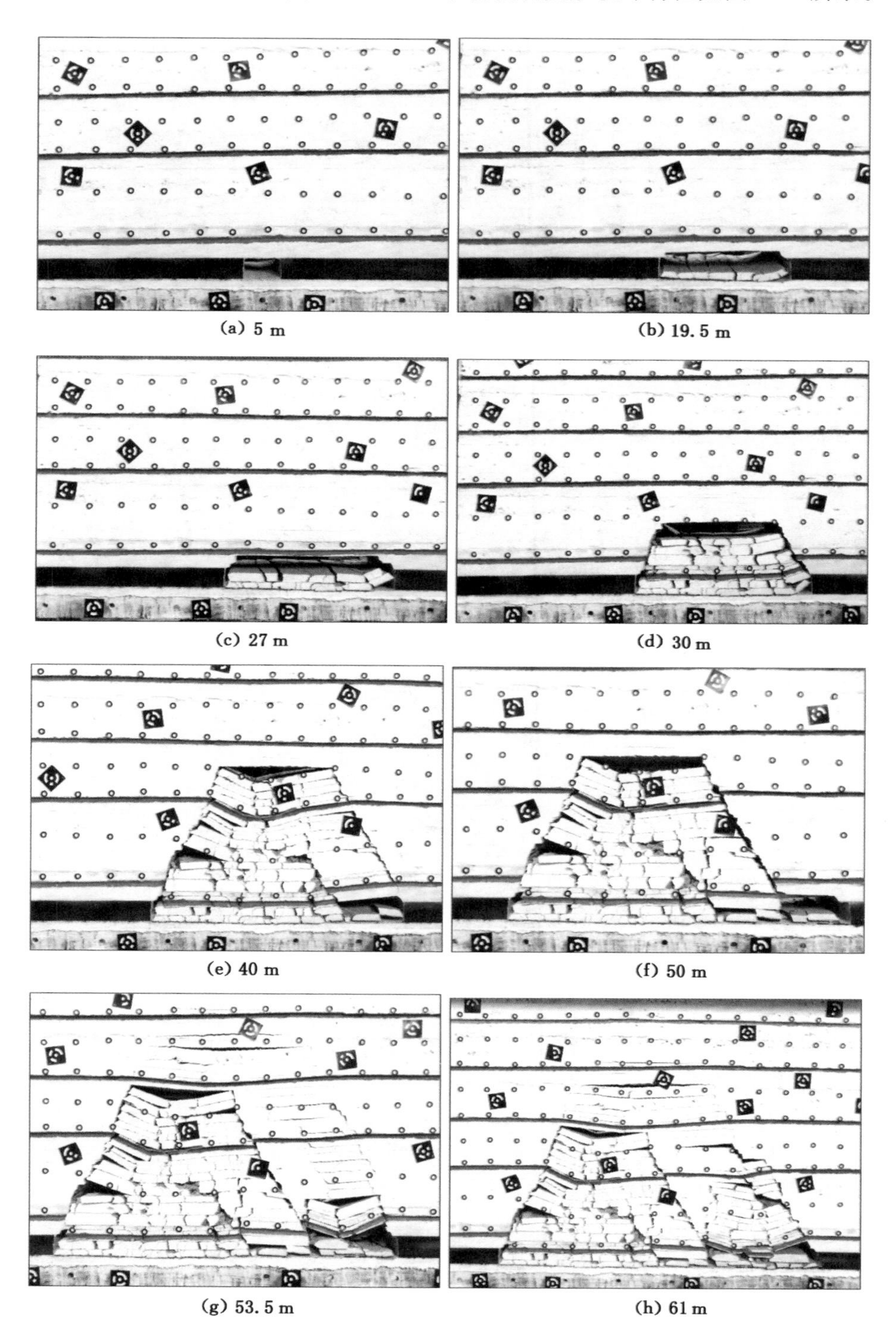

图 2-14　不同工作面推进距离采动覆岩变形破坏特征

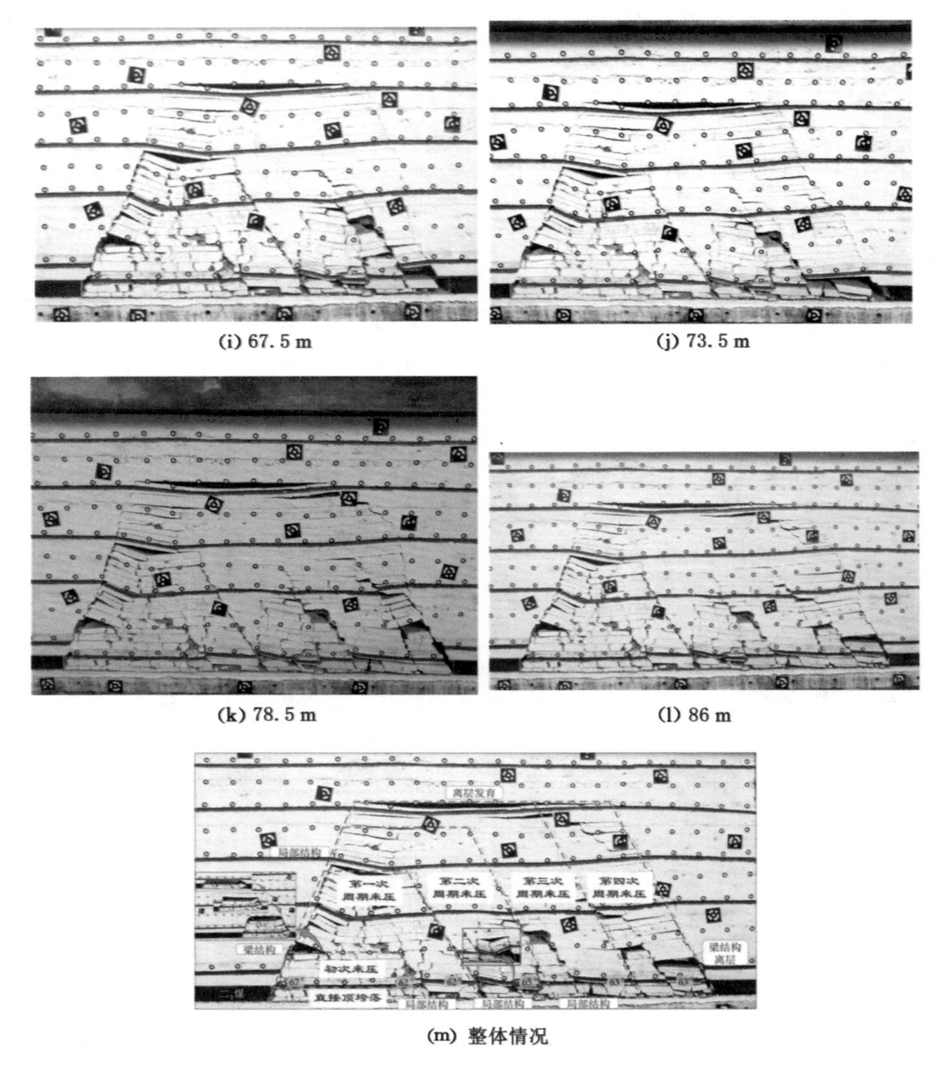

(i) 67.5 m

(j) 73.5 m

(k) 78.5 m

(l) 86 m

(m) 整体情况

图 2-14(续)

(2) 采动覆岩下沉特征

模拟工作面开采结束后，根据模型布置的 9 排测线监测的下沉位移情况，绘制出采动覆岩下沉曲线，如图 2-15 所示。

由图 2-15 可以看出，测线排列按从上至下顺序编号。第 9 排测线位于垮落带，岩层下沉量突变很大，主要原因为岩层垮落会形成局部小的支撑结构，在其作用下局部岩层破坏下沉运动受限。第 4 至第 8 排测线位于裂缝带，各排测线下沉曲线差异较大。第 6 至第 8 排测线有较大突变，主要原因为受垮落岩层局部结构支撑作用影响。第 4 和第 5 排测线下沉曲线较为连续；区带内岩层下沉整体呈现中部位置岩层下沉量接近、两侧岩层下沉量差别较大的特征，这也说明两侧岩层的离层发育情况明显高于中部岩层。第 1 至第 3 排测线位于弯曲下沉带，受下部关键硬岩层控制作用影响，各岩层整体运动，下沉曲线基本重合，层间离

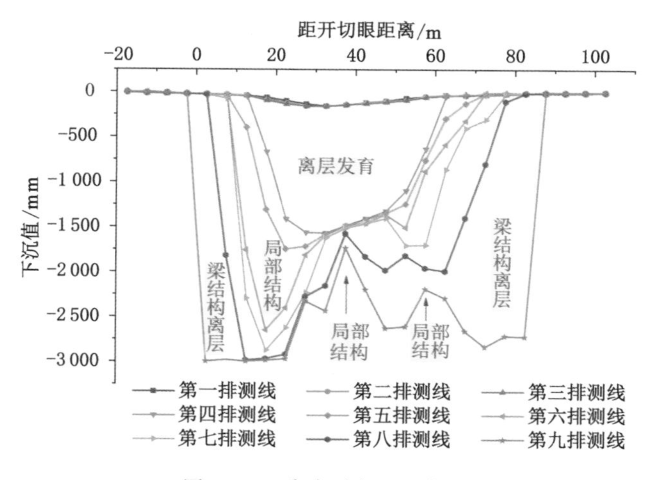

图 2-15　采动覆岩下沉曲线

层发育弱。

2.2.3　定向长钻孔的布置区域

将瓦斯运移裂隙通道分布及钻孔稳定性作为两个控制因素，对相似模拟实验结果进行分析，从而确定采动覆岩内定向长钻孔布置的最佳区域。

(1) 垂直方向上

① 瓦斯运移裂隙通道分布

采动覆岩破坏“竖三带”裂隙演化特征如图 2-16 所示。垮落带内岩层垮落，呈破碎状堆积在采空区，孔隙率和渗透率成级数倍增加。裂缝带内岩层离层和穿层裂隙随着周期来压向上发育并相互贯通，形成瓦斯运移及汇聚的裂隙网络；岩层破断至上覆关键硬岩层(中粒砂岩)时停止，穿层裂隙至此高度不再向上发育，高度为距煤层顶板 36.4 m。弯曲下沉带内离层裂隙以“发育-闭合”的循环模式向上传递，最终至地表形成下沉盆地。

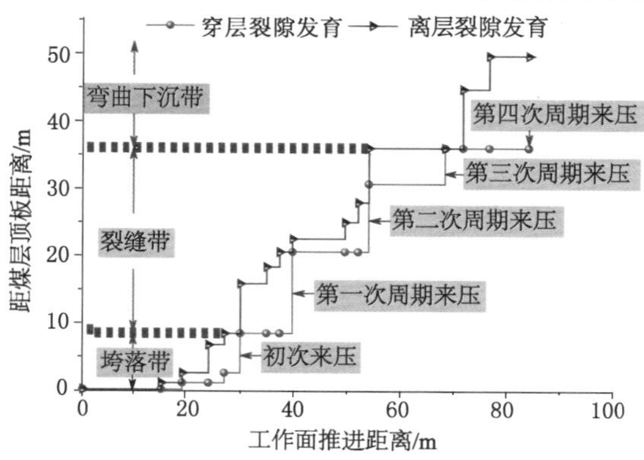

图 2-16　“竖三带”裂隙演化特征

为进一步分析“竖三带”裂隙分布特征，绘制其离层率分布曲线，如图 2-17 所示。

A. 垮落带：垮落带岩层在两侧邻近砌体梁结构处和剪切错动处离层裂隙发育明显，最大离层率可达 313.4 mm/m，但是裂隙发育不稳定，突变很大。

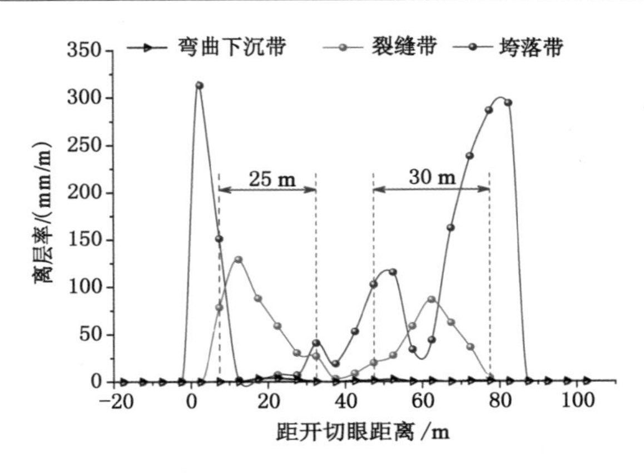

图 2-17 “竖三带”离层率分布曲线

B. 裂缝带:裂缝带两侧因砌体梁结构的存在,岩层离层裂隙率较大且较稳定,两侧离层率最大分别可达 129.5 mm/m 和 86.6 mm/m,宽度为 25～30 m(图 2-17 中虚线间裂隙区域),中部离层率较低。

C. 弯曲下沉带:弯曲下沉带无穿层裂隙生成,岩层层间有少量离层产生,但是离层会逐渐闭合向上传递,整体离层率小,离层率小于 10 mm/m。

因此,从瓦斯运移裂隙通道分布特征角度分析,垮落带和裂缝带裂隙较发育,是布置定向长钻孔的适宜区域。

② 钻孔稳定性

据模拟实验“竖三带”划分结果,分别取距煤层顶板 3 m 钻孔(红色,位于垮落带)、15 m 钻孔(蓝色,位于裂缝带)和 45 m 钻孔(黄色,位于弯曲下沉带)3 个钻孔进行分析。取岩层断裂破坏严重的开切眼侧一定宽度范围,对各带钻孔稳定性进行分析,如图 2-18 所示。

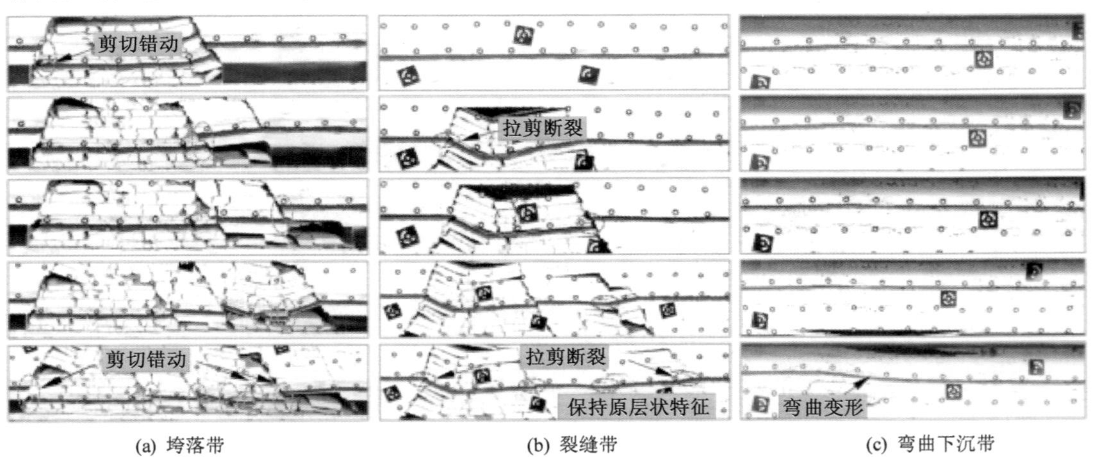

图 2-18 “竖三带”内定向长钻孔稳定性

采动引起覆岩发生移动变形,会导致其内布置的钻孔受拉伸和剪切作用从而发生破坏[114-115]。由图 2-18 可知,垮落带内钻孔发生剪切错动,从而被完全破坏,不适宜布置钻孔[图 2-18(a)];裂缝带内钻孔基本保持原层状特征,较垮落带钻孔稳定性好,但是局部会出现拉剪断裂现象[图 2-18(b)]；弯曲下沉带内钻孔仅随岩层运动发生弯曲变形，钻孔稳定性最好[图 2-18(c)]。

因此，从钻孔稳定性角度分析，裂缝带和弯曲下沉带钻孔稳定性较好，是布置定向长钻孔的适宜区域。

综上所述，从瓦斯运移裂隙通道分布及钻孔稳定性两方面因素综合分析，垂直方向上，裂缝带是布置定向长钻孔的适宜区域。

(2) 水平方向上

由于裂缝带是布置定向长钻孔的适宜区域，因此，在前述数值模拟研究的基础上，对裂缝带高度范围内的"横四区"(原岩裂隙区、拉张裂隙区、结构裂隙区和压密裂隙区)进行划分，并分析各区裂隙分布特征。采动裂隙分布及"横四区"的划分如图 2-19 所示，各区离层率分布如图 2-20 所示(横向各区划分以中部岩层离层发育特征为基准)。

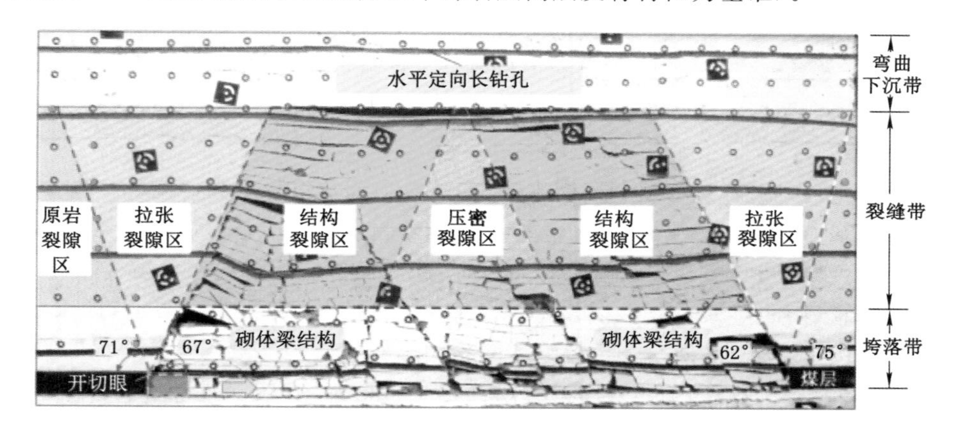

图 2-19　采动裂隙分布及"横四区"划分示意图

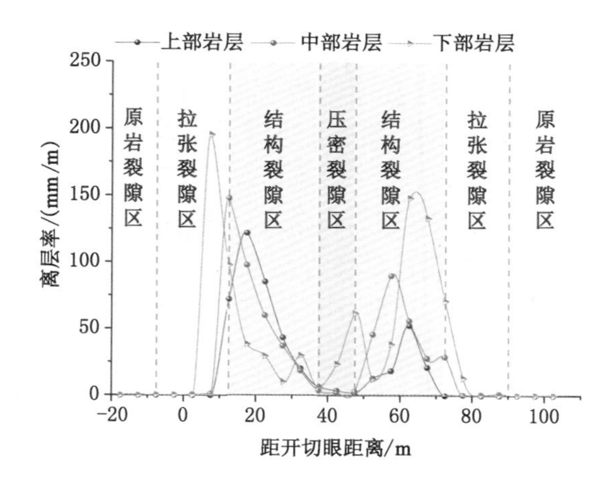

图 2-20　"横四区"离层率分布曲线图

分析可知：

① 原岩裂隙区：岩层受采动影响很小，基本保持原岩状态，无新裂隙生成扩展，且受超

前支承压力的影响，原始微裂隙会发生闭合现象，使原渗透率较低的岩层渗透性变得更差[127]。

② 拉张裂隙区：岩层先后经历"原岩应力-承载(支承压力)-卸载"的过程，且在煤柱的支撑作用下呈悬伸弯曲特征，岩层裂隙张开变大，次生裂隙发育，渗透率提高[128-129]，但岩层离层率小于 1 mm/m。在模拟实验中，以测点水平变形约 2 mm/m 的测点为边界点(图 2-19 中两侧标绿测点所示)，与开采边界连线得到拉张裂隙区起始界面，即采动裂隙发育进入拉张裂隙区。开切眼侧始界面角度为 71°，工作面停采处始界面角度为 75°。

③ 结构裂隙区：随着工作面开采，岩层沿一定角度发生破断，破断岩层以"砌体梁"结构向上传递，扩展至整个采场空间，覆岩四周破断岩块相互铰接，形成"环形承载梁"结构。此环状结构的宽度基本保持不变，而长度与工作面开采推进距离保持一致。覆岩破断"环形承载梁"结构为瓦斯提供了环形流动裂隙通道和汇聚空间场所，形成了瓦斯汇流的环形区域。结构裂隙区离层裂隙明显发育(上、中、下部岩层离层率分别可达 195.6 mm/m，148.2 mm/m 和 122.1 mm/m)，宽度为 25 m 左右，且能长时间维持。区域以覆岩破断界面为外界面，即岩层裂隙发育进入结构裂隙区。模拟实验中，覆岩初次破断界面角度为 67°，周期破断界面角度为 62°～65°。

④ 压密裂隙区：随着基本顶的周期来压，采空区中部穿层裂隙和层间离层逐渐闭合，裂隙率和渗透率显著下降。大量观测数据统计及研究表明[49,130]，当层间离层率为 3‰时，向采空区中部延伸，层间离层和穿层裂隙开始闭合，此次模拟监测数据和采动裂隙演化情况也对此进行了验证(图 2-20)。因此，以岩层离层率 3‰处为界，定义为内界面，即采动裂隙发育进入压密裂隙区，区域范围与结构裂隙区同步动态变化。

因此，从裂隙通道区域分布特征角度分析，水平方向上，结构裂隙区裂隙发育好且能长时间维持，是布置定向长钻孔的适宜区域。

(3) 确定定向长钻孔布置区域

从瓦斯运移裂隙通道区域分布特征及钻孔稳定性两方面因素综合分析，采动覆岩内结构裂隙区为布置定向长钻孔的最佳区域。此外，从瓦斯运移特征角度分析，采空区卸压瓦斯在扩散、升浮和渗透作用下沿裂隙网络向上运移，其在区域内呈环形、向上的运移特征，使得结构裂隙区上山侧成为瓦斯富集区，为定向长钻孔抽采瓦斯提供了瓦斯源条件。

因此，针对走向长壁开采工作面，定向长钻孔应沿走向布置于结构裂隙区上山侧区域。当工作面开采推进时，定向长钻孔会依次经历原岩裂隙区、拉张裂隙区，最终进入结构裂隙区，进而进行采场卸压瓦斯的抽采治理。覆岩采动裂隙区带划分及定向长钻孔布置如图 2-21 所示。

2.3 定向长钻孔布置范围界定

结构裂隙区是布置定向长钻孔的最佳区域。因此，对结构裂隙区在采动覆岩内的空间位置进行界定，进而确定其范围，是布置钻孔并进行有效抽采作业的关键。垂直方向上，界定的区域边界定义为距煤层顶板的距离，分为下界面(B_b)和上界面(B_t)。水平方向上，界定的区域边界定义为距邻近侧煤柱的水平距离，分为外界面(B_o)和内界面(B_i)。区域呈环

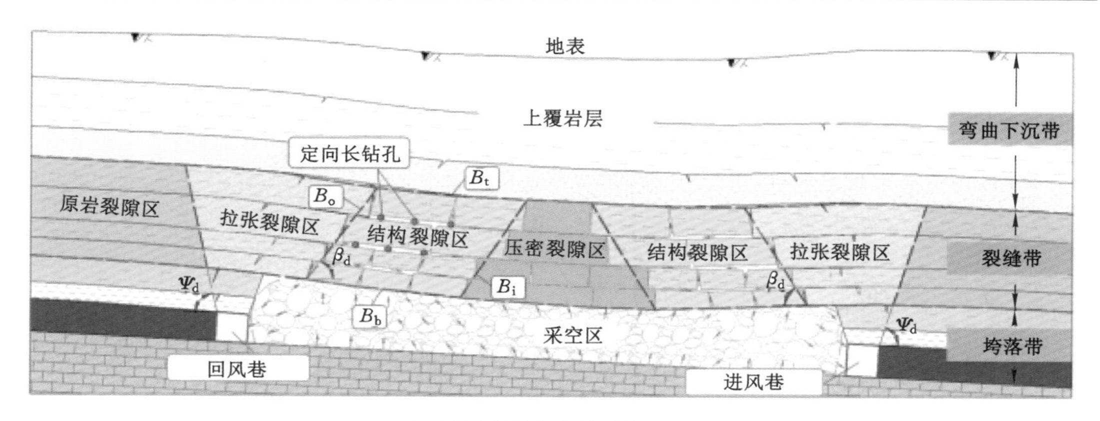

(a) 采空区中部倾向剖面图

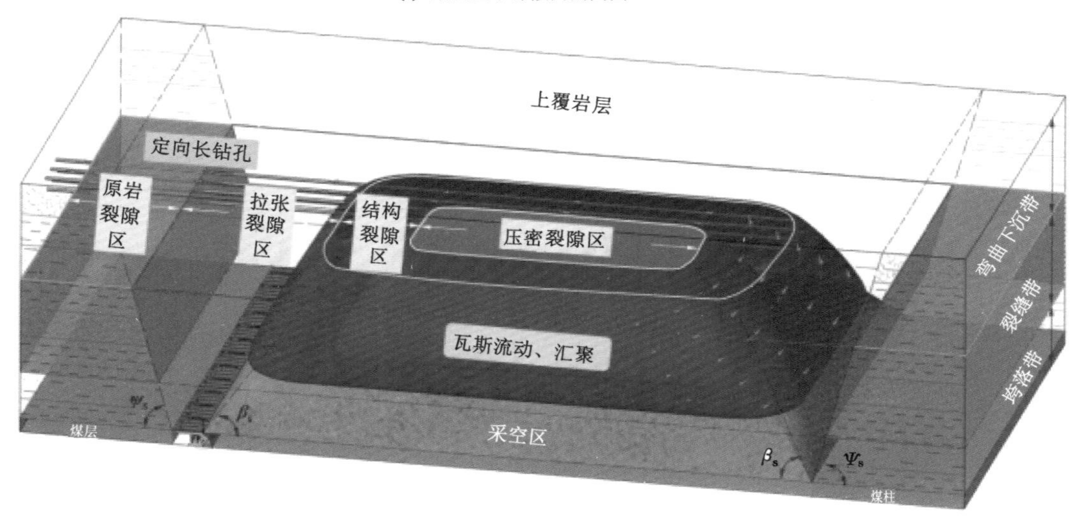

(b) 三维分布图

图 2-21　覆岩采动裂隙区带划分及定向长钻孔布置示意图

形，因此需对走向和倾向两个方向的外、内界面进行界定。走向方向外、内界面分别表示为 B_{os}、B_{is}，倾向方向外、内界面分别表示为 B_{od}、B_{id}。

2.3.1　区域下界面

煤层开采导致覆岩形成各种梁式结构并向上传递，当岩层破断形成“砌体梁”结构，从而在采场空间形成“环形承载梁”结构时，覆岩破坏进入裂缝带，此即结构裂隙区下界面（B_b）。其受采高、岩石碎胀性和“砌体梁”结构滑落回转失稳特征等因素的影响，选取式(2-2)可判定下界面高度[41-42]。

$$\begin{cases} h_r > 1.5\left\{M - \left[\sum_{r=0}^{r-1} h_r(k_r - 1) + \sum h(k_z - 1)\right]\right\} \\ l_r > 2h_r \end{cases} \tag{2-2}$$

式中　h_r——煤层顶板向上第 r 层基本顶的分层厚度，m；

M——煤层采高，m；

k_r——基本顶及其上覆载荷层的碎胀系数，本书取 1.15～1.33；

$\sum h$ ——直接顶厚度，m；

k_z ——直接顶岩层的碎胀系数，本书取 1.33～1.5；

l_r ——第 r 层基本顶断裂悬露岩块长度，m。

在满足式(2-2)的条件下，可得下界面(B_b)高度为：

$$B_b = \sum h + \sum_{r=0}^{r-1} h_r \tag{2-3}$$

2.3.2 区域上界面

裂缝带内，断裂岩层以“环形承载梁”结构向上传递，至覆岩受断裂岩块支撑不再发生破断，此即结构裂隙区上界面(B_t)。

(1) 岩层极限破断距

采动覆岩呈现三维梯形台破坏形态，且对覆岩断裂破坏高度起决定作用的为工作面走向与倾向长度两者中的较小值[131]。因此，对于走向长壁工作面，从工作面倾向长度的角度来分析岩层破断高度，则第 i 层岩层悬空距 l_{si} 与工作面开采长度 L 的关系为：

$$l_{si} = L - \left(\sum_{i=1}^{i-1} h_i \cot \beta_{d1} + \sum_{i=1}^{i-1} h_i \cot \beta_{d2}\right) \tag{2-4}$$

式中 h_i——第 i 层岩层的厚度，m；

β_{d1}，β_{d2}——工作面上下两巷处覆岩的破断角，(°)。

将第 i 层悬空岩层简化为固支梁结构，其上分布均布载荷 q_i，则第 i 层岩层初次断裂时的极限破断距 $l_{si\max}$ 可表示为：

$$l_{si\max} = h_i \sqrt{\frac{2R_T}{q_i}} \tag{2-5}$$

式中 R_T——第 i 层岩层的极限抗拉强度，MPa；

q_i——岩层承受载荷，kN，据关键层理论，$q_i = \dfrac{E_i h_i^3 (\gamma_i h_i + \gamma_{i+1} h_{i+1} + \cdots + \gamma_n h_n)}{E_i h_i^3 + E_{i+1} h_{i+1}^3 + \cdots + E_n^3 h_n}$；

γ_i——岩层重度，kN/m^3；

E_i——岩层的弹性模量，MPa。

据此，第 i 层岩层发生破断首先需满足条件：$l_{si} > l_{si\max}$。

(2) 岩层破断自由空间

岩层“砌体梁”结构在向上传递过程中，离层空间逐渐减小，当传递至第 i 层硬岩层时，其会受到下方破断岩块的支撑作用。假设支撑该岩层的弹性基础符合 Winkler 地基假设，则该岩层达到极限破断距时的最大弯曲下沉量 y_i 可表述为[26]：

$$y_i = \frac{q_i}{E_i I_i}\left[\frac{12\alpha - 1}{24} l_h^4 + \left(\frac{\sqrt{2}}{\omega l_h} + \frac{1}{2} - \alpha\right)\frac{l_h^2}{\omega^2}\right] \tag{2-6}$$

$$\omega = (\varepsilon / E_i I_i)^{1/4}, \alpha = (\sqrt{2}\omega^2 l_h^2 + 6\omega l_h + 6\sqrt{2}) / [6\omega l_h (2 + \sqrt{2}\omega l_h)]$$

式中 I_i——岩层惯性矩，m^4；

E_i——岩层弹性模量，MPa；

l_h——岩层极限破断距之半，m；

ε——弹性地基系数，$\varepsilon = (E_0 / d_0)^{1/2}$；

E_0——地基的弹性模量，MPa；

d_0——垫层厚度，m。

已破断岩层在承载受压下，其碎胀系数最终会趋于残余碎胀系数，则第 i 层硬岩层下方的自由空间高度可表述为：

$$\Delta_i = M - \sum_{i=1}^{i-1} h_i (k_{si} - 1) \tag{2-7}$$

式中　k_{si}——岩层的残余碎胀系数。

因此，上覆第 i 层岩层发生破断需满足：① 第 i 层岩层的悬空距大于其初次断裂时的极限破断距；② 第 i 层岩层达到极限破断距时的最大弯曲下沉值小于其下方自由空间高度。即

$$\begin{cases} l_{si} > l_{si\max} \\ y_i < \Delta_i \end{cases} \tag{2-8}$$

将式(2-4)至式(2-7)代入式(2-8)，即

$$\begin{cases} L - \left(\sum_{i=1}^{i-1} h_i \cot\beta_{d1} + \sum_{i=1}^{i-1} h_i \cot\beta_{d2}\right) > h_i \sqrt{\dfrac{2R_T}{q_i}} \\ \dfrac{q_i}{E_i I_i}\left[\dfrac{12\alpha - 1}{24} l_h^4 + \left(\dfrac{\sqrt{2}}{\omega l_h} + \dfrac{1}{2} - \alpha\right)\dfrac{l_h^2}{\omega^2}\right] < M - \sum_{i=1}^{i-1} h_i (k_{si} - 1) \end{cases} \tag{2-9}$$

据此，当工作面开采厚度、尺寸及覆岩岩性确定后，可根据式(2-9)判断岩层是否破断，进而确定结构裂隙区上界面(B_t)高度：

$$B_t = \sum_{i=1}^{i} h_i \tag{2-10}$$

2.3.3　区域外界面

采动岩层会以某一特定角度发生断裂，岩层断裂线与水平线的夹角称为破断角。文献[132]对特定水平岩层的破断角给出了具体的计算公式，如下：

$$\beta_i = 45^\circ - \frac{1}{2}\varphi + \frac{1}{2}\arctan \eta \sqrt{\frac{R_T}{q_i}} \tag{2-11}$$

式中　φ——岩石的内摩擦角，(°)；

η——岩层破断距准数，初次破断取 $\sqrt{9/2}$，周期破断取$\sqrt{3}$。

覆岩关键层对其上覆载荷层的运动破坏起到控制作用，因而可将关键层与其上覆载荷层作为整体计算岩层组合破断角，并可近似用关键层的破断角来代替。因此，在走向方向上，覆岩破断角 β_s 可由下式得出：

$$\beta_s = \operatorname{arccot} \frac{\sum_{j=1}^{m} h_j \cot\beta_j + \sum_{k=1}^{n} h_k \cot\beta_k}{\sum_{i=1}^{m} h_j + \sum_{j=1}^{n} h_k} \tag{2-12}$$

式中　m、h_j、β_j——第一关键层下方直接顶岩层层数、第 j 层岩层的厚度与破断角；

n、h_k、β_k——煤层至区域上界面范围内覆岩的关键层层数、第 k 层关键层及其载荷层的总厚度与组合破断角。

在倾斜方向上，设岩层倾角为 α，根据岩层移动变形及下沉特征[1]，覆岩破断角应按一定角度进行修正，因此，倾向覆岩破断角 β_d 为：

$$\beta_{\mathrm{d}} = \operatorname{arccot} \frac{\sum_{j=1}^{m} h_j \cot \beta_j + \sum_{k=1}^{n} h_k \cot \beta_k}{\sum_{i=1}^{m} h_j + \sum_{j=1}^{n} h_k} + f\alpha \tag{2-13}$$

式中　f——与岩性有关的系数，本书取 0.3～0.8；

α——岩层倾角，上山侧取负值，下山侧取正值。

当覆岩破断至第 i 层岩层时，则外界面距该侧煤柱水平距离 B_{os}（走向）和 B_{od}（倾向）可表述为：

$$\begin{cases} B_{\mathrm{os}} = H_i \cot \beta_{\mathrm{s}} \\ B_{\mathrm{od}} = H_i \cot(\beta_{\mathrm{d}} + \alpha)\cos \alpha + H_i \sin \alpha \end{cases} \tag{2-14}$$

式中　H_i——第 i 层岩层与煤层的法向距离，m；

α——岩层倾角，上山侧取正值，下山侧取负值。

联立式(2-11)至式(2-14)，可对走向和倾向结构裂隙区外界面进行界定。

2.3.4　区域内界面

从工作面顶板“环形承载梁”结构角度分析，结构四周弯曲段离层和穿层裂隙较发育，向采空区中部延伸结构曲线逐渐趋缓变平，穿层裂隙开度逐渐缩小闭合，承载受压后离层裂隙也趋于密实。因此，以走向覆岩破断“砌体梁”结构进行分析，定义结构曲线弯曲段范围为结构裂隙区宽度，结构曲线趋缓变平时定义进入压密裂隙区。

取区域内第一层岩层进行分析，如图 2-22 所示，假设周期性破断岩块长度相同，即 $l_1 = l_2 = \cdots = l_n = l$，当第 $n+1$ 个岩块为水平状态时，则结构裂隙区宽度 L_{a}可表述为：

$$L_{\mathrm{a}} = nl \tag{2-15}$$

式中　n——砌体梁结构曲线弯曲段破断岩块数量；

l——破断岩块长度，$l = h_i \sqrt{R_{\mathrm{T}}/3q_i}$，m。

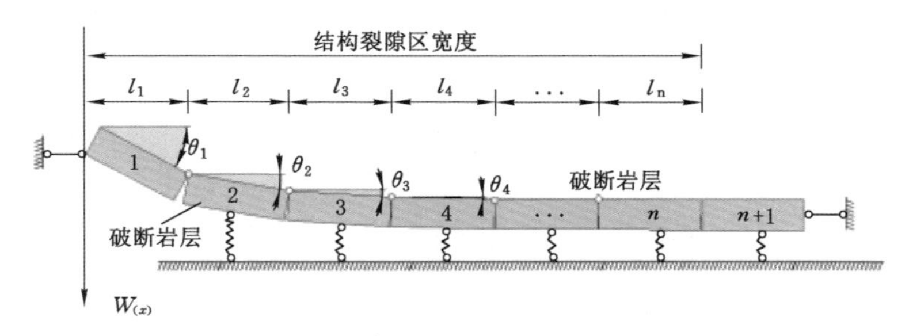

图 2-22　砌体梁结构示意图

设岩块 1 破断后其回转角为 θ_1，结合关键块体“S-R”稳定性[26]，联立式(2-2)，则：

$$\sin \theta_1 = \frac{1}{l}\left\{M - \left[\sum_{r=0}^{r-1} h_r(k_r - 1) + \sum h(k_z - 1)\right]\right\} \tag{2-16}$$

分析“砌体梁”全结构曲线的位移规律可知，破断岩块的回转角满足：

$$\theta_2 \approx \frac{1}{4}\theta_1, \theta_3 \approx \left(\frac{1}{4}\right)^2 \theta_1, \cdots, \theta_n \approx \left(\frac{1}{4}\right)^{n-1} \theta_1 \tag{2-17}$$

据相似模拟实验分析，当 θ_n约为 3‰时，离层裂隙和穿层裂隙开始闭合，第 $n+1$ 个破断岩块进入压密裂隙区，此时，由式(2-17)可知处于结构裂隙区内的破断岩块数量为：

$$n = 1 - \frac{\ln 0.003 - \ln \theta_1}{\ln 4} \tag{2-18}$$

联立式(2-15)、式(2-16)和式(2-18)，可得结构裂隙区宽度 L_a(n 取整数)：

$$L_a = h_i \sqrt{\frac{R_T}{3q_i}} \left\{ 1 - \frac{\ln 0.003}{\ln 4} + \frac{1}{\ln 4} \ln \arcsin \frac{M - \left[\sum_{r=0}^{r-1} h_r (k_r - 1) \right] - \sum h (k_z - 1)}{h_i \sqrt{\frac{R_T}{3q_i}}} \right\} \tag{2-19}$$

当覆岩破断至第 i 层岩层时，则内界面距该侧煤柱水平距离 B_{is}(走向)和 B_{id}(倾向)可表述为：

$$\begin{cases} B_{is} = B_{os} + L_a \\ B_{id} = B_{od} ++ L_a \end{cases} \tag{2-20}$$

联立式(2-14)、式(2-19)和式(2-20)，可对走向和倾向结构裂隙区内界面进行界定。

2.4 小　　结

本章基于“砌体梁”理论、关键层理论和“O”形圈理论，采用数值模拟、相似模拟和理论分析的方法，对采动覆岩裂隙分布特征及定向长钻孔布置区域范围进行了研究，研究结果表明：

(1) 采用数值模拟的方法对采动覆岩卸压区域、覆岩运动规律和采动裂隙发育规律进行了实验分析，在裂缝带高度范围内，将采动裂隙划分为“横四区”，分别为原岩裂隙区、拉张裂隙区、结构裂隙区和压密裂隙区。

(2) 采用相似模拟的方法，以瓦斯运移裂隙通道分布及钻孔稳定性为控制因素，对定向长钻孔布置区域进行了研究：垂直方向上，裂缝带是布置定向长钻孔的适宜区域；水平方向上，结构裂隙区为布置定向长钻孔的适宜区域。因此，确定采动覆岩内定向长钻孔的最佳布置区域为结构裂隙区。

(3) 采用理论分析的方法对结构裂隙区在采动覆岩内的空间位置边界进行了分析界定，得到了判定区域各边界的理论计算公式，进而明确了定向长钻孔在采动覆岩中布置抽采的范围。

第3章 采动覆岩内定向长钻孔布置位置优化

根据前述分析可知，结构裂隙区为布置定向长钻孔的最佳区域，并通过理论分析界定了区域的各边界，进而明确了定向长钻孔在采动覆岩内的布置范围。虽然区域内断裂岩层呈“砌体梁”结构并保持相对稳定状态，但是由于区域内裂隙发育不均衡、岩层破坏和瓦斯积聚程度不同，在区域内各位置布置钻孔时抽采瓦斯有很大差异。因此，结构裂隙区内钻孔布置位置的确定仍是需要解决的难题。

3.1 定向长钻孔位置判据

定向长钻孔具有直径小(100 mm 左右)、抽采半径小及水平布置等特点。要实现钻孔稳定、高效抽采卸压瓦斯，对其布置位置条件要求苛刻，主要有3方面因素：① 钻孔布置位置区域瓦斯积聚程度高，为钻孔抽采瓦斯提供浓度条件；② 钻孔布置位置区域裂隙较为发育，为钻孔抽采提供瓦斯源保障；③ 钻孔布置位置区域岩层受采动影响较小，钻孔抽采全阶段不发生或少发生塌(堵)孔等破坏，为钻孔提供稳定性条件。现定义定向长钻孔位置判据用 C_e 表示，其可分解为采动裂隙内瓦斯积聚程度(R_a)、采动岩层渗透率(R_p)和钻孔稳定性(R_s)3个因素指标，具体计算公式可表达为：

$$C_e = R_a \cdot R_p \cdot R_s \tag{3-1}$$

通过定量分析定向长钻孔在采动覆岩内的3个位置条件，可得到钻孔位置判据的3个因素指标，进而可根据判据值的大小来确定钻孔的布置位置次序，实现钻孔的有效布置抽采。

3.2 采动裂隙内瓦斯积聚程度分析

煤层开采导致赋存于煤层和岩体内的瓦斯大量解吸涌出，卸压解吸的瓦斯在采空区内各处分布浓度不均，加之采动覆岩结构裂隙区孔隙率较大，因此，瓦斯气体在压力和浓度梯度的作用下会在结构裂隙区内发生扩散运动，从而造成区域内各处瓦斯积聚程度不均。李树刚教授对此进行了细致深入的研究，研究成果表明[50]：

采动造成覆岩产生的离层空间成为瓦斯扩散的区域，其当量面积可表述为：

$$S_t = 2\sum_{i=1}^{n-1}\int_0^{W_A}\Delta_{\max i}\left(e^{-\frac{x}{2l_{i+1}}} - e^{-\frac{x}{2l_i}}\right)dx \tag{3-2}$$

式中 S_t——覆岩中总离层的当量面积，m^2；

W_A——采动覆岩裂隙宽度，m；

$\Delta_{\max i}$——最大离层量，m；

l_{i+1}, l_i——第 $i+1$ 及第 i 层关键层断裂岩块的长度，m；

x——工作面推进长度，m。

根据 Boltzmann 方程，可得到采动覆岩中瓦斯纯扩散及压力扩散相对应的通量表达式为：

$$J_D = -\rho_z D \mathrm{grad}\left(\frac{\rho_g}{\rho_z}\right) - D\frac{\rho_g \rho_a (m_a - m_g)}{\rho_z^2 RT}\mathrm{grad}(p) \tag{3-3}$$

式中 D——扩散系数；

ρ_z——混合气体的密度，kg/m^3；

ρ_a，ρ_g——空气和瓦斯气体的密度，kg/m^3；

m_a，m_g——空气和瓦斯气体的质量，kg。

若混合气体在纯扩散与压力扩散之间达到平衡状态，则该平衡状态下的混合气体状态可表述为：

$$-\rho_z D\frac{\mathrm{d}}{\mathrm{d}z}\left(\frac{\rho_g}{\rho_z}\right) - D\frac{\rho_g \rho_a (m_a - m_g)}{\rho_z^2 RT}\frac{\mathrm{d}p}{\mathrm{d}z} = 0 \tag{3-4}$$

瓦斯在混合气体中的占比较小，其分压也相对较低，因此取 $\rho_a = \rho_z$，$\mathrm{d}p/\mathrm{d}z$ 和 T 为常数，则有：

$$-\frac{\mathrm{d}\rho_g}{\mathrm{d}z} - \frac{m_a - m_g}{\rho_a RT}\rho_g\frac{\mathrm{d}p}{\mathrm{d}z} = 0 \tag{3-5}$$

取 $-\dfrac{m_a - m_g}{\rho_a RT}\dfrac{\mathrm{d}p}{\mathrm{d}z} = \delta$，则对式(3-5)积分得：

$$\rho_g = a\mathrm{e}^{\delta z} \tag{3-6}$$

式中 a——待定系数；

δ——考虑瓦斯在采空区裂隙通道中纯扩散及压力扩散时的系数，可取 0.018[66]；

z——距离采空区底部高度，m。

特定区域内瓦斯浓度值越高代表瓦斯积聚程度越高，因此，在给定系数的情况下，由式(3-6)可计算采动裂隙内特定位置瓦斯分布的浓度，进而量化钻孔位置判据中的采动裂隙内瓦斯积聚程度指标(R_a)。

3.3 采动岩层渗透率分析

结构裂隙区内断裂岩层呈“砌体梁”结构分布，断裂岩块间形成穿层裂隙和离层裂隙，在钻孔抽采负压的作用下，瓦斯气体在裂隙通道内运移流动。区域内各处裂隙发育程度不同，导致渗透率也不相同，瓦斯气体在区域内各处的流动速度大小也有很大差别。因此，建立模型对结构裂隙区内岩层孔隙率进行分析，是掌握区域内裂隙渗透率分布及瓦斯流动特征的基础。

3.3.1 模型坐标

根据煤层开采情况，建立采动覆岩孔隙率分布数学模型坐标，如图 3-1 所示。模型坐标设定为：沿工作面走向为 x 轴，向采空区方向为正方向；沿工作面倾向为 y 轴，向工作面回风巷方向为正方向；沿采场高度方向为 z 轴，向上为正方向；依据采动覆岩破坏的对称特性，模型坐标原点设置于工作面倾向中间煤层底板处。

3.3.2 采空区孔隙率数学模型

(1) x 方向孔隙率分布模型

在工作面走向上(x 轴方向)，采动岩层孔隙率 $\varphi(x)$ 呈指数函数分布特征，且采空区两

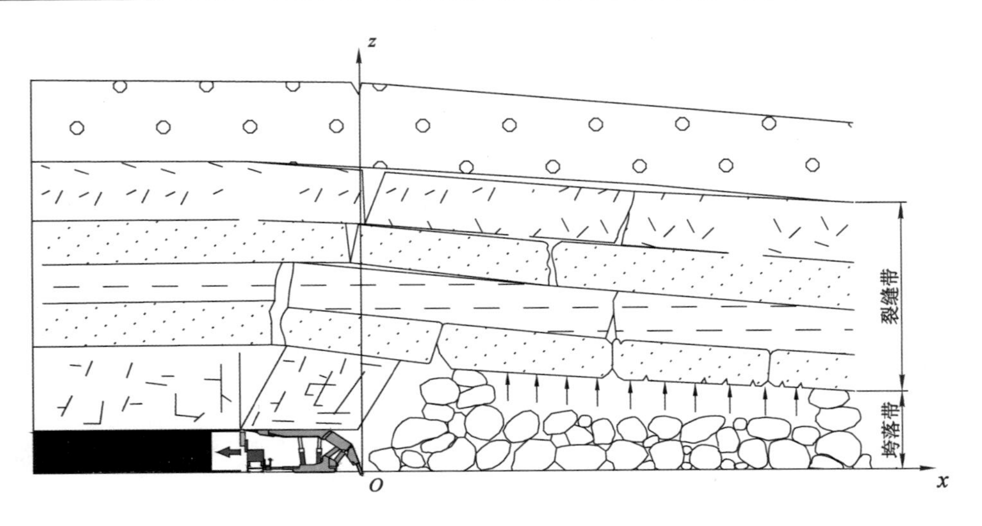

图 3-1　采动覆岩孔隙率分布数学模型坐标

端孔隙率大，向中部延伸孔隙率逐渐减小，呈近似对称分布[133]：

$$\varphi(x) = 0.2e^{-0.0223\left(\frac{B}{2}-\left|\frac{B}{2}-x\right|\right)} + 0.1 \tag{3-7}$$

式中　B——采空区走向长度，m，取值范围$(0,B)$。

(2) xy 平面孔隙率分布模型

在工作面倾向上（y 轴方向），采动岩层孔隙率亦呈采空区两端孔隙率大、向中部延伸孔隙率逐渐减小的分布特征。若以 $\varphi(y)'$ 表示孔隙率的变化系数，则在建立的模型坐标条件下，沿 y 轴方向，岩层孔隙率变化系数可表述为[134]：

$$\varphi(y)' = e^{-0.15\left(\frac{L}{2}-|y|\right)} + 1 \tag{3-8}$$

式中　L——工作面倾向长度，m；

　　y——取值范围为$(-L/2, L/2)$。

联立式(3-7)和式(3-8)，可构建 xy 平面上采动岩层孔隙率分布模型：

$$\varphi(x,y) = \varphi(x)\varphi(y)' = \left[0.2e^{-0.0223\left(\frac{B}{2}-\left|\frac{B}{2}-x\right|\right)} + 0.1\right]\left[e^{-0.15\left(\frac{L}{2}-|y|\right)} + 1\right] \tag{3-9}$$

(3) xyz 三维空间孔隙率分布模型

设 φ 为岩层孔隙率，其与岩石碎胀系数 k 之间的关系可用式(3-10)表示：

$$\varphi = 1 - \frac{1}{k} \tag{3-10}$$

① 垮落带高度范围岩层孔隙率

垮落带岩层的碎胀系数主要受上覆岩层重力影响，沿 z 轴方向呈现线性逐渐增大的特征，取垮落带底部岩层碎胀系数为 k_0，则：

$$k_c = k_0 + az \tag{3-11}$$

式中　k_c——垮落带内岩层的碎胀系数；

　　a——递增系数；

　　z——距离煤层的法向距离，m。

将式(3-11)代入式(3-10)，可得垮落带内沿 z 轴方向的孔隙率函数：

$$\varphi = 1 - \frac{1}{k_0 + az} \tag{3-12}$$

则沿 z 轴方向孔隙率的变化率为：

$$\frac{\mathrm{d}\varphi(z)}{\mathrm{d}z}=\left(1-\frac{1}{k_0+az}\right)'=\frac{a}{(k_0+az)^2} \tag{3-13}$$

则在垮落带内，沿 z 轴方向孔隙率的变化系数 $\varphi(z)'$ 为：

$$\varphi(z)'=1+\frac{az}{(k_0+az)^2} \tag{3-14}$$

可得垮落带高度范围内 xyz 三维空间孔隙率分布模型：

$$\begin{aligned}\varphi(x,y,z)&=\varphi(x,y)\varphi(z)'\\&=\left[1+\frac{az}{(k_0+az)^2}\right]\left[0.2\mathrm{e}^{-0.0223\left(\frac{B}{2}-\left|\frac{B}{2}-x\right|\right)}+0.1\right]\left[\mathrm{e}^{-0.15\left(\frac{L}{2}-|y|\right)}+1\right]\end{aligned} \tag{3-15}$$

② 裂缝带高度范围岩层孔隙率

王文学[135]在测量阳泉一矿顶板碎胀系数的基础上，提出了裂缝带范围内岩层碎胀系数由下向上近似呈对数函数衰减变化的特征：

$$k_{\mathrm{f}}=k_1-b\ln z \tag{3-16}$$

式中　k_{f}——裂缝带内岩层的碎胀系数；

k_1——裂缝带底边界的碎胀系数(等于垮落带顶部边界的碎胀系数)；

b——衰减系数；

z——距离煤层的法向距离，m。

将式(3-16)代入式(3-10)，可得裂缝带内沿 z 轴方向的孔隙率函数：

$$\varphi=1-\frac{1}{k_1-b\ln z} \tag{3-17}$$

则沿 z 轴方向孔隙率的变化率为：

$$\frac{\mathrm{d}\varphi(z)}{\mathrm{d}z}=\left(1-\frac{1}{k_1-b\ln z}\right)'=-\frac{b}{z\,(k_1-b\ln z)^2} \tag{3-18}$$

则在裂缝带内，沿 z 轴方向孔隙率的变化系数 $\varphi(z)'$ 为：

$$\varphi(z)'=1-\frac{b}{z(k_1-b\ln z)^2}z=1-\frac{b}{(k_1-b\ln z)^2} \tag{3-19}$$

可得裂缝带高度范围内 xyz 三维空间孔隙率分布模型：

$$\begin{aligned}\varphi(x,y,z)&=\varphi(x,y)\varphi(z)'\\&=\left[1-\frac{b}{(k_1-b\ln z)^2}\right]\left[0.2\mathrm{e}^{-0.0223\left(\frac{B}{2}-\left|\frac{B}{2}-x\right|\right)}+0.1\right]\left[\mathrm{e}^{-0.15\left(\frac{L}{2}-|y|\right)}+1\right]\end{aligned} \tag{3-20}$$

联立式(3-15)和式(3-20)，可得采空区孔隙率分布数学模型：

$$\varphi(x,y,z)=\begin{cases}\left[1+\frac{az}{(k_0+az)^2}\right]\left[0.2\mathrm{e}^{-0.0223\left(\frac{B}{2}-\left|\frac{B}{2}-x\right|\right)}+0.1\right]\left[\mathrm{e}^{-0.15\left(\frac{L}{2}-|y|\right)}+1\right] & 0<z\leqslant H_{\mathrm{c}}\\ \left[1-\frac{b}{(k_1-b\ln z)^2}\right]\left[0.2\mathrm{e}^{-0.0223\left(\frac{B}{2}-\left|\frac{B}{2}-x\right|\right)}+0.1\right]\left[\mathrm{e}^{-0.15\left(\frac{L}{2}-|y|\right)}+1\right] & H_{\mathrm{c}}<z\leqslant H_{\mathrm{f}}-H_{\mathrm{c}}\end{cases} \tag{3-21}$$

3.3.3 采空区渗透率数学模型

采动裂隙发育造成岩层渗透率显著增大，将采空区断裂岩层视为多孔介质，研究表明[136]，采空区断裂岩层渗透率 K 与孔隙率 φ_p 的关系可表述为：

$$K = 0.016\ 05\mu\varphi_p^2 \tag{3-22}$$

式中　μ——空气的动力黏度，室温下 $\mu=1.834\times10^{-5}$ Pa·s。

将式(3-21)代入式(3-22)，则可得采空区渗透率分布数学模型：

$$K(x,y,z)=\begin{cases}0.016\ 05\mu\left\{\left[1+\dfrac{az}{(k_0+az)^2}\right]\left[0.2\mathrm{e}^{-0.022\ 3\left(\frac{B}{2}-\left|\frac{B}{2}-x\right|\right)}+0.1\right]\left[\mathrm{e}^{-0.15\left(\frac{L}{2}-|y|\right)}+1\right]\right\}^2 & 0<z\leqslant H_c\\ 0.016\ 05\mu\left\{\left[1-\dfrac{b}{(k_1-b\ln z)^2}\right]\left[0.2\mathrm{e}^{-0.022\ 3\left(\frac{B}{2}-\left|\frac{B}{2}-x\right|\right)}+0.1\right]\left[\mathrm{e}^{-0.15\left(\frac{L}{2}-|y|\right)}+1\right]\right\}^2 & H_c<z\leqslant H_f-H_c\end{cases} \tag{3-23}$$

由式(3-23)可分析求解卸压瓦斯在采动岩层中的渗透率，进而量化钻孔位置判据中的采动岩层渗透率指标(R_p)。

3.4 钻孔稳定性分析

定向长钻孔为布置于采动覆岩裂隙内用于抽采采空区卸压瓦斯的钻孔，其通常由钻场开口在完整岩层中以一定角度向上钻进，当到达设计层位时角度变为水平，然后水平钻进一定长度。定向长钻孔长度较长(数百米不等)，因此，除在开口段设置套管外，其余段均为裸孔施工。定向长钻孔的稳定性是实现有效抽采卸压瓦斯的关键，结合钻孔钻进及布置抽采特征，其稳定性主要包含钻进成孔和采动影响两个阶段。

3.4.1 钻进成孔阶段钻孔稳定性

此阶段内钻孔在未受采动影响的原岩应力状态下钻进，钻孔钻进扰乱了原始的应力平衡状态，钻孔是否发生断裂、塌孔等破坏与其受到的应力大小直接相关。

(1) 定向长钻孔孔壁主应力

矿井深部岩层在未受开挖扰动时处于原岩应力状态，钻孔的钻进使围岩应力重新分布，其受力分布如图 3-2 所示。其中，σ_v、σ_H 和 σ_h 分别为覆岩垂直地应力、最大和最小水平地应力；α 为钻孔钻进方向与水平最大地应力方向之间的夹角；i 为钻孔钻进轴线方向与垂直方向之间的夹角；σ_{xx}、σ_{yy}、σ_{zz} 和 τ_{xy}、τ_{xz}、τ_{yz} 分别为钻孔横截面上所受到的正应力和剪应力。

通过对倾斜钻孔受力情况进行分析[113,137]，可知：

$$\begin{bmatrix}\sigma_{xx} & \tau_{xy} & \tau_{xz}\\ \tau_{yx} & \sigma_{yy} & \tau_{yz}\\ \tau_{zx} & \tau_{zy} & \sigma_{zz}\end{bmatrix}=\boldsymbol{L}\begin{bmatrix}\sigma_H & & \\ & \sigma_h & \\ & & \sigma_v\end{bmatrix}\boldsymbol{L}^T \tag{3-24}$$

其中：

$$\boldsymbol{L}=\begin{bmatrix}\cos i\cos\alpha & \cos i\sin\alpha & -\sin\alpha\\ -\sin\alpha & \cos\alpha & 0\\ \sin i\cos\alpha & \sin i\cos\alpha & \cos\alpha\end{bmatrix}$$

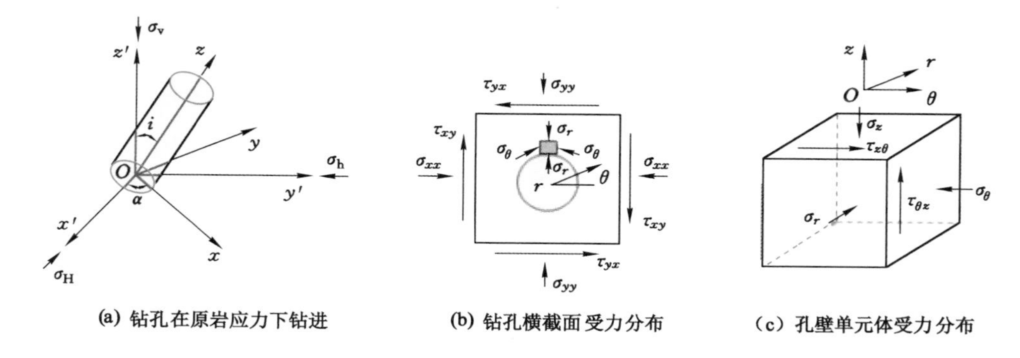

(a) 钻孔在原岩应力下钻进　　(b) 钻孔横截面受力分布　　(c) 孔壁单元体受力分布

图 3-2　钻孔钻进应力场分布示意图

即

$$\begin{cases} \sigma_{xx} = (\sigma_H \cos^2\alpha + \sigma_h \sin^2\alpha)\cos^2 i + \sigma_v \sin^2 i \\ \sigma_{yy} = \sigma_H \sin^2\alpha + \sigma_h \cos^2\alpha \\ \sigma_{zz} = (\sigma_H \cos^2\alpha + \sigma_h \sin^2\alpha)\sin^2 i + \sigma_v \cos^2 i \\ \tau_{xy} = \dfrac{\sigma_h - \sigma_H}{2}\sin 2\alpha \cos i \\ \tau_{xz} = \dfrac{\sigma_H \cos^2\alpha + \sigma_h \sin^2\alpha - \sigma_v}{2}\sin 2i \\ \tau_{yz} = \dfrac{\sigma_h - \sigma_H}{2}\sin 2\alpha \sin i \end{cases} \tag{3-25}$$

建立极坐标系，如图 3-2(b)所示，钻孔在岩层中钻进打破了原有的应力状态，孔壁周围岩层会产生应力重新分布，并作用于钻孔周围地层。取任一单元体进行受力分析，其在极坐标系下的受力分布可表述为[113]：

$$\begin{cases} \sigma_r = \dfrac{(\sigma_{xx} + \sigma_{yy})}{2}\left(1 - \dfrac{R^2}{r^2}\right) + \dfrac{(\sigma_{xx} - \sigma_{yy})}{2}\left(1 + \dfrac{3R^4}{r^4} - \dfrac{4R^2}{r^2}\right)\cos 2\theta + \tau_{xy}\left(1 + \dfrac{3R^4}{r^4} - \dfrac{4R^2}{r^2}\right)\sin 2\theta \\ \sigma_\theta = \dfrac{(\sigma_{xx} + \sigma_{yy})}{2}\left(1 + \dfrac{R^2}{r^2}\right) - \dfrac{(\sigma_{xx} - \sigma_{yy})}{2}\left(1 + \dfrac{3R^4}{r^4}\right)\cos 2\theta - \tau_{xy}\left(1 + \dfrac{3R^4}{r^4}\right)\sin 2\theta \\ \sigma_z = \sigma_{zz} - 2\nu\left[(\sigma_{xx} - \sigma_{yy})\dfrac{R^2}{r^2}\cos 2\theta + 2\tau_{xy}\dfrac{R^2}{r^2}\sin 2\theta\right] \\ \tau_{r\theta} = \left(\dfrac{\sigma_{xx} - \sigma_{yy}}{2}\sin 2\theta + \tau_{xy}\cos 2\theta\right)\left(1 + \dfrac{2R^2}{r^2} - \dfrac{3R^4}{r^4}\right) \\ \tau_{rz} = (\tau_{yz}\sin\theta + \tau_{xz}\cos\theta)\left(1 - \dfrac{R^2}{r^2}\right) \\ \tau_{\theta z} = (-\tau_{xz}\sin\theta + \tau_{yz}\cos\theta)\left(1 + \dfrac{R^2}{r^2}\right) \end{cases} \tag{3-26}$$

式中　$\sigma_r, \sigma_\theta, \sigma_z$——单元体在极坐标系下受到的正应力，MPa；

$\tau_{r\theta}, \tau_{rz}, \tau_{\theta z}$——单元体在极坐标系下受到的剪应力，MPa；

θ——单元体方位与 x 轴方向之间的夹角[图 3-2(a)、(b)]，(°)；

R——钻孔半径，m。

如图 3-2(c)所示，孔壁处($r=R$)的正应力和剪应力可由式(3-27)得到：

$$
\begin{cases}
\sigma_r = 0 \\
\sigma_\theta = \sigma_{xx} + \sigma_{yy} - 2(\sigma_{xx} - \sigma_{yy})\cos 2\theta - 4\tau_{xy}\sin 2\theta \\
\sigma_z = \sigma_{zz} - 2\nu[(\sigma_{xx} - \sigma_{yy})\cos 2\theta + 2\tau_{xy}\sin 2\theta] \\
\tau_{\theta z} = 2(-\tau_{xz}\sin\theta + \tau_{yz}\cos\theta) \\
\tau_{r\theta} = 0 \\
\tau_{rz} = 0
\end{cases}
\tag{3-27}
$$

由式(3-27)看出，钻孔孔壁的径向应力(σ_r)是 3 个主应力中的一个。因此，在倾斜钻孔中，采用式(3-28)可得到(θ,z)平面上的两个主应力，如图 3-2(c)所示。

$$
\begin{cases}
\sigma_{\theta\max} = \dfrac{1}{2}\left(\sigma_\theta + \sigma_z + \sqrt{(\sigma_\theta - \sigma_z)^2 + 4\tau_{\theta z}{}^2}\right) \\
\sigma_{\theta\min} = \dfrac{1}{2}\left(\sigma_\theta + \sigma_z - \sqrt{(\sigma_\theta - \sigma_z)^2 + 4\tau_{\theta z}{}^2}\right) \\
\tan 2\gamma = \dfrac{2\tau_{\theta z}}{\sigma_\theta - \sigma_z}
\end{cases}
\tag{3-28}
$$

式中 $\sigma_{\theta\max}$，$\sigma_{\theta\min}$——平面(θ,z)上的最大、最小主应力，MPa；

γ——$\sigma_{\theta\max}$和$\sigma_{\theta\min}$方向之间的夹角，(°)。

(2) 统一强度准则及剪切强度表达式

20 世纪 60 年代，俞茂宏教授等通过对中间主应力的研究，提出了考虑中间主应力 σ_2 的双剪统一强度理论[138]，该理论对 Mohr-Coulomb 强度准则进行了补充完善，表达式为[139-141]：

$$
\begin{cases}
F = \sigma_1 - \dfrac{\alpha(b\sigma_2 + \sigma_3)}{1+b} = \sigma_t & \sigma_2 \leqslant \dfrac{\sigma_1 + \alpha\sigma_3}{1+\alpha} \\
F' = \dfrac{1}{1+b}(b\sigma_2 + \sigma_1) - \alpha\sigma_3 = \sigma_t & \sigma_2 \geqslant \dfrac{\sigma_1 + \alpha\sigma_3}{1+\alpha}
\end{cases}
\tag{3-29}
$$

式中 σ_1，σ_2，σ_3——岩体承受的最大、中间和最小主应力，MPa；

σ_t——岩体的抗拉强度，MPa；

α——岩体抗拉强度与抗压强度的比值，$\alpha=\sigma_t/\sigma_c$；

b——中间主应力参数。

以岩石力学工程中的剪切强度 c_0 和摩擦角 φ_0 表示双剪统一强度理论中的 σ_t 和 α，可表述为：

$$
\begin{cases}
\alpha = \dfrac{1 - \sin\varphi_0}{1 + \sin\varphi_0} \\
\sigma_t = \dfrac{2c_0\cos\varphi_0}{1 + \sin\varphi_0}
\end{cases}
\tag{3-30}
$$

将式(3-30)代入式(3-29)，可得双剪统一强度理论的数学表达式：

$$
\begin{cases}
F = \sigma_1 - \dfrac{(1 - \sin\varphi_0)(b\sigma_2 + \sigma_3)}{(1+b)(1 + \sin\varphi_0)} = \dfrac{2c_0\cos\varphi_0}{1 + \sin\varphi_0} & \sigma_2 \leqslant \dfrac{\sigma_1 + \sigma_3}{2} - \dfrac{\sigma_1 - \sigma_3}{2}\sin\varphi_0 \\
F' = \dfrac{1}{1+b}(\sigma_1 + b\sigma_2) - \dfrac{(1 - \sin\varphi_0)}{1 + \sin\varphi_0}\sigma_3 = \dfrac{2c_0\cos\varphi_0}{1 + \sin\varphi_0} & \sigma_2 \geqslant \dfrac{\sigma_1 + \sigma_3}{2} - \dfrac{\sigma_1 - \sigma_3}{2}\sin\varphi_0
\end{cases}
\tag{3-31}
$$

根据实验和相关理论可确定中间主应力系数 n，其取值范围为 $0<n\leqslant1$，在弹性区 $n=2\nu$（ν 为泊松比），在塑性区 $n\to1$。则：

$$\sigma_2=\frac{n(\sigma_1+\sigma_3)}{2} \tag{3-32}$$

将式(3-32)代入式(3-31)，可得：

$$\begin{cases}[2(1-\sin\varphi_0)(1+b)-bn(1+\sin\varphi_0)]\sigma_1-(bn+2)(1+\sin\varphi_0)\sigma_3=4c_0(1+b)\cos\varphi_0 \\ \qquad \sigma_3\leqslant\sigma_2\leqslant\dfrac{\sigma_1+\sigma_3}{2}-\dfrac{\sigma_1-\sigma_3}{2}\sin\varphi_0 \\ (bn+2)(1-\sin\varphi_0)\sigma_1+[bn(1-\sin\varphi_0)-2(1+\sin\varphi_0)(1+b)]\sigma_3=4c_0(1+b)\cos\varphi_0 \\ \qquad \sigma_1\geqslant\sigma_2\geqslant\dfrac{\sigma_1+\sigma_3}{2}-\dfrac{\sigma_1-\sigma_3}{2}\sin\varphi_0\end{cases} \tag{3-33}$$

任一点的最大和最小主应力在极限平衡条件下应满足：

$$\frac{\sigma_1-\sigma_3}{2}=\frac{\sigma_1+\sigma_3}{2}\sin\varphi_t+c_t\cos\varphi_t \tag{3-34}$$

则联立式(3-33)和式(3-34)，可得：

$$\begin{cases}\sin\varphi_t=\dfrac{b(n-1)+[b(n+1)+2]\sin\varphi_0}{2+b(1-\eta\sin\varphi_0)} \\ \tan\varphi_t=\dfrac{b(n-1)+[b(n+1)+2]\sin\varphi_0}{\sqrt{[2+b(1-\eta\sin\varphi_0)]^2-\{b(n-1)+[b(n+1)+2]\sin\varphi_0\}^2}} \\ c_t=\dfrac{2(1+b)c_0\cos\varphi_0}{\sqrt{[2(1+b)(1-\eta\sin\varphi_0)-bn(1+\eta\sin\varphi_0)](bn+2)(1+\eta\sin\varphi_0)}}\end{cases} \tag{3-35}$$

式中：当 $\sigma_3\leqslant\sigma_2\leqslant\dfrac{\sigma_1+\sigma_3}{2}-\dfrac{\sigma_1-\sigma_3}{2}\sin\varphi_0$ 时，$\eta=1$；当 $\sigma_1\geqslant\sigma_2\geqslant\dfrac{\sigma_1+\sigma_3}{2}-\dfrac{\sigma_1-\sigma_3}{2}\sin\varphi_0$ 时，$\eta=-1$。

据此，基于双剪应力的统一强度理论，岩石抗剪强度表达式可表述为：

$$\begin{aligned}\tau&=\sigma\tan\varphi_t+c_t \\ &=\sigma\frac{b(n-1)+[b(n+1)+2]\sin\varphi_0}{\sqrt{[2+b(1-\eta\sin\varphi_0)]^2-\{b(n-1)+[b(n+1)+2]\sin\varphi_0\}^2}}+ \\ &\quad\frac{2(1+b)c_0\cos\varphi_0}{\sqrt{[2(1+b)(1-\eta\sin\varphi_0)-bn(1+\eta\sin\varphi_0)](bn+2)(1+\eta\sin\varphi_0)}}\end{aligned} \tag{3-36}$$

式中　τ，σ——剪应力和正应力，MPa；

c_t——双剪统一强度理论中的剪切强度，MPa；

φ_t——双剪统一强度理论中的摩擦角，(°)。

(3) 钻孔孔壁稳定性分析

当钻孔孔壁周围岩石受到的应力超过其本身强度时就会发生剪切破坏，孔壁岩石的破坏会对钻孔抽采瓦斯造成很大影响。通常情况下，当孔壁岩层呈现脆性岩石特征时，剪切破坏将导致钻孔围岩破断掉块，进而造成钻孔堵塞，严重影响瓦斯抽采作业；当孔壁岩层呈现塑性岩石特征时，剪切破坏将导致钻孔围岩发生塑性变形，进而造成钻孔面积减小。钻孔孔壁岩层的破坏均会对钻孔抽采瓦斯造成严重影响，因此，避免孔壁围岩发生破坏是实现瓦斯高效抽采的关键。

岩石在应力作用下受到的剪切破坏如图 3-3 所示，剪切平面的法线方向与 σ_1 方向之间的夹角为 δ。

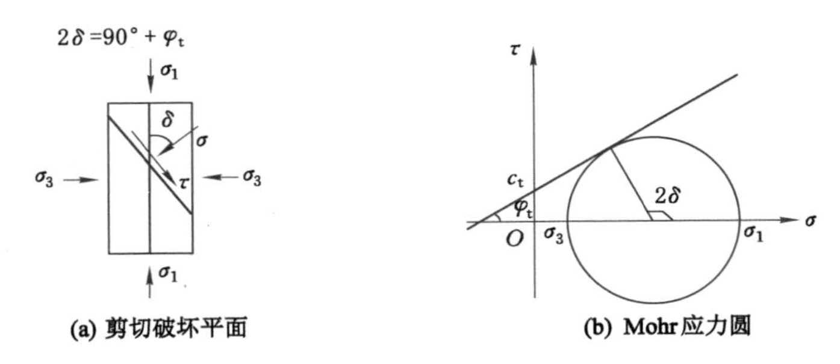

图 3-3　岩石剪切破坏

设 f_s 为岩石破坏安全系数[141]，据岩石抗剪强度表达式(3-36)，取

$$f_s = \frac{\sigma\tan\varphi_t + c_t}{\tau} \tag{3-37}$$

据 Mohr 应力圆[图 3-3(b)]可知：

$$\begin{cases} \sigma = \dfrac{\sigma_1 + \sigma_3}{2} - \dfrac{\sigma_1 - \sigma_3}{2}\sin\varphi_t \\ \tau = \dfrac{\sigma_1 - \sigma_3}{2}\cos\varphi_t \end{cases} \tag{3-38}$$

将式(3-38)代入式(3-37)，可得：

$$f_s = \frac{(\sigma_1 + \sigma_3)\tan^2\varphi_t + 2c_t\tan\varphi_t}{(\sigma_1 - \sigma_3)\sin\varphi_t} - \tan^2\varphi_t \tag{3-39}$$

若令：

$$A = b(n-1) + [b(n+1)+2]\sin\varphi_0$$

$$B = 2 + b(1-\eta\sin\varphi_0)$$

$$C = 2(1+b)c_0\cos\varphi_0$$

$$D = 2(1+b)(1-\eta\sin\varphi_0) - bn(1+\eta\sin\varphi_0)$$

$$E = (bn+2)(1+\eta\sin\varphi_0)$$

则式(3-35)可表述为：

$$\begin{cases} \sin\varphi_t = \dfrac{A}{B} \\ \tan\varphi_t = \dfrac{A}{\sqrt{B^2 - A^2}} \\ c_t = \dfrac{C}{\sqrt{DE}} \end{cases} \tag{3-40}$$

基于双剪统一强度理论，将式(3-40)代入式(3-39)，可得：

$$f_s = \left(\frac{AB}{B^2 - A^2}\right)\left(\frac{\sigma_1 + \sigma_3}{\sigma_1 - \sigma_3}\right) + \left(\frac{2BC}{\sqrt{(B^2 - A^2)DE}}\right)\left(\frac{1}{\sigma_1 - \sigma_3}\right) - \frac{A^2}{B^2 - A^2} \tag{3-41}$$

式(3-41)即钻孔成孔阶段的稳定性评判指标：当安全系数 $f_s \geqslant 1$ 时，钻孔在钻进成孔阶段被认为处于稳定状态；当安全系数 $f_s < 1$ 时，钻孔会发生剪切破坏，钻孔在钻进成孔阶段

被认为处于不稳定状态，需改变钻孔参数或采取相应的技术措施以提高钻孔稳定性。

3.4.2 采动影响阶段钻孔稳定性

采动会造成覆岩发生变形破坏，进而导致布置于覆岩中的定向长钻孔随之发生变形破坏。定向长钻孔布置于裂缝带结构裂隙区内，区域内岩层破断形成“砌体梁”式平衡结构。定向长钻孔为水平布置，破断岩层间离层对钻孔稳定性影响较小，而岩层的断裂错动对钻孔稳定性影响很大，可能导致钻孔发生堵孔、塌孔等而失效。因此，对岩层破坏“砌体梁”结构中断裂岩块的断裂特征进行分析是掌握钻孔稳定性的关键。

“砌体梁”结构对裂缝带内岩层断裂分布形态进行了较好的描述[26]，因此，对工作面倾向剖面岩层断裂“砌体梁”结构进行分析，取第一层（最底层）岩层为分析对象，如图3-4所示。

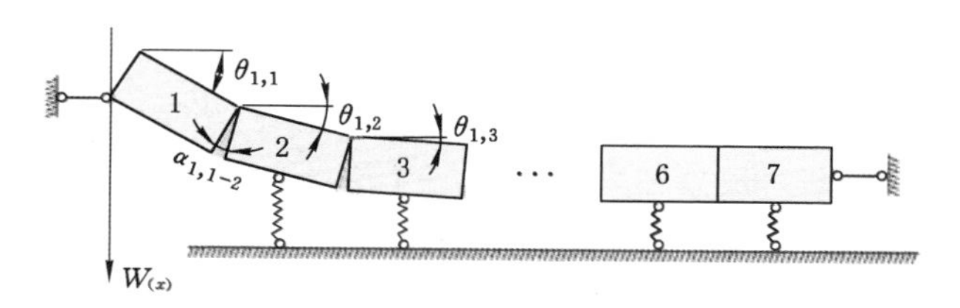

图3-4 裂缝带第一破断岩层“砌体梁”结构示意图

假设周期性破断岩块长度相同，即 $l_1 = l_2 = \cdots = l_n = l$，裂缝带第一破断岩层破断块体1与水平线夹角为 $\theta_{1,1}$，对“砌体梁”全结构曲线的位移规律进行分析可知，破断岩块的回转角满足：

$$\theta_{1,2} \approx \frac{1}{4}\theta_{1,1}, \theta_{1,3} \approx \left(\frac{1}{4}\right)^2 \theta_{1,1}, \cdots, \theta_{1,n} \approx \left(\frac{1}{4}\right)^{n-1} \theta_{1,1} \tag{3-42}$$

结合地表下沉变形特征，岩层破断“砌体梁”结构曲线可表示为[142]：

$$W_x = W_0 \left[1 - \frac{1}{1 + e^{(x-0.5l)/a}}\right] \tag{3-43}$$

式中 W_x——岩层破断“砌体梁”结构位移曲线，m；

W_0——岩层最大下沉值，m；

x——距煤柱的水平距离，m；

l——破断岩块长度，$l = h\sqrt{R_T/3q}$，m；

a——取 $0.25l$。

裂缝带第一破断岩层的最大下沉值（W_0）可表示为：

$$W_0 = M - \sum h_1 (k_{s1} - 1) \tag{3-44}$$

式中 M——煤层开采厚度，m；

$\sum h_1$——第一破断岩层下方岩层总厚度，m；

k_{s1}——第一破断岩层下方岩层的平均残余碎胀系数。

据岩层破断“砌体梁”结构曲线假设，联立式(3-42)，破断块体1的下沉位移值为：

$$W_l = l\sin\theta_{1,1} \tag{3-45}$$

联立式(3-42)至式(3-45)，可得：

$$\theta_{1,1} = \arcsin \frac{\left[M - \sum h_1 (k_{s1} - 1)\right]\left(1 - \frac{1}{1 + e^2}\right)}{h\sqrt{\frac{R_T}{3q}}} \tag{3-46}$$

则对于裂缝带内第 j 破断岩层(从下向上顺序排列),破断岩块 1 与水平线的夹角可表示为:

$$\theta_{j,1} = \arcsin \frac{\left[M - \sum h_j (k_{sj} - 1)\right]\left(1 - \frac{1}{1 + e^2}\right)}{h\sqrt{\frac{R_T}{3q}}} \tag{3-47}$$

分析图 3-4 可知,两相邻破断岩块间的夹角可由两破断岩块与水平线的夹角相减求得,因此,第一破断岩层两相邻破断岩块间的夹角可表示为:

$$\alpha_{1,i\,i+1} = \theta_{1,i} - \theta_{1,i+1} = \frac{3}{4}\left(\frac{1}{4}\right)^{i-1}\theta_{1,1} \tag{3-48}$$

式中 $\alpha_{1,i\,i+1}$——第一破断岩层破断岩块 i 与 $i+1$ 间的夹角,(°);

$\theta_{1,i}$——第一破断岩层破断岩块 i 与水平线的夹角,(°)。

同理,第 j 破断岩层两相邻破断岩块间夹角可表示为:

$$\alpha_{j,i\,i+1} = \theta_{j,i} - \theta_{j,i+1} = \frac{3}{4}\left(\frac{1}{4}\right)^{i-1}\theta_{j,1} \tag{3-49}$$

设第 j 层相邻两破断块体间形成开度为 d 的等腰三角形,岩层厚度为 h_j,则开度 $d_{j,i\,i+1}$ 与等腰三角形的面积 $S_{j,i\,i+1}$ 可分别表示为:

$$d_{j,i\,i+1} = 2h_j \sin\left(\frac{1}{2}\alpha_{j,i\,i+1}\right) = 2h_j \sin\left[\frac{3}{8}\left(\frac{1}{4}\right)^{i-1}\theta_{j,1}\right] \tag{3-50}$$

$$S_{j,i\,i+1} = \frac{1}{2} d_{j,i\,i+1} h_j \cos\left(\frac{1}{2}\alpha_{j,i\,i+1}\right) \tag{3-51}$$

联立式(3-49)至式(3-51),第 j 破断岩层相邻两破断块体间断裂裂隙面积可表示为:

$$S_{j,i\,i+1} = \frac{1}{2} h_j^2 \sin\left[\frac{3}{4}\left(\frac{1}{4}\right)^{i-1}\theta_{j,1}\right] \tag{3-52}$$

将式(3-47)代入式(3-52),得:

$$S_{j,i\,i+1} = \frac{1}{2} h_j^2 \sin\left\{\frac{3}{4}\left(\frac{1}{4}\right)^{i-1} \arcsin \frac{\left[M - \sum h_j (k_{sj} - 1)\right]\left(1 - \frac{1}{1 + e^2}\right)}{h\sqrt{\frac{R_T}{3q}}}\right\} \tag{3-53}$$

通过对岩层破断块体间断裂裂隙面积的计算,可进一步分析布置于其位置的钻孔受采动影响的稳定性程度。

3.4.3 钻孔稳定性判别

对钻孔稳定性分析主要包含钻进成孔阶段和采动影响阶段。

(1) 钻进成孔阶段

此阶段钻孔在未受采动影响的原岩应力状态下钻进,钻孔的稳定性与其受到的应力大小直接相关。前述分析了钻孔稳定性评判指标,当安全系数 $f_s \geqslant 1$ 时,钻孔处于稳定状态;当安全系数 $f_s < 1$ 时,钻孔处于不稳定状态。结合矿井生产实际情况,在采用定向长钻孔抽采工作面采空区卸压瓦斯之前,通常需在工作面底板掘进巷道(底抽巷),然后从巷道开口向

上钻进钻孔至煤层内抽采煤层瓦斯，因此，可参考此钻孔钻进成孔过程中的稳定性进行有针对性的钻孔钻进设计及采取保护措施。另外，定向长钻孔的布置区域范围为结构裂隙区，区域高度和宽度均为 35 m 左右(按开采厚度为 3 m，覆岩为中硬岩层计算)，相较钻孔布置抽采层位的埋深小(埋深通常数百米不等)，加之区域范围尺寸较小，布置于区域内各处钻孔所受的原岩应力相差不大。鉴于此，在成孔阶段，布置于结构裂隙区各位置钻孔的相对稳定性差异较小，量化后的各位置钻孔稳定性指标(R_s)差异性不大，对钻孔布置位置的选择影响较小。

(2) 采动影响阶段

前述定义岩层破断“砌体梁”结构曲线弯曲段范围为结构裂隙区宽度，由于“砌体梁”结构曲线呈指数函数特征，区域内岩层破断、下沉特征差异很大，裂隙发育程度也有很大区别，进而对布置于岩层中钻孔稳定性的影响程度也各不相同。因此，各位置处钻孔受采动影响的稳定性指标(R_s)差异性较大，对钻孔布置位置的选择影响较大。

因此，在计算钻孔位置判据时，对于钻孔稳定性的分析应以采动影响阶段为依据。结合前述分析，可通过岩层断裂裂隙的大小间接反映布置于岩层中的钻孔受采动影响的稳定程度。由式(3-53)可计算得到裂缝带内各层破断岩块间断裂裂隙面积，通过对其进行归一化处理，并与 1 取差值，即可得到布置于相应破断岩块处的钻孔受采动影响的相对稳定程度，进而可量化钻孔位置判据中的钻孔稳定性指标(R_s)。

3.5　定向长钻孔的布置位置

3.5.1　钻孔位置确定方法流程

通过对定向长钻孔布置范围的分析，结合钻孔位置判据指标，可确定钻孔在采动覆岩内的布置位置，具体方法流程如图 3-5 所示。首先，通过分析开采方法和参数及覆岩岩性参数，以界定结构裂隙区在采动覆岩中的位置边界，进而明确钻孔的布置范围；其次，通过分析采动裂隙内瓦斯积聚程度(R_a)、采动岩层渗透率(R_p)和采动钻孔稳定性(R_s)3 方面因素指标，得到钻孔布置于各位置处的判据值(C_e)；最后，根据判据值，分析钻孔在采动覆岩中各布置位置的次序，进而优化并确定钻孔的布置位置。

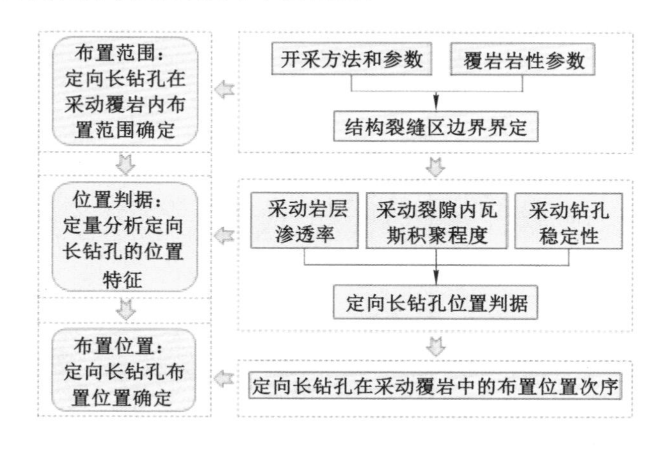

图 3-5　定向长钻孔布置位置确定方法流程

3.5.2 钻孔位置确定方法的应用

以河南能源化工集团焦煤古汉山矿 16031 工作面地质采矿条件为背景，按照提出的方法流程确定定向长钻孔在采动覆岩中的布置位置，工作面地质采矿条件及工作面开采参数见 2.1 节。

(1) 钻孔布置区域范围

1) 主要参数的确定

① 关键层判别及极限跨距计算

根据工作面覆岩柱状及岩性参数(见表 3-1)，对覆岩关键层及极限跨距进行计算分析，确定岩层破断角，为结构裂隙区边界的界定提供计算依据。

表 3-1 16031 工作面覆岩岩性参数(部分)

序号	岩层名称	厚度 /m	密度 /(kg/m³)	弹性模量 /GPa	抗拉强度 /MPa	抗压强度 /MPa	内聚力 C/MPa	内摩擦角 /(°)	泊松比 ν
1	砂质泥岩	4.2	2 580	18.53	3.05	26.37	1.18	32	0.27
2	铝质泥岩	10.3	2 560	10.90	1.68	15.78	1.05	30	0.23
3	泥岩	3.9	2 560	18.53	3.05	26.37	1.18	32	0.27
4	砂质泥岩	7.7	2 580	18.53	3.05	26.37	1.18	32	0.27
5	中粒砂岩	3.2	2 630	36.18	5.13	50.46	4.40	36	0.26
6	砂质泥岩	2.5	2 580	18.53	3.05	26.37	1.18	32	0.27
7	泥岩	1.3	2 560	10.90	1.68	15.78	1.05	30	0.23
8	粉砂岩	1.3	2 660	29.77	3.84	34.55	2.75	38	0.20
9	泥岩	2.9	2 560	10.90	1.68	15.78	1.05	30	0.23
10	砂质泥岩	1.3	2 580	18.53	3.05	26.37	1.18	32	0.27
11	泥岩	8.7	2 560	10.90	1.68	15.78	1.05	30	0.23
12	粉砂岩	1.1	2 660	29.77	3.84	34.55	2.75	38	0.2
13	泥岩	10.1	2 560	10.90	1.68	15.78	1.05	30	0.23
14	中粒砂岩	5.7	2 630	36.18	5.13	50.46	4.40	36	0.26
15	砂质泥岩	6.9	2 580	18.53	3.05	26.37	1.18	32	0.27
16	泥岩	4.5	2 560	10.90	1.68	15.78	1.05	30	0.23
17	粉砂岩	4.8	2 660	29.77	3.84	34.55	2.75	38	0.20
18	泥岩	1.7	2 560	10.90	1.68	15.78	1.05	30	0.23
19	砂质泥岩	6.2	2 580	18.53	3.05	26.37	1.18	32	0.27
20	细粒砂岩	7.6	2 750	38.45	6.75	58.43	3.80	37	0.18
21	砂质泥岩	4.7	2 580	18.53	3.05	26.37	1.18	32	0.27
22	二$_1$煤	5.5	1 400	2.30	1.03	8.26	0.50	24	0.31
23	泥岩	3.3	2 560	10.90	1.68	15.78	1.05	30	0.23

根据关键层理论，对覆岩中关键层的位置进行计算，具体步骤如下：

A. 煤层顶板第 1 层砂质泥岩为直接顶，随着工作面开采垮落。

B. 第 2 层细粒砂岩本身的载荷 q_2 为：

$$q_2 = \gamma_2 h_2 = 209.00\ (\mathrm{kPa})$$

计算到第 3 层砂质泥岩,第 2 层细粒砂岩的载荷为:

$$(q_3)_2 = \frac{E_2 h_2^3(\gamma_2 h_2 + \gamma_3 h_3)}{E_2 h_2^3 + E_3 h_3^3} = 292.44\ (\mathrm{kPa})$$

计算到第 4 层泥岩,第 2 层细粒砂岩的载荷为:

$$(q_4)_2 = \frac{E_2 h_2^3(\gamma_2 h_2 + \gamma_3 h_3 + \gamma_4 h_4)}{E_2 h_2^3 + E_3 h_3^3 + E_4 h_4^3} = 326.12\ (\mathrm{kPa})$$

计算到第 5 层粉砂岩,第 2 层细粒砂岩的载荷为:

$$(q_5)_2 = \frac{E_2 h_2^3(\gamma_2 h_2 + \gamma_3 h_3 + \gamma_4 h_4 + \gamma_5 h_5)}{E_2 h_2^3 + E_3 h_3^3 + E_4 h_4^3 + E_5 h_5^3} = 370.01\ (\mathrm{kPa})$$

计算到第 6 层泥岩,第 2 层细粒砂岩的载荷为:

$$(q_6)_2 = \frac{E_2 h_2^3(\gamma_2 h_2 + \gamma_3 h_3 + \gamma_4 h_4 0 + \gamma_5 h_5 + \gamma_6 h_6)}{E_2 h_2^3 + E_3 h_3^3 + E_4 h_4^3 + E_5 h_5^3 + E_6 h_6^3} = 431.52\ (\mathrm{kPa})$$

计算到第 7 层砂质泥岩,第 2 层细粒砂岩的载荷为:

$$(q_7)_2 = \frac{E_2 h_2^3(\gamma_2 h_2 + \gamma_3 h_3 + \gamma_4 h_4 + \gamma_5 h_5 + \gamma_6 h_6 + \gamma_7 h_7)}{E_2 h_2^3 + E_3 h_3^3 + E_4 h_4^3 + E_5 h_5^3 + E_6 h_6^3 + E_7 h_7^3} = 443.43\ (\mathrm{kPa})$$

计算到第 8 层中粒砂岩,第 2 层细粒砂岩的载荷为:

$$(q_8)_2 = \frac{E_2 h_2^3(\gamma_2 h_2 + \gamma_3 h_3 + \gamma_4 h_4 + \gamma_5 h_5 + \gamma_6 h_6 + \gamma_7 h_7 + \gamma_8 h_8)}{E_2 h_2^3 + E_3 h_3^3 + E_4 h_4^3 + E_5 h_5^3 + E_6 h_6^3 + E_7 h_7^3 + E_8 h_8^3} = 431.96\ (\mathrm{kPa})$$

由于 $(q_8)_2 < (q_7)_2$,可以看出煤层顶板第 3 至第 7 层岩层会对第 2 层细粒砂岩起载荷作用,而第 8 层岩层强度和厚度较大,不对第 2 层细粒砂岩产生载荷作用。因此第 2 层细粒砂岩为关键层 1,控制第 3 至第 7 层岩层。

C. 第 8 层中粒砂岩本身的载荷 q_8 为:

$$q_8 = \gamma_8 h_8 = 149.91\ (\mathrm{kPa})$$

计算到第 9 层泥岩,第 8 层中粒砂岩的载荷为:

$$(q_9)_8 = \frac{E_8 h_8^3(\gamma_8 h_8 + \gamma_9 h_9)}{E_8 h_8^3 + E_9 h_9^3} = 152.64\ (\mathrm{kPa})$$

计算到第 10 层粉砂岩,第 8 层中粒砂岩的载荷为:

$$(q_{10})_8 = \frac{E_8 h_8^3(\gamma_8 h_8 + \gamma_9 h_9 + \gamma_{10} h_{10})}{E_8 h_8^3 + E_9 h_9^3 + E_{10} h_{10}^3} = 163.21\ (\mathrm{kPa})$$

计算到第 11 层泥岩,第 8 层中粒砂岩的载荷为:

$$(q_{11})_8 = \frac{E_8 h_8^3(\gamma_8 h_8 + \gamma_9 h_9 + \gamma_{10} h_{10} + \gamma_{11} h_{11})}{E_8 h_8^3 + E_9 h_9^3 + E_{10} h_{10}^3 + E_{11} h_{11}^3} = 175.97\ (\mathrm{kPa})$$

计算到第 12 层砂质泥岩,第 8 层中粒砂岩的载荷为:

$$(q_{12})_8 = \frac{E_8 h_8^3(\gamma_8 h_8 + \gamma_9 h_9 + \gamma_{10} h_{10} + \gamma_{11} h_{11} + \gamma_{12} h_{12})}{E_8 h_8^3 + E_9 h_9^3 + E_{10} h_{10}^3 + E_{11} h_{11}^3 + E_{12} h_{12}^3} = 184.60\ (\mathrm{kPa})$$

计算到第 13 层泥岩,第 8 层中粒砂岩的载荷为:

$$(q_{13})_8 = \frac{E_8 h_8^3(\gamma_8 h_8 + \gamma_9 h_9 + \gamma_{10} h_{10} + \gamma_{11} h_{11} + \gamma_{12} h_{12} + \gamma_{13} h_{13})}{E_8 h_8^3 + E_9 h_9^3 + E_{10} h_{10}^3 + E_{11} h_{11}^3 + E_{12} h_{12}^3 + E_{13} h_{13}^3} = 202.22\ (\mathrm{kPa})$$

计算到第 14 层粉砂岩,第 8 层中粒砂岩的载荷为:

$$(q_{14})_8 = \frac{E_8 h_8^3(\gamma_8 h_8 + \gamma_9 h_9 + \gamma_{10} h_{10} + \cdots + \gamma_{13} h_{13} + \gamma_{14} h_{14})}{E_8 h_8^3 + E_9 h_9^3 + E_{10} h_{10}^3 + \cdots + E_{13} h_{13}^3 + E_{14} h_{14}^3} = 210.78\ (\mathrm{kPa})$$

计算到第 15 层泥岩，第 8 层中粒砂岩的载荷为：

$$(q_{15})_8 = \frac{E_8 h_8^3 (\gamma_8 h_8 + \gamma_9 h_9 + \gamma_{10} h_{10} + \cdots + \gamma_{14} h_{14} + \gamma_{15} h_{15})}{E_8 h_8^3 + E_9 h_9^3 + E_{10} h_{10}^3 + \cdots + E_{14} h_{14}^3 + E_{15} h_{15}^3} = 219.31\ (\text{kPa})$$

计算到第 16 层砂质泥岩，第 8 层中粒砂岩的载荷为：

$$(q_{16})_8 = \frac{E_8 h_8^3 (\gamma_8 h_8 + \gamma_9 h_9 + \gamma_{10} h_{10} + \cdots + \gamma_{15} h_{15} + \gamma_{16} h_{16})}{E_8 h_8^3 + E_9 h_9^3 + E_{10} h_{10}^3 + \cdots + E_{15} h_{15}^3 + E_{16} h_{16}^3} = 233.58\ (\text{kPa})$$

计算到第 17 层中粒砂岩，第 8 层中粒砂岩的载荷为：

$$(q_{17})_8 = \frac{E_8 h_8^3 (\gamma_8 h_8 + \gamma_9 h_9 + \gamma_{10} h_{10} + \cdots + \gamma_{16} h_{16} + \gamma_{17} h_{17})}{E_8 h_8^3 + E_9 h_9^3 + E_{10} h_{10}^3 + \cdots + E_{16} h_{16}^3 + E_{17} h_{17}^3} = 244.21\ (\text{kPa})$$

计算到第 18 层砂质泥岩，第 8 层中粒砂岩的载荷为：

$$(q_{18})_8 = \frac{E_8 h_8^3 (\gamma_8 h_8 + \gamma_9 h_9 + \gamma_{10} h_{10} + \cdots + \gamma_{17} h_{17} + \gamma_{18} h_{18})}{E_8 h_8^3 + E_9 h_9^3 + E_{10} h_{10}^3 + \cdots + E_{17} h_{17}^3 + E_{18} h_{18}^3} = 233.49\ (\text{kPa})$$

由于 $(q_{18})_8 < (q_{17})_8$，可以看出煤层顶板第 9 至第 17 层岩层会对第 8 层中粒砂岩起载荷作用，而第 18 层岩层强度和厚度较大，不对第 8 层细粒砂岩产生载荷作用。因此第 8 层细粒砂岩为关键层 2，控制第 9 至第 17 层岩层。

则关键层 1 和关键层 2 的破断距分别为：

$$L_2 = h_2 \sqrt{\frac{2(R_T)_2}{(q_7)_2}} = 41.93\ (\text{m})$$

$$L_8 = h_8 \sqrt{\frac{2(R_T)_8}{(q_{17})_8}} = 36.95\ (\text{m})$$

覆岩关键层计算结果见表 3-2。

表 3-2　关键层计算结果

序号	覆岩岩性	厚度/m	关键层	破断距/m	距煤层顶板高度/m
2	细粒砂岩	7.6	关键层 1	41.93	4.7
8	中粒砂岩	5.7	关键层 2	36.95	36.4

16031 工作面走向长度为 600 m，倾向长度为 160 m，工作面走向长度远大于工作面倾向长度。根据覆岩破坏受开采尺寸短边控制的原则，应以工作面倾向长度判断上覆岩层是否破断。

② 岩层破断角

依据前述（2.3 节）给出的特定岩层破断角的计算公式（2-11），可求得煤层直接顶、关键层 1 和关键层 2 的破断角，见表 3-3。

表 3-3　岩层破断角

岩层	覆岩岩性	内摩擦角/(°)	抗拉强度/MPa	承受载荷/kPa	初次破断角/(°)	周期破断角/(°)
直接顶	砂质泥岩	32	3.05	121.26	71.32	70.72
关键层 1	细粒砂岩	37	6.75	443.43	68.06	67.29
关键层 2	中粒砂岩	36	5.13	244.21	69.06	68.41

2）结构裂隙区边界界定

由前述分析可知，结构裂隙区为采动覆岩内布置定向长钻孔抽采瓦斯的最佳区域，并采用理论分析的方法得出了区域空间位置边界公式。根据工作面实际岩层参数条件（表 3-1）及前述计算的主要参数值，采用边界计算公式对结构裂隙区（上山侧）各界面进行计算，进而确定其在采动覆岩中的空间位置。区域各界面计算结果见表 3-4。

表 3-4　结构裂隙区（上山侧）各界面

界面	参数取值
下界面 (B_b)	据式(2-2)，直接顶砂质泥岩(4.7 m)垮落；基本顶细粒砂岩分两层（每层 3.8 m），岩层断裂形成“砌体梁”结构，则据式(2-3)：$B_b = \sum h + \sum_{r=0}^{r-1} h_r = 4.7\ (\mathrm{m})$
上界面 (B_t)	据式(2-9)，当覆岩破断至煤层顶板第 8 层中粒砂岩（关键层 2）时，其下方自由空间高度小于其下沉值，因此此岩层不再发生破断，则据式(2-10)：$B_t = \sum_{i=1}^{i} h_i = 36.4\ (\mathrm{m})$
外界面 (B_o)	结合前述岩层破断角参数值，可求得结构裂隙区内覆岩初次及周期破断角。据式(2-12)，走向上，覆岩破断按周期破断角计算：$\beta_s = 67.7°$；据式(2-13)，倾向上山侧，覆岩按初次破断角计算($f=0.4$，$\alpha=12°$)：$\beta_d = 63.7°$；将值代入式(2-14)：$\begin{cases} B_{os} = H_i \cot \beta_s = 0.41 H_i \\ B_{od} = H_i \cot(\beta_d + \alpha)\cos\alpha + H_i \sin\alpha = 0.46 H_i \end{cases}$
内界面 (B_i)	据式(2-19)，基本顶分层断裂岩块长度：$l = 8.56$ m；结构裂隙区断裂岩块数量：$n=4$；则：$L_a = 4 \times 8.56\ \mathrm{m} = 34.24\ \mathrm{m}$；据式(2-20)：$\begin{cases} B_{is} = B_{os} + L_a = 0.41 H_i + 34.24\ \mathrm{m} \\ B_{id} = B_{od} + L_a = 0.46 H_i + 34.24\ \mathrm{m} \end{cases}$

（2）钻孔布置位置的确定

相关研究表明，采动覆岩中定向长钻孔的有效抽采半径为 5 m 左右[143]，为减小钻孔抽采的相互影响，提高单孔抽采效率，钻孔间距应为有效抽采半径的两倍，约 10 m。计算得出的结构裂隙区范围（钻孔布置的区域范围）为：宽度 34.24 m，高度 31.7 m。因此，根据钻孔布置间距，可将结构裂隙区沿倾向剖面划分为九宫格块段，单个块段的宽度和高度均为 10 m 左右，以工作面开采相似模拟实验结果为依据，各块段划分及其内钻孔布置位置如图 3-6 所示。现对各块段钻孔位置判据的 3 个指标进行量化分析。

1）块段瓦斯积聚程度(R_a)

采动覆岩中结构裂隙区裂隙发育明显，瓦斯在裂隙中的积聚浓度可采用式(3-54)进行计算。设结构裂隙区下界面距离采空区底部高度为 H，区域高度为 $3h$，则区域上、中、下部岩层各块段距采空区底部的平均高度可分别表示为 $H+5h/2$、$H+3h/2$ 和 $H+h/2$。据上述计算结果，取 $H=7.7$ m，$H+3h=39.4$ m，则结构裂隙区内上、中、下部岩层高度的瓦斯浓度可表述为：

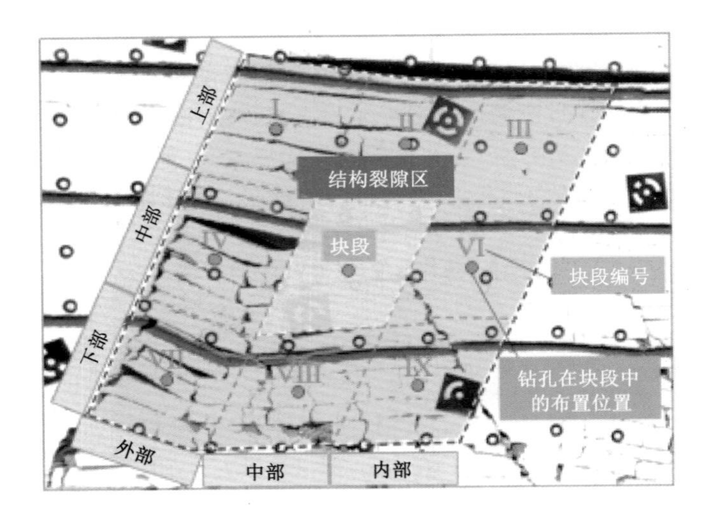

图 3-6　结构裂隙区块段划分及钻孔位置示意图(倾向剖面)

$$\begin{cases}\rho_{\text{upper}} = a\mathrm{e}^{0.018\times 34.1} \\ \rho_{\text{middle}} = a\mathrm{e}^{0.018\times 23.6} \\ \rho_{\text{lower}} = a\mathrm{e}^{0.018\times 13.0}\end{cases} \tag{3-54}$$

特定区域内瓦斯浓度值越高代表瓦斯积聚程度越高,根据式(3-6)计算结果,以各块段的瓦斯浓度值代表其瓦斯积聚程度,取结构裂隙区整体瓦斯积聚程度为1,则各块段相对瓦斯积聚程度经归一化处理后如表 3-5 所示。

表 3-5　各块段相对瓦斯积聚程度

岩层		块段瓦斯浓度值			块段相对瓦斯积聚程度/%		
		外部	中部	内部	外部	中部	内部
参数值	上部	1.85a	1.85a	1.85a	13.27	13.27	13.27
	中部	1.53a	1.53a	1.53a	10.99	10.99	10.99
	下部	1.26a	1.26a	1.26a	9.08	9.08	9.08

2) 块段岩层渗透率(R_p)

采用式(3-23)对结构裂隙区各细分块段平均渗透率进行量化分析。分别取 $k_1=1.35$,$H_c=7.7$ m,$H_f=39.4$ m,$B=300$ m,$L=160$ m,$b=0.09$;结构裂隙区垂直方向上、中、下部岩层距区域下边界的平均高度分别取 26.5 m、15.9 m 和 5.3 m。则可得到垂直方向区域上、中、下部岩层的平均渗透率,如图 3-7 所示。

由图 3-7 可知,随着岩层距煤层顶板高度的不断增大,整体渗透率逐渐降低,但幅度较小;对于特定岩层而言,由于岩层破断“砌体梁”结构,其四周渗透率高,中部压实区域渗透率显著降低。根据结构裂隙区在裂缝带内的位置范围,并结合区域内块段划分情况,分别对图 3-7 所示上、中、下部岩层在相应块段范围内的渗透率分布进行积分计算,得到各块段岩层的渗透率积分面积。取结构裂隙区内采动岩层整体渗透率为 1,各块段内岩层相对渗透率经归一化处理后结果如表 3-6 所示。

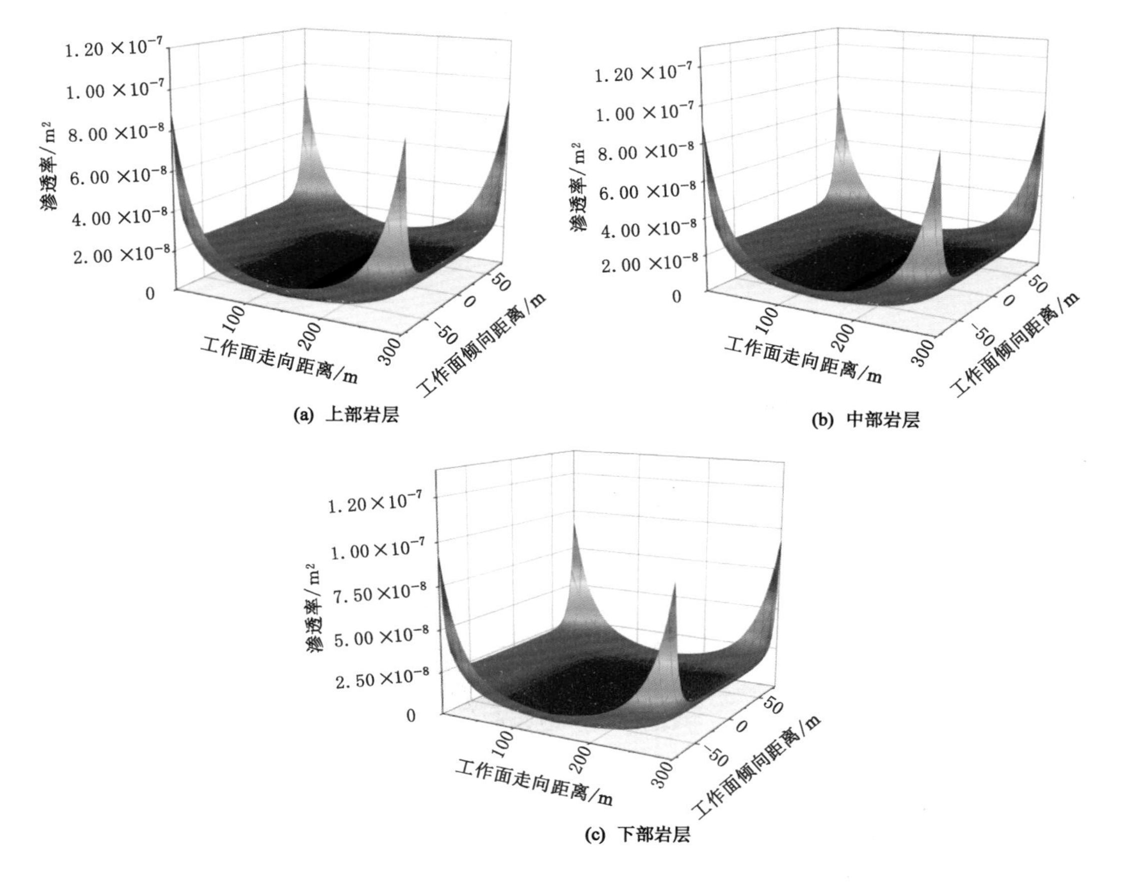

图 3-7　采动岩层渗透率分布

表 3-6　各块段相对渗透率

岩层		块段渗透率积分面积/10^{-7} m²			块段相对渗透率/%		
		外部	中部	内部	外部	中部	内部
参数值	上部	7.17	3.70	2.70	17.29	8.92	6.50
	中部	7.28	3.75	2.74	17.56	9.06	6.60
	下部	7.47	3.85	2.81	18.01	9.29	6.77

3）块段钻孔稳定性(R_s)

采用式(3-53)对结构裂隙区沿倾向剖面破断岩块间断裂裂隙面积进行计算，计算各参数取值见表 3-7，计算得到的岩块间断裂裂隙面积函数曲面图如图 3-8 所示。

表 3-7　计算参数取值

参数	值	参数	值
煤层采高/m	3	垮落岩层厚度/m	4.7
结构裂隙区厚度/m	31.7	结构裂隙区宽度/m	36.6

表 3-7(续)

参数	值	参数	值
周期破断岩块长度/m	6.1	破断岩块数(单层)/个	6
破断岩层厚度/m	3.52	破断岩层层数/层	9
岩层碎胀系数	1.1		

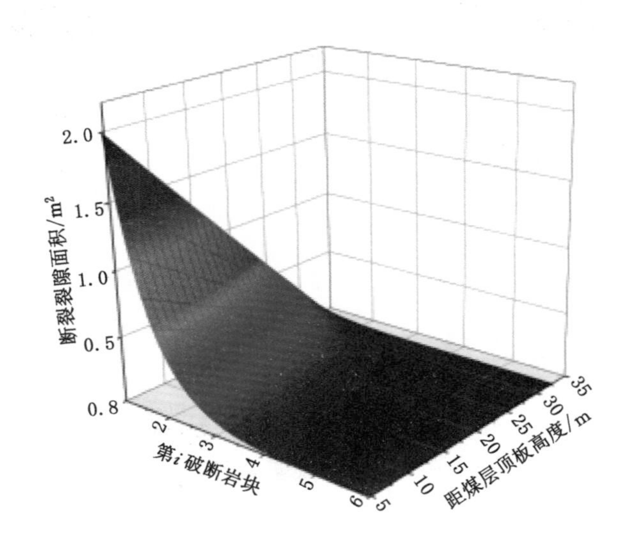

图 3-8　破断岩块间断裂裂隙面积

经计算,得到结构裂隙区各层破断岩块间断裂裂隙面积,然后对其进行归一化处理,并与 1 取差值,得到布置于相应岩块处的钻孔受采动影响的相对稳定程度,见表 3-8(岩层为由下向上顺序排列)。根据结构裂隙区各划分块段所包含的破断岩块(每个块段包含三层岩层,每层岩层包含两个破断岩块,如表 3-8 中不同填充颜色所示),可得到各块段内布置钻孔时受采动影响的相对稳定程度,并对其进行归一化处理(取结构裂隙区内布置钻孔的整体稳定性为 1),可得到相应块段内布置钻孔的相对稳定性指标,见表 3-9。

表 3-8　各层相邻破断岩块间断裂裂隙面积与钻孔相对稳定性指标

岩层		1	2	3	4	5	6	7	8	9
岩块间断裂裂隙面积/m²	1-2	1.997 8	1.752 4	1.509 3	1.268 3	1.028 9	0.790 7	0.553 4	0.316 8	0.080 5
	2-3	0.508 0	0.443 8	0.380 9	0.319 2	0.258 3	0.198 2	0.138 5	0.079 2	0.020 1
	3-4	0.127 1	0.111 0	0.095 3	0.079 8	0.064 6	0.049 6	0.034 6	0.019 8	0.005 0
	4-5	0.031 8	0.027 8	0.023 8	0.020 0	0.016 2	0.012 4	0.008 7	0.005 0	0.001 3
	5-6	0.007 9	0.006 9	0.006 0	0.005 0	0.004 0	0.003 1	0.002 2	0.001 2	0.000 3
	6-7	0.002 0	0.001 7	0.001 5	0.001 2	0.001 0	0.000 8	0.000 5	0.000 3	0.000 1

表 3-8(续)

岩层		1	2	3	4	5	6	7	8	9
钻孔受采动影响的相对稳定程度/%	1-2	0	12.29	24.45	36.51	48.50	60.42	72.30	84.14	95.97
	2-3	74.57	77.79	80.93	84.02	87.07	90.08	93.07	96.03	98.99
	3-4	93.64	94.44	95.23	96.00	96.77	97.52	98.27	99.01	99.75
	4-5	98.41	98.61	98.81	99.00	99.19	99.38	99.57	99.75	99.94
	5-6	99.60	99.65	99.70	99.75	99.80	99.84	99.89	99.94	99.98
	6-7	99.90	99.91	99.93	99.94	99.95	99.96	99.97	99.98	100.00

表 3-9　各块段布置钻孔的相对稳定性指标

岩层		块段内钻孔受采动影响的相对稳定程度/%			块段内钻孔相对稳定性/%		
		外部	中部	内部	外部	中部	内部
参数值	上部	90.08	99.38	99.96	11.31	12.48	12.55
	中部	67.77	97.98	99.87	8.51	12.30	12.54
	下部	45.01	96.52	99.78	5.65	12.12	12.53

4）钻孔位置的确定

将表 3-5、表 3-6 和表 3-9 中各块段的 3 个指标值分别代入式(3-1)，可得到各块段位置布置钻孔时的判据值。由于得到的判据值较小，对其进行归一化处理后如图 3-9 所示。

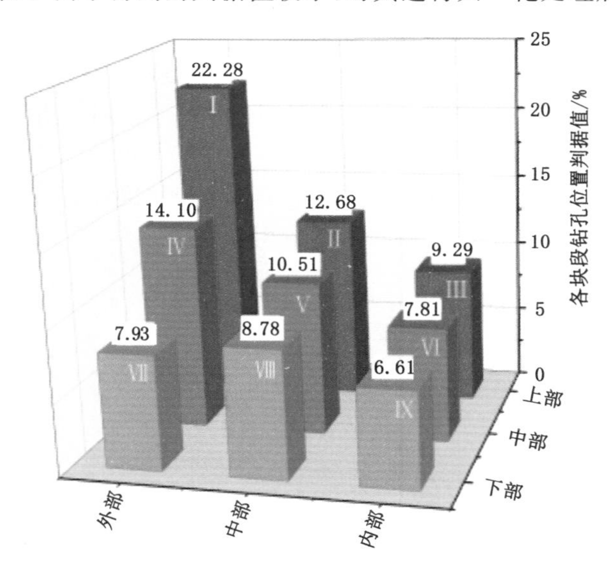

图 3-9　各块段位置布置钻孔的判据值

由图 3-9 可知，钻孔在结构裂隙区内布置位置优先次序为：块段Ⅰ—块段Ⅳ—块段Ⅱ—块段Ⅴ—块段Ⅲ—块段Ⅷ—块段Ⅶ—块段Ⅵ—块段Ⅸ。若将各块段钻孔位置判据值划分为 3 个层次，分别为 20%～30%、10%～20%和 0～10%，则结构裂隙区被划分为 3 个小区域，分别为区域一(包含块段Ⅰ),区域二(包含块段Ⅱ、Ⅳ、Ⅴ)和区域三(包含块段Ⅲ、Ⅵ、Ⅶ、Ⅷ、Ⅸ),如图 3-10 所示。因此,若为单孔布置抽采,钻孔布置位置为块段Ⅰ;若为多钻孔布置抽采,应按布置方式及数量设计,将钻孔均匀布置于区域一和区域二相应块段内。

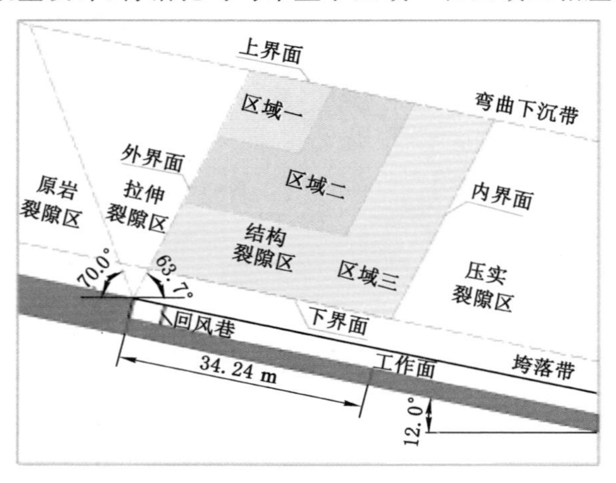

图 3-10 钻孔位置判据值划分示意图

3.6 小　　结

本章采用理论分析的方法,对采动覆岩内定向长钻孔的布置位置进行了优化研究,并给出了确定钻孔布置位置的方法流程。

(1) 结合定向长钻孔自身结构及布置抽采特点,分析了钻孔布置位置条件,提出了钻孔位置判据,其可分解为采动裂隙内瓦斯积聚程度、采动岩层渗透率和钻孔稳定性 3 个因素指标。

(2) 采用理论分析的方法,分别对钻孔位置判据中的 3 个因素指标进行了量化分析,揭示了定向长钻孔在采动覆岩中的抽采机理。

(3) 在得到钻孔位置判据的基础上,明确了钻孔在采动覆岩中的布置位置,给出了具体的方法流程,并结合实际地质采矿条件进行了应用分析。

第4章　采场卸压瓦斯运移及定向长钻孔抽采数学模型

本章通过建立数值模型，分析研究在U型通风条件下卸压瓦斯在采场空间内的运移及分布规律，验证在结构裂隙区（上山侧）内布置水平定向长钻孔抽采卸压瓦斯的合理性；并通过建立裂隙场定向长钻孔组抽采瓦斯数学模型，分析在各钻孔布置方式抽采条件下瓦斯流场分布及钻孔抽采特征，为分析钻孔抽采及布置参数，进而提出钻孔布置抽采方案提供理论参考依据。

4.1　采场卸压瓦斯涌出特征

4.1.1　采空区瓦斯源分析

煤层开采会造成覆岩破坏和裂隙发育，进而破坏原始的瓦斯赋存及流动状态，卸压解吸的瓦斯沿采动裂隙网络运移扩散，并向工作面和采空区流动。采空区内卸压瓦斯的运移主要受压差和浓度影响，随着瓦斯的运移扩散，采空区内瓦斯压力和浓度会达到一个平衡状态，形成采空区瓦斯积聚现象。通常采空区内卸压瓦斯来源主要包括以下4个方面：① 采空区四周煤壁受煤层开采及覆岩载荷作用，发生失稳破坏，解吸的卸压瓦斯向采空区内运移；② 开采遗煤向采空区解吸瓦斯；③ 未开采的下分层煤层向采空区解吸瓦斯；④ 受采动影响的邻近层解吸瓦斯并沿采动裂隙网络向采空区运移。

4.1.2　工作面瓦斯涌出量分析

常用的预测工作面瓦斯涌出量的方法有地质统计法、分源预测法及类比法，其中分源预测法具有适用范围广、预测准确率高等优点。采用分源预测法对开采工作面瓦斯涌出量（$q_{采面}$）进行计算如下：

$$q_{采面} = q_{开} + q_{邻} \tag{4-1}$$

式中　$q_{开}$——开采层瓦斯涌出量，m^3/t；

$q_{邻}$——邻近层瓦斯涌出量，m^3/t。

$$q_{采面} = q_{采空区} + q_{煤壁} + q_{落煤} \tag{4-2}$$

式中　$q_{采空区}$——采空区瓦斯涌出量，m^3/t；

$q_{煤壁}$——煤壁瓦斯涌出量，m^3/t；

$q_{落煤}$——采煤机破煤时的瓦斯涌出量，m^3/t。

将式(4-1)代入式(4-2)，可得：

$$q_{采空区} = q_{开} + q_{邻} - q_{煤壁} - q_{落煤} \tag{4-3}$$

在采煤机破煤之后，煤壁和破落煤会有大量瓦斯解吸涌出，则：

$$q_{煤壁} + q_{落煤} = W_p - W_c \tag{4-4}$$

式中　W_p——煤层原始瓦斯含量，m^3/t；

W_c——煤层残存瓦斯含量，m^3/t。

（1）开采层瓦斯涌出量

$$q_{开} = E_1 \times E_2 \times E_3 \times \frac{m}{M} \times (W_p - W_c) \tag{4-5}$$

式中　E_1，E_2——围岩、工作面遗煤的瓦斯涌出系数；

E_3——巷道预排瓦斯对工作面煤体瓦斯涌出影响系数；

m——开采层厚度，m；

M——工作面采高，m。

（2）邻近层瓦斯涌出量

$$q_{邻} = \sum_{i=1}^{n} \frac{m_i}{M} \times \eta_i \times (W_{pi} - W_{ci}) \tag{4-6}$$

式中　η_i——邻近层瓦斯排放率；

W_{pi}——各邻近层原始瓦斯含量，m^3/t；

W_{ci}——各邻近层残存瓦斯含量，m^3/t；

m_i——各邻近层煤厚，m。

（3）采空区瓦斯涌出量

将式(4-4)、式(4-5)、式(4-6)代入式(4-3)，可得到采空区瓦斯涌出量：

$$q_{采空区} = E_1 \times E_2 \times E_3 \times \frac{m}{M} \times (W_p - W_c) + \sum_{i=1}^{n} \frac{m_i}{M} \times \eta_i \times (W_{pi} - W_{ci}) - (W_p - W_c) \tag{4-7}$$

4.2　采场卸压瓦斯运移模型

4.2.1　基本假设

岩层具有非均质性，加之井下地质采矿条件复杂多变，在采场内煤层开采后，工作面及采空区内部实际情况十分复杂。因此，结合工作面实际情况和数值模拟计算要求，对采场数值计算模型作必要的简化处理，并作如下假设：

① 假设煤层及覆岩的厚度和岩性参数保持一致，采场范围内含煤地层稳定。

② 假设煤层为水平煤层，无倾角影响。

③ 假设采空区内垮落、断裂岩层可视作多孔介质体。

④ 假设采场内混合气体由瓦斯和空气组成，且不可压缩。

⑤ 假设采场内温度恒定，不考虑温度变化对气体流动的影响。

⑥ 假设气体在工作面、进风巷和回风巷的流动为自由流动（其内设备不予考虑），在采空区内的流动为多孔介质流动，工作面和采空区交界面气体流动进行耦合计算。

4.2.2　瓦斯运移模型

瓦斯-空气混合气体在采场内的流动必须遵循基本物理守恒定律，主要包括质量守恒定律和动量守恒定律等。另外，引入理想气体状态方程，使各偏微分守恒方程组封闭可解。具体各方程如下：

（1）理想气体状态方程

$$PV = \frac{m_a}{M_a} \times R_0 T \tag{4-8}$$

式中　P——气体绝对压力，Pa；

V——气体体积，m^3；

m_a——气体质量，kg；

M_a——气体摩尔质量，kg/mol；

R_0——理想气体常数，一般取 8.31 J/(mol・K)；

T——绝对温度，K。

（2）连续性方程

$$\frac{\partial \rho}{\partial t} + \frac{\partial (\rho u)}{\partial x} + \frac{\partial (\rho v)}{\partial y} + \frac{\partial (\rho w)}{\partial z} = 0 \tag{4-9}$$

引入矢量散度符号 $\mathrm{div}(a) = \frac{\partial a_x}{\partial t} + \frac{\partial a_y}{\partial y} + \frac{\partial a_z}{\partial z} = 0$，式(4-9)可简化为：

$$\frac{\partial \rho}{\partial t} + \mathrm{div}(\rho U) = 0 \tag{4-10}$$

式中　ρ——流场的密度，kg/m^3；

t——时间，s；

U——速度矢量，m/s。

（3）瓦斯质量守恒方程

$$\frac{\partial (\rho c_g)}{\partial t} + \frac{\partial}{\partial x_i}(\rho c_g u_i) = \frac{\partial}{\partial x_i}(J_g u_i) + S_g \tag{4-11}$$

式中　u_i——在 i 方向上的平均流速，m/s；

S_g——瓦斯源项额外产生率；

J_g——瓦斯扩散通量，mol/(m^2・s)。

（4）动能守恒方程

风流在采场内的流动可分为两个部分。

① 风流在进风巷、工作面和回风巷的流动，可视作自由流动，采用 Navier-Stokes 方程进行求解计算：

$$\rho \frac{\partial u_{ns}}{\partial t} + (\rho u_{ns} \cdot \nabla) u_{ns} = -\nabla p_{ns} + \nabla[\mu(\nabla u_{ns} + (u_{ns})^T)] + F \tag{4-12}$$

式中　μ——黏性系数，kg/(m・s)；

u_{ns}——速度矢量，m/s；

ρ——流体密度，kg/m^3；

p_{ns}——压力，Pa；

F——自定义外部体积力，$F = g(\rho_0 - \rho)$，N/m^3；

ρ_0——混合气体参考密度，kg/m^3。

② 气体在采空区裂隙场中的运移流动，可视作多孔介质区域内气体的流动，此流动为介于 Darcy 渗流和 Navier-Stokes 管道流动之间的过渡流，可采用 Brinkman 方程进行求解计算：

$$\begin{cases} \frac{\rho}{\varphi}\left(\frac{\partial u_{\mathrm{br}}}{\partial t}\right)+\left(\frac{\mu}{K}\right)u_{\mathrm{br}}=-\nabla p_{\mathrm{br}}+\nabla\left[\frac{\mu}{\varphi}(\nabla u_{\mathrm{br}}+(\nabla u_{\mathrm{br}})^{\mathrm{T}})\right]+F \\ \nabla u_{\mathrm{br}}=0 \end{cases} \tag{4-13}$$

式中　φ——孔隙率；

　　K——渗透率。

(5) 瓦斯运移扩散模型

瓦斯在采场中的运移遵从流体动力弥散定律和扩散定律，可采用多孔介质对流-扩散方程进行描述：

$$\theta_{\mathrm{s}}\frac{\partial C}{\partial t}+\nabla(-\theta_{\mathrm{s}}D_{\mathrm{L}}\nabla C+uC)=S_{\mathrm{C}} \tag{4-14}$$

式中　θ_{s}——流体体积率；

　　C——溶解浓度，$\mathrm{kg/m^3}$；

　　D_{L}——压力扩散张量，$\mathrm{m^2/d}$；

　　S_{C}——瓦斯源。

在瓦斯扩散未达到稳定之前，其溶解浓度 C 与时间 t 和位置的关系服从 Fick 扩散定律，如式(4-15)所示：

$$\frac{\partial C}{\partial t}=D\left(\frac{\partial^2 C}{\partial r^2}+\frac{2}{r}\frac{\partial C}{\partial r}\right) \tag{4-15}$$

采用 Navier-Stokes 方程和 Brinkman 方程构建整个采场的空气运动模型(自由和多孔介质流动)，求解平衡达到稳态后可得到气体在采场内流动的速度场和压力场。工作面和采空区涌出瓦斯在模型求解得到的速度场和压力场中进行扩散运移，可采用平移-扩散方程和 Fick 扩散定律来构建瓦斯扩散模型(多孔介质稀物质传递)。采用 COMSOL Multiphysics 数值模拟软件将这两个模型进行耦合计算，可得瓦斯在采场内的运移及分布规律。

4.3　采场卸压瓦斯运移规律

本节以古汉山矿 16031 工作面开采为工程背景，分析在 U 型通风(风量 806 $\mathrm{m^3/min}$)条件下工作面及采空区的瓦斯运移规律，掌握卸压瓦斯分布特征，验证在结构裂隙区(上山侧)内布置水平定向长钻孔抽采卸压瓦斯的合理性，为采空区卸压瓦斯抽采治理提供技术依据。

4.3.1　数值模型的建立

(1) COMSOL Multiphysics 软件概述

COMSOL Multiphysics 是一款多物理场建模与仿真计算的软件，采用有限元方法模拟并用偏微分方程(PDE)描述各类科研和工程实际问题。软件具备针对不同应用领域的专业模块，涵盖力学、流体、传热、电磁场、MEMS、声学、化工等，并与 CAD、MATLAB 和 Excel 等主流软件工具无缝集成，使得该软件在科研和工程应用领域被广泛采用。

对于流体流动的数值模拟选择流体模块，并针对不同类型的流体流动选择针对性的物理场接口。对于采动覆岩内瓦斯等气体运移规律的模拟可采用多孔介质和地下水流接口下的 Brinkman 方程进行抽采区域速度场和压力场的仿真求解。针对 U 型通风采场瓦斯运移规律模拟，瓦斯在采场区域内既有自由流动(工作面及上下风巷内的瓦斯流动)又存在多孔介质流动(采动覆岩内的瓦斯流动),因此,可选择自由和多孔介质流动接口进行采场内瓦斯流动速度场和压力场的仿真求解。此外,该软件支持多物理场耦合建模,可用于多个物理场影响下的问题求解。如采场区域内的瓦斯浓度分布问题,可采用前述流体流动接口与化学物质传递接口下的稀物质传递进行耦合建模求解,得到抽采区域速度场、压力场和瓦斯浓度场的分布规律。

(2) 数值模型及网格划分

根据古汉山矿 16031 工作面实际情况,建立采场几何模型如下(图 4-1):

① 工作面(开采区域):工作面为长方体,规格尺寸为长度 160 m、宽度 5.0 m、高度3.0 m。

② 进风巷:巷道为长方体,规格尺寸为长度 20 m、宽度 4.0 m、高度 3.0 m。

③ 回风巷:巷道为长方体,规格尺寸为长度 20 m、宽度 4.0 m、高度 3.0 m。

④ 采空区:采空区为矩形梯台体,总高度为 40 m,覆岩破断角为 65°,并进行区域划分。其中:采空区下部(煤层开采矩形区域)规格尺寸为长度 200 m、宽度 160 m、高度 3.0 m;采空区垮落带高度为距煤层底板 8 m,并划分为外、中、内和压实四个环形区域;采空区裂缝带高度为距煤层底板 40 m,并划分为结构裂隙区和压密裂隙区。

⑤ 根据孔隙率和渗透率的不同,结构裂隙区在垂直方向上可均匀划分为上、中、下 3 个部分,在水平方向上可均匀划分为外、中、内 3 个部分,形成 9 个环形块体。区域总高度为 32 m,总宽度为 35 m。

根据数值模拟要求对模型进行了网格划分,如图 4-2 所示,网格模型包含 1 226 063 个域单元、145 314 个边界元和 6 986 个边单元,能够满足采场瓦斯运移规律数值模拟的要求。

4.3.2 模型主要参数确定

(1) 孔隙率及渗透率的确定

采动覆岩破坏会使采空区形成大量的穿层与离层裂隙,裂隙相互贯通形成瓦斯运移流动的网络通道。由于岩层垮落、断裂特征不同,采空区裂隙分布特征也不相同,进而造成采空区孔隙率和渗透率也各不相同。根据矿井工作面实际情况、模拟实验结果及采空区孔隙率与渗透率分布理论公式得到了采场模型各划分区域孔隙率和渗透率,见表 4-1。

表 4-1　采场各区域孔隙率和渗透率

区域号	孔隙率	渗透率/m^2	区域号	孔隙率	渗透率/m^2	区域号	孔隙率	渗透率/m^2
A/B	—	—	G	0.152	$1.515\ 2\times10^{-8}$	L	0.025	$8.912\ 1\times10^{-11}$
C	0.188	$2.628\ 7\times10^{-8}$	H	0.077	$2.333\ 6\times10^{-9}$	M	0.305	$8.222\ 8\times10^{-8}$
D	0.119	$7.847\ 7\times10^{-9}$	I	0.291	$7.432\ 3\times10^{-8}$	N	0.236	$4.603\ 3\times10^{-8}$
E	0.06	$1.145\ 1\times10^{-9}$	J	0.183	$2.454\ 4\times10^{-8}$	O	0.146	$1.361\ 8\times10^{-8}$
F	0.245	$5.029\ 7\times10^{-8}$	K	0.101	4.86×10^{-9}	P	0.063	$1.317\ 2\times10^{-9}$

(2) 瓦斯涌出通量的确定

根据古汉山矿 16031 工作面相关资料,采用分源统计法,计算得到工作面及采空区瓦斯涌出量,见表 4-2。当工作面日产量为 1 720 t 时,采场的绝对瓦斯涌出量预测值为 7.79 m^3/min,其中,工作面和采空区瓦斯涌出量分别为 3.98 m^3/min 和 3.81 m^3/min。

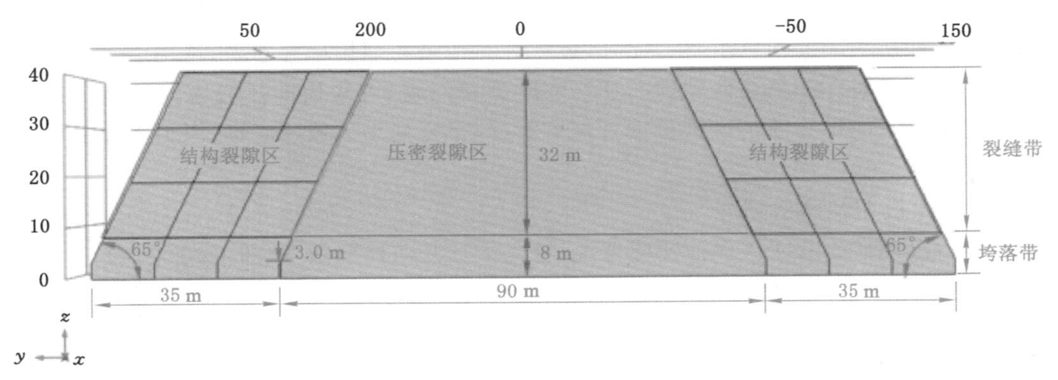

（a）采场倾向剖面图

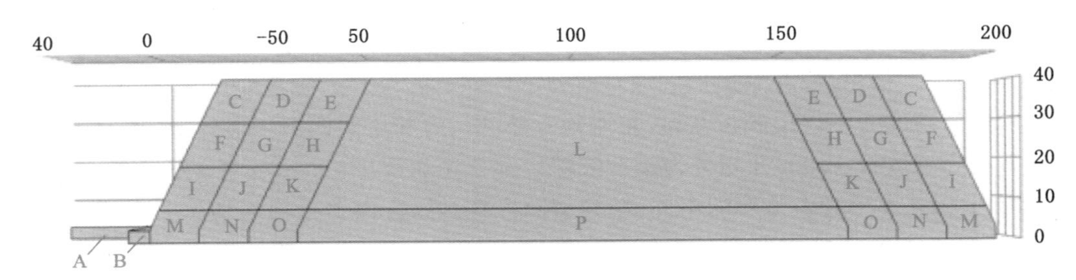

（b）采场走向剖面图

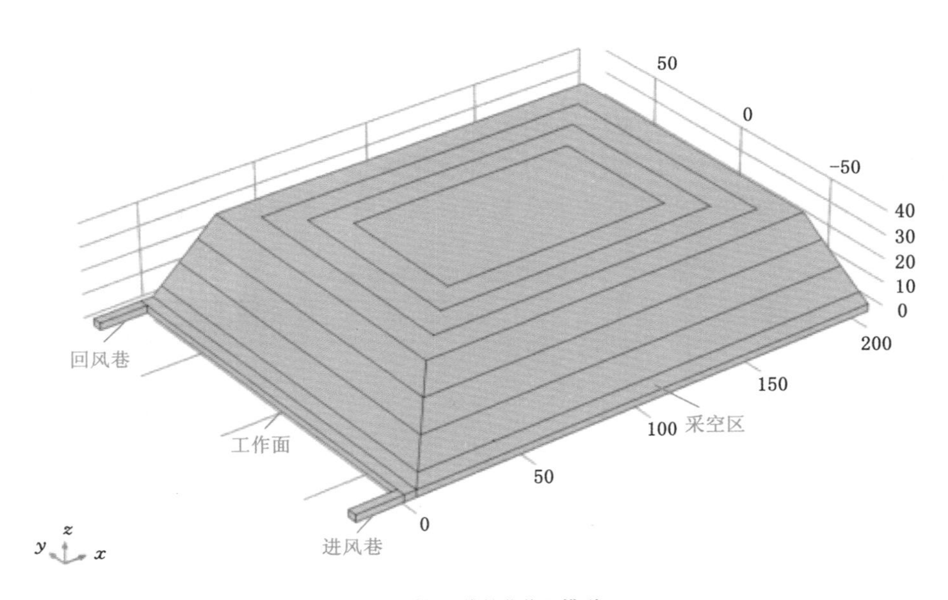

（c）采场三维简化物理模型

图 4-1　采场三维模型图

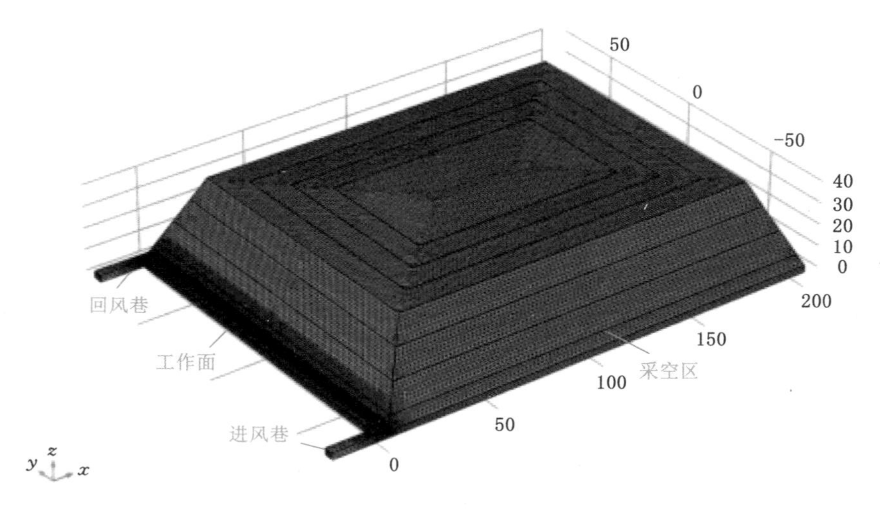

图 4-2　U 型通风模型网格划分

表 4-2　工作面及采空区瓦斯涌出量预测

参数	E_1	E_2	E_3	m	M	W_p	W_c	m_1	m_2	η_1	η_2	W_{pi}	W_{ci}
取值	1.20	1.04	0.83	5.30	3.00	5.33	1.99	0.52	0.38	0.08	0.02	22.40	1.99
瓦斯涌出量/(m^3/min)	$q_{开采层}$=6.12												
								$q_{邻近层}$=0.40					
	$q_{工作面}$=3.33												
	$q_{采空区}$=3.19												

瓦斯涌出通量源项计算公式如下：

$$Q_f = \frac{Q}{S \times V_m} \tag{4-16}$$

式中　Q_f——瓦斯涌出通量，mol/(m^2 · s)；

Q——瓦斯涌出量，m^3/min；

S——瓦斯涌出通量所占的面积，m^2；

V_m——气体的摩尔体积，L/mol。

依据计算得到的工作面和采空区瓦斯涌出量(3.98 m^3/min 和 3.81 m^3/min)，其瓦斯涌出通量源项为：

$$Q_{f1} = \frac{Q_1}{S_1 \times V_m} = \frac{\frac{3.98}{60} \times 1\,000}{152 \times 8 \times 22.4} = 2.43 \times 10^{-3}[\text{mol}/(\text{m}^2 \cdot \text{s})]$$

$$Q_{f2} = \frac{Q_2}{S_2 \times V_m} = \frac{\frac{3.81}{60} \times 1\,000}{(160 \times 3 + 200 \times 6 + 160 \times 200) \times 22.4} = 8.42 \times 10^{-5}[\text{mol}/(\text{m}^2 \cdot \text{s})]$$

式中　Q_{f1}，Q_{f2}——工作面和采空区的瓦斯涌出通量，mol/(m^2 · s)；

S_1，S_2——工作面和采空区瓦斯涌出通量所占面积，其中，工作面瓦斯涌出通量源面为工作面煤壁和上分层开采煤层底板，采空区瓦斯涌出通量源面为采空区四周煤壁及上分层开采煤层底板，m^2。

(3) 模型边界条件

根据古汉山矿 16031 工作面实际情况，结合数值计算及模拟要求，选择自由和多孔介质流动、多孔介质稀物质传递两个物理场进行耦合计算。对边界条件设置如下：

① 自由和多孔介质流动物理场。工作面和进、回风巷为自由流动区域，采空区为多孔介质区域；模型初始值为一个标准大气压(101 325 Pa)；进风巷设置为速度入口边界，参考工作面实际供风量，$v=Q/60S=806.4/(60\times12)=1.12$ (m/s)；回风巷设置为压力出口边界，根据工作面实际情况设置出口压力为 99 325 Pa(−2 kPa)；其余固体边界设置为壁面。

② 多孔介质稀物质传递物理场。自由流动与多孔介质区域与上述物理场设置一致；模型初始值设置为整个采场内均为空气；进风巷设置为风流入口边界，均为空气；回风巷设置为出口边界；工作面瓦斯通量设置参数为 2.43×10^{-3} mol/(m^2 · s)；采空区瓦斯通量设置参数为 8.42×10^{-5} mol/(m^2 · s)；其余固体边界设置为壁面。

4.3.3 卸压瓦斯运移分析

(1) 采场瓦斯分布特征

根据前述建立的数值模型及设置的参数与边界条件，通过数值计算得出在 U 型通风条件下，工作面及采空区风流稳定后的采场瓦斯分布及速度流线分布如图 4-3 所示。分析图 4-3 可知，在 U 型通风条件下，工作面内瓦斯浓度整体较小，采空区瓦斯浓度整体较高，大部分区域浓度值在 0.9%之上。在工作面通风负压及进风巷漏风作用下，小部分风流经进风巷进入采空区，在采空区内流动并向工作面回风巷侧汇集流出，瓦斯浓度达到最大值 0.970 6%。由速度流线图分布特征可知，进风巷侧工作面附近速度流线较为密集，风流速度大，风流将区域卸压瓦斯稀释带走，瓦斯浓度低；远离进风巷向采空区深部方向及回风巷方向速度流线逐渐稀疏，风流速度逐渐减小，瓦斯大量积聚，形成高浓度瓦斯积聚区域。

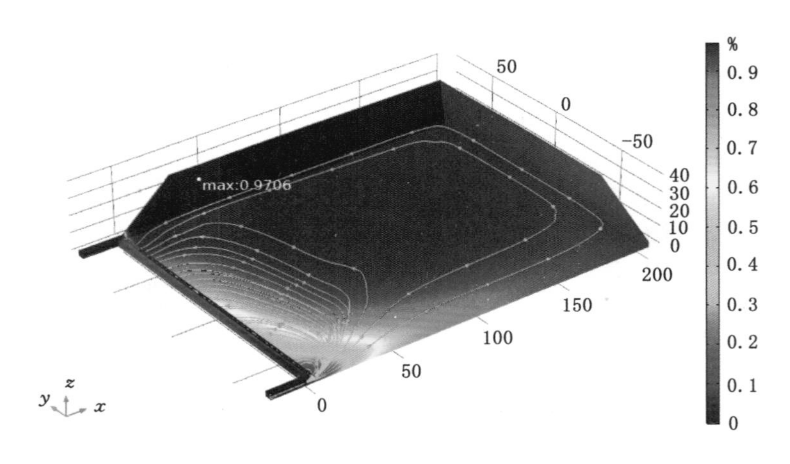

图 4-3 采场瓦斯分布及速度流线图

风流稳定后的采场瓦斯分布切面云图如图 4-4 所示。

由图 4-4(a)、(b)可知，走向上，在采空区靠工作面侧附近区域瓦斯浓度较低，随着向采空区深部延伸，瓦斯浓度逐渐升高，分布范围逐渐增大，存在大范围瓦斯浓度大于 0.9%的

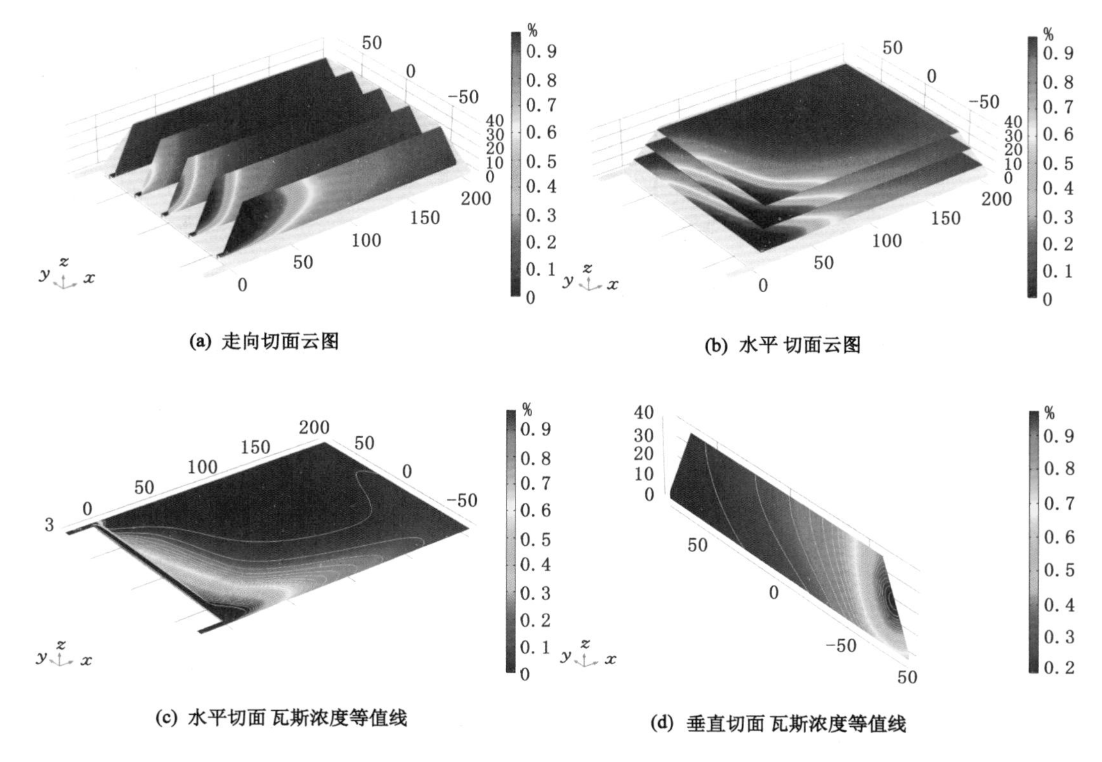

图 4-4　采场瓦斯分布切面云图

区域；倾向上，在采空区进风巷侧低浓度瓦斯区域最大，随着向回风侧延伸，低浓度瓦斯区域逐渐减小，高浓度瓦斯分布范围逐渐增大，回风巷侧存在大范围瓦斯浓度大于 0.9%的区域；垂直方向上，在采空区靠工作面侧附近区域，随着距离煤层底板高度的增加，瓦斯浓度及积聚范围逐渐增大。

由图 4-4(c)、(d)可知，走向上，在工作面附近瓦斯浓度等值线分布较为密集，随着向采空区深部延伸，瓦斯浓度等值线分布逐渐稀疏；倾向上，在进风巷侧瓦斯浓度等值线分布较为密集，随着向回风巷延伸，瓦斯浓度等线分布逐渐稀疏。分析可知，受工作面进风巷漏风影响，采空区瓦斯浓度分布规律为：从工作面侧向采空区深部延伸，瓦斯浓度及积聚范围逐渐增大；从进风巷侧向回风巷延伸，瓦斯浓度及积聚范围逐渐增大；从煤层底板向上延伸，瓦斯浓度及积聚范围逐渐增大。

因此，在 U 型通风条件下，采空区回风巷侧上部区域（结构裂隙区上山侧）为高浓度瓦斯积聚区，为定向长钻孔抽采提供了瓦斯源条件，是布置钻孔抽采卸压瓦斯的理想区域。

(2) 工作面瓦斯分布特征

取模型计算结果中进风巷、工作面和回风巷区域进行单独分析。有关规程规定：当工作面风流中瓦斯浓度超过 1%时，必须停止工作，撤出人员。因此，工作面瓦斯分布云图显示瓦斯浓度范围为 0～1%，当工作面瓦斯浓度大于或等于 1%时均显示为红色最大值。工作面瓦斯浓度分布云图如图 4-5 所示。

由图 4-5 可知，工作面整体瓦斯浓度较采空区低，由进风巷向回风巷侧延伸，整体瓦斯

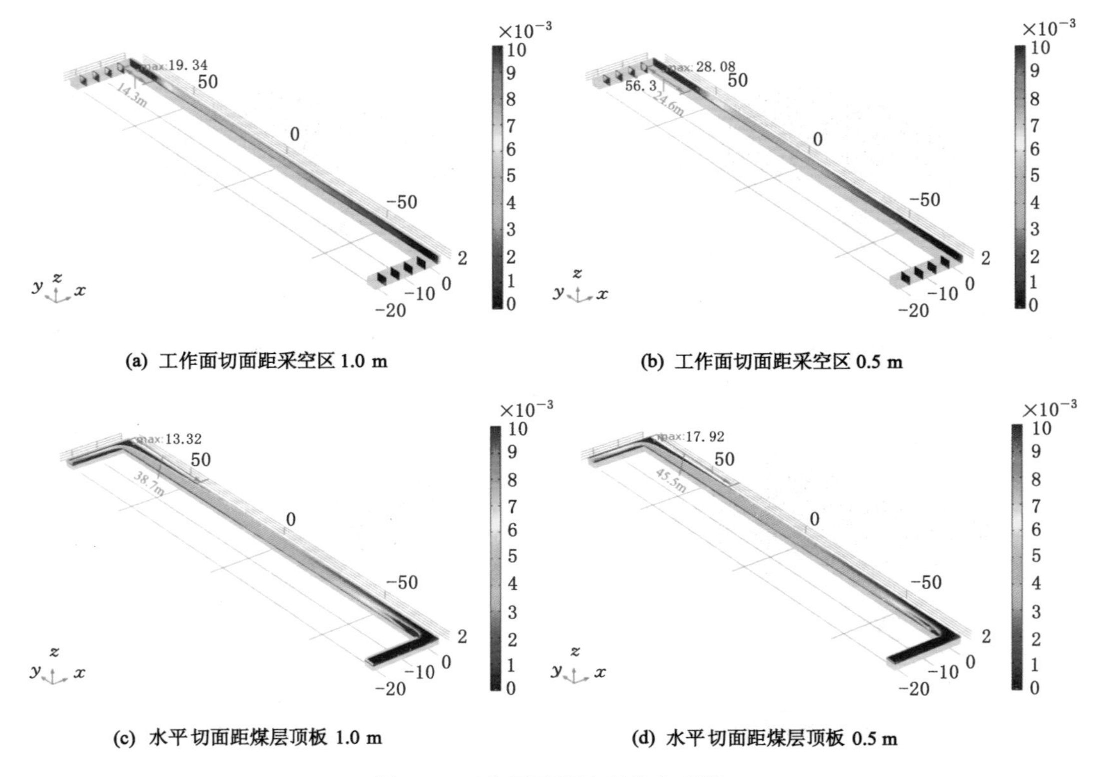

(a) 工作面切面距采空区 1.0 m　　(b) 工作面切面距采空区 0.5 m

(c) 水平切面距煤层顶板 1.0 m　　(d) 水平切面距煤层顶板 0.5 m

图 4-5　工作面瓦斯浓度分布云图

浓度逐渐增大。一方面是由于回风巷与工作面相交为直角转弯，会出现风流涡旋效应，不利于瓦斯稀释排放；另一方面是由于进风巷侧漏风在采空区流动后会向回风巷侧汇聚流出，向此区域带来部分高浓度瓦斯。

由图 4-5(a)、(b)可知，距离采空区 1.0 m 处垂直切面的最大瓦斯浓度为 1.934%，瓦斯浓度大于 1%的区域宽度为 14.3 m；距离采空区 0.5 m 处垂直切面的最大瓦斯浓度为 2.808%，瓦斯浓度大于 1%的区域宽度为 24.6 m；随着距采空区距离的减小，瓦斯浓度和瓦斯积聚范围逐渐增大。

由图 4-5(c)、(d)可知，距离煤层顶板 1.0 m 处水平切面的最大瓦斯浓度为 1.332%，瓦斯浓度大于 1%的区域宽度为 38.7 m；距离煤层顶板 0.5 m 处水平切面的最大瓦斯浓度为 1.792%，瓦斯浓度大于 1%的区域宽度为 45.5 m；随着距煤层顶板距离的减小，瓦斯浓度和瓦斯积聚范围逐渐增大。

在工作面靠近进风巷侧，由于风流直角转弯，风流稀释排放煤壁处解吸瓦斯的能力较弱，出现局部瓦斯浓度大于 1%的区域，另外，在工作面回风巷巷道两帮附近也出现了局部瓦斯浓度大于 1%的区域，如图 4-5(b)所示，瓦斯浓度达到 5.63%，远超规定要求。

矿井 16 采区其他工作面实际开采过程中，在正常通风条件下，工作面回风巷侧瓦斯浓度普遍较高。由于风流涡旋效应和采空区高浓度瓦斯涌入工作面，工作面上隅角经常出现瓦斯超限报警现象，且回风巷瓦斯浓度普遍偏高，与数值模拟实验结果相符。

通过对工作面和采空区瓦斯浓度分布特征的分析可知：

① 工作面回风巷侧瓦斯浓度整体较进风巷侧高，存在较大范围瓦斯浓度大于 1% 的瓦斯积聚区，且随着向采空区和煤层顶板延伸，瓦斯浓度和瓦斯积聚区范围均逐渐增大。因此，采取瓦斯治理措施，减小瓦斯积聚范围，降低工作面瓦斯浓度，对于工作面安全生产尤为必要。

② 采空区瓦斯浓度较工作面高，存在大范围瓦斯浓度大于 0.91% 的高浓度瓦斯积聚区。由于受到进风巷漏风的影响，采空区进风巷侧工作面附近存在局部低瓦斯浓度区域，但回风巷侧受漏风作用的影响瓦斯浓度普遍增大，且呈现由采空区底板向上延伸瓦斯浓度及积聚范围逐渐增大的趋势，最大值可达 0.970 6%。因此，采空区回风巷侧上部区域(结构裂隙区上山侧区域)为高浓度瓦斯积聚区，其为定向长钻孔抽采提供了瓦斯源条件，是布置钻孔抽采卸压瓦斯的理想区域。

4.4　定向长钻孔抽采瓦斯数学模型

在正常通风条件下，采空区存在大范围的瓦斯积聚区且瓦斯浓度高，工作面亦存在局部瓦斯浓度较高的瓦斯积聚区，这严重威胁工作面的安全生产，在煤层顶板布置定向长钻孔抽采是一种有效的瓦斯治理方法。通常定向长钻孔组的布置方式可分为 3 种：① 单排平行布置；② 双排平行布置(分对正排列和交错排列)；③ 非线性布置。为提高定向长钻孔抽采瓦斯效率，就必须掌握在不同钻孔布置数量及方式抽采条件下瓦斯流场的分布特征，确定钻孔抽采能力及钻孔相互影响程度，进而对钻孔布置参数进行分析确定。因此，本节在裂隙体流场力学相关原理的基础上，采用复变函数和镜像原理建立了裂隙场定向长钻孔组抽采瓦斯数学模型，分析各钻孔布置方式抽采条件下的瓦斯分布及钻孔抽采特征，以指导钻孔抽采及布置参数的选择，进而实现钻孔布置抽采方案的设计。

4.4.1　基本假设

为简化计算，构建裂隙场定向长钻孔抽采瓦斯数学模型时应遵循以下假设。

(1) 稳态流场

在定向长钻孔抽采初期，瓦斯的渗流会随着时间的变化而变化，为不稳定渗流；当钻孔抽采一定时间后，瓦斯渗流逐渐趋于稳定，为理想状态下的瓦斯渗流。构建本模型的目的是研究钻孔布置方式对钻孔瓦斯抽采的影响，不考虑时间因素对钻孔抽采的作用，因此，假设在钻孔抽采条件下裂隙场内瓦斯流动为稳态流场。

(2) 均匀连续性多孔介质

裂隙场内裂隙发育均匀，裂隙空间为均匀连续多孔介质，即裂隙场内各处渗透率相同。

(3) 径向流场

取裂隙场垂直二维平面为研究区域，当定向长钻孔抽采瓦斯时，单钻孔抽采区域内瓦斯流动为径向稳定流。

(4) 其他

钻孔抽采的圆形或线性边界对抽采效果影响不大；裂隙场内温度变化不大，瓦斯渗流过程等温；气体为不可压缩的理想气体，其渗流过程遵循达西定律和质量守恒定律；钻孔直径和抽采负压相等；不考虑矿井通风负压等对定向长钻孔抽采的影响。

4.4.2 复变函数和镜像原理

根据上述假设，可采用复变函数理论和镜像原理，对在连续多孔介质内各定向长钻孔组布置方式抽采条件下瓦斯的平面稳态渗流规律进行分析研究[144-145]，其具有以下优势：① 对于简单的流体流动问题，其流动的复势函数易于求得，复势函数的实部为势函数，表述流场内流体势的分布，即表征流体压力分布；复势函数的虚部为流函数；复势函数的导数则为流体的速度分布。② 对于定向长钻孔（点汇）附近有直线和圆周边界的流动问题，利用镜像原理可将其连续延拓为全平面流动问题，进而得出其复势函数。

(1) 复变函数理论

据复变函数理论可知，二维稳态渗流所对应的复势函数为：

$$W(z)=\Phi(x,y)+\mathrm{i}\psi(x,y) \quad (z=x+\mathrm{i}y) \tag{4-17}$$

式中 $\Phi(x,y)$——流体渗流的势函数；

$\psi(x,y)$——流体渗流的流函数。

图 4-6 所示为点源和点汇两种流动，此两种流动都只有径向流速 u_r。建立平面极坐标系，则：

$$u_r=\frac{\partial\Phi}{\partial r},\ u_\theta=0 \tag{4-18}$$

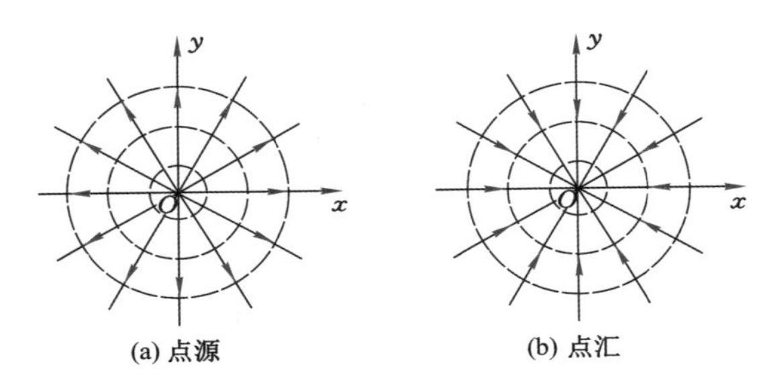

图 4-6 点源和点汇

进而可得势函数和流函数与速度分量的关系分别为：

$$\begin{cases} u_r=\dfrac{\partial\Phi}{\partial r}=\dfrac{1}{r}\dfrac{\partial\psi}{\partial\theta} \\ u_\theta=\dfrac{1}{r}\dfrac{\partial\Phi}{\partial\theta}=-\dfrac{\partial\psi}{\partial r} \end{cases} \tag{4-19}$$

根据流体流动的连续性条件，可得：

$$u_r=\frac{q}{2\pi r} \tag{4-20}$$

式中 q——单位时间内流出点源或流入点汇的流量，$\mathrm{m^3/s}$。

该二维稳态流场满足势函数和流函数的存在条件，据式(4-19)可得流体流动的势函数 Φ 和流函数 ψ 分别为：

$$\begin{cases} \Phi=\displaystyle\int u_r\mathrm{d}r+u_\theta r\mathrm{d}\theta=\frac{q}{2\pi}\ln r \\ \psi=\displaystyle\int(-u_\theta)\mathrm{d}r+u_r r\mathrm{d}\theta=\frac{q}{2\pi}\theta \end{cases} \tag{4-21}$$

则相应的复势函数为：

$$W(z)=\Phi+\mathrm{i}\psi=\frac{q}{2\pi}\ln r+\mathrm{i}\frac{q}{2\pi}\theta=\frac{q}{2\pi}\ln z\quad(z=x+\mathrm{i}y)\tag{4-22}$$

式中　r——z 的模，$r=|z|=\sqrt{x^2+y^2}$。

（2）镜像法

镜像法是复变函数理论叠加法的一种特殊应用，在研究点源或点汇问题的邻近有各种边界（如直线或圆周的等势边界情形）时优势明显。

① 直线边界（平面边界）稳态渗流。采用复变函数理论，以 x 轴为边界的奇镜像，若区域 $y>0$ 的源汇的复势函数为 $W_1(z)$，则在 $y=0$ 处存在等势边界条件下，$y>0$ 区域中流体渗流的复势函数为：

$$W(z)=W_1(z)-\overline{W}_1(z)\tag{4-23}$$

式中　$\overline{W}_1(z)$——对 $W_1(z)$除 z 以外的各复数取共轭值。

在直线 $y=0$ 上，$z=\bar{z}$，则：

$$W(z)=W_1(z)-\overline{W}_1(\bar{z})\quad(y=0)\tag{4-24}$$

式(4-24)表示复势函数 $W(z)$ 只有虚部，即 $\Phi=0$。因此，在 $y=0$ 上满足定压即等势边界条件。

$W_1(z)$ 的源汇位置 z_i 均在 $y>0$ 的区域内，因此，$\overline{W}_1(z)$ 的奇点位置 $\bar{z}$ 均位于 $y<0$ 的区域内，即 $y>0$ 的区域内未增加奇点。

② 圆周界面（圆柱面镜像）稳态渗流。取坐标原点位于圆心，圆的半径为 R，则圆内位于点 z_0 处的源汇其镜像在圆外 R^2/z_0 处。因此，取圆内源汇的复势函数为 $W_1(z)$，则在圆周等势边界的条件下，其复势函数为：

$$W(z)=-\frac{q}{2\pi}\ln(z-z_0)+\frac{q}{2\pi}\ln\left(z-\frac{R^2}{\bar{z}_0}\right)\tag{4-25}$$

4.4.3　单排平行钻孔布置

当钻孔组为水平线性布置时，基于前述假设，建立以煤层底板为补给边界的半无限平面模型对钻孔抽采瓦斯渗流规律进行分析。取无限长直线供给边界为 x 轴，钻孔距直线边界的距离为 d，钻孔半径为 r_b，钻孔间距为 s，如图 4-7 所示。

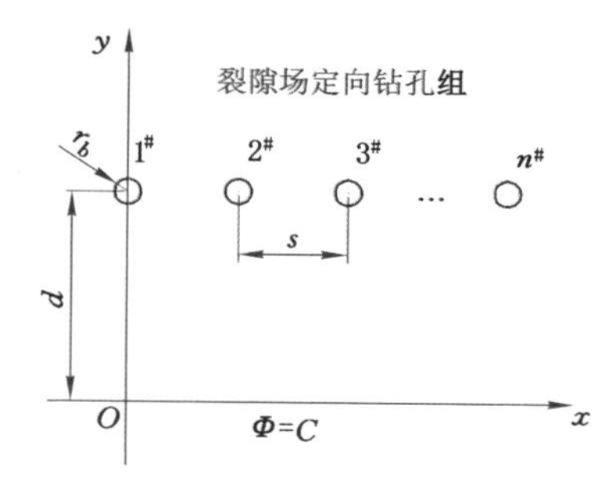

图 4-7　无限长直线供给边界定向长钻孔组抽采

（1）在单钻孔布置条件下的瓦斯抽采

由于直线边界为供给边界，则镜像是异号的，实际流动限于 $y>0$ 平面。对于距离直线

供给边界为 d 的单个钻孔(1[#])，由式(4-22)可得在单孔抽采条件下的复势函数：

$$W(z)=-\frac{q}{2\pi}\ln(z-d)+\frac{q}{2\pi}\ln(z+d) \tag{4-26}$$

式中　d——钻孔距直线供给边界的距离，m。

分离实部得势函数：

$$\Phi(x,y)=-\frac{q}{4\pi}\ln\frac{x^2+(y+d)^2}{x^2+(y-d)^2}+C \tag{4-27}$$

将场点设置在钻孔壁上($x_b=0,y_b=d\pm r_b$)可得势函数 Φ_b，设置于坐标原点($x_c=0$，$y_c=0$)可得势函数 Φ_c，分别可表述为：

$$\Phi_b=-\frac{q}{4\pi}\ln\frac{4d^2}{r_b^{\ 2}}+C,\Phi_c=-\frac{q}{4\pi}\ln\frac{d^2}{d^2}+C=C \tag{4-28}$$

式中　r_b——钻孔半径，m。

则：

$$\Phi_c-\Phi_b=\frac{q}{2\pi}\ln\frac{2d}{r_b},q=\frac{2\pi(\Phi_c-\Phi_b)}{\ln(2d/r_b)} \tag{4-29}$$

设定向长钻孔抽采长度为 L，$Q=q\times L$，$\Phi=Kp/\mu$，则直线供给边界条件下单钻孔抽采量为：

$$Q=\frac{2\pi KL(p_c-p_b)}{\mu\ln(2d/r_b)} \tag{4-30}$$

(2) 在多钻孔布置条件下的瓦斯抽采

钻孔组布置区域相较整个采空区面积小很多，且钻孔组中任一钻孔至直线边界的距离都远大于钻孔组本身的距离尺寸。根据定向长钻孔抽采假设裂隙场内各处渗透率相同，且流场为稳态流场，因此，钻孔组的抽采量主要取决于外边界和定向长钻孔的平均压力。应用叠加原理，可得：

$$p(x,y)=C+\frac{\mu}{2\pi KL}\sum_{j=1}^{n}Q_j\ln r_j \tag{4-31}$$

式中　r_j——第 j 个钻孔位置(x_j,y_j)到场点(x,y)的距离，m。

根据镜像原理，在以 x 轴为对称轴的位置上有一异号钻孔组，取实孔产量为 Q_j，则镜像孔产量为 $-Q_j$。由式(4-31)可得该钻孔组在抽采条件下的压力分布为：

$$p(x,y)=p_c+\frac{\mu}{4\pi KL}\sum_{m=0}^{n-1}Q_m\ln\left[\frac{(x-ms)^2+(y-d)^2}{(x-ms)^2+(y+d)^2}\right] \tag{4-32}$$

式中　s——钻孔间距，m。

若各钻孔抽采负压相等，均为 p_w，则流量 Q_j 可表示为：

$$p_c-p_b=\frac{\mu}{4\pi KL}\left\{2Q_j\ln\frac{2d}{r_b}+\sum{}'Q_m\ln\left[1+\frac{4d^2}{s^2(m-j)^2}\right]\right\}$$

$$j=0,1,2,\cdots,n-1 \tag{4-33}$$

式中　$\sum'$——对 m 从 0 到 $n-1$ 求和，但不含 $m=j$。

若 $m=1$，则可得：

$$Q_0=\frac{2\pi KL\Delta p}{\mu\ln(2d/r_b)} \tag{4-34}$$

取 $n=2$，可得

$$Q_0 = Q_1 = \frac{2\pi KL\Delta p}{\mu\left[\ln(2d/r_b)+\frac{1}{2}\ln(1+4d^2/s^2)\right]} \tag{4-35}$$

式(4-35)中分母中括号内第 2 项为钻孔相互干扰项。因而若 $d/s=3$，$d/r_b=600$，则双孔布置时每个钻孔的抽采量为单孔布置钻孔抽采量的 79.7%，钻孔间距越小，值越小。

取 $n=3$，可得：

$$Q_0 = Q_2 = \frac{4\pi KL\Delta p\left[\ln(4d^2/r_b^2)-\ln(1+4d^2/s^2)\right]}{\mu\{\ln(4d^2/r_b^2)\ln[4d^2(s^2+d^2)/r_b^2 s^2]-2\left[\ln(1+4d^2/s^2)\right]^2\}} \tag{4-36}$$

$$\frac{Q_1}{Q_0} = 1-\frac{\ln(1+4d^2/s^2)-\ln(1+d^2/s^2)}{\ln(4d^2/r_b^2)-\ln(1+4d^2/s^2)} \tag{4-37}$$

若 $d/s=3$，$d/r_b=600$，与由式(4-34)表示的单孔布置抽采量相比，三孔布置 $Q_0=Q_2$ 的抽采量为单孔布置钻孔抽采量的 72.2%，受两边钻孔影响，中间钻孔抽采量 Q_1 为单孔布置钻孔抽采量的 63.2%，其为两侧钻孔单孔抽采量的 87.6%。

分析式(4-36)和式(4-37)可知：随着钻孔距离无限长直线供给边界距离(d)的不断增大，钻孔抽采量逐渐减小；随着钻孔间距(s)的不断缩小，单个钻孔抽采量逐渐减少。因此，定向长钻孔的布置位置及间距对采空区卸压瓦斯的抽采效率有较大影响。

4.4.4　非线性钻孔布置

当定向长钻孔为非线性布置时，基于前述假设，可将钻孔组抽采瓦斯平面渗流力学模型等效为圆形区域内钻孔组呈圆形布置时的气体流动。建立圆形等势边界内定向长钻孔抽采瓦斯渗流模型，如图 4-8 所示。瓦斯渗流区域为半径为 R 的圆形，边界为定压即等势边界；钻孔呈圆形分布，半径为 R_1；定向长钻孔半径为 r_b，钻孔中心位置为 z_0($z_0=x_0+\mathrm{i}y_0$)，抽采强度为 q。根据反演变换关系，其异号镜像位于圆外 $R^2/\bar{z}_0$ 处。

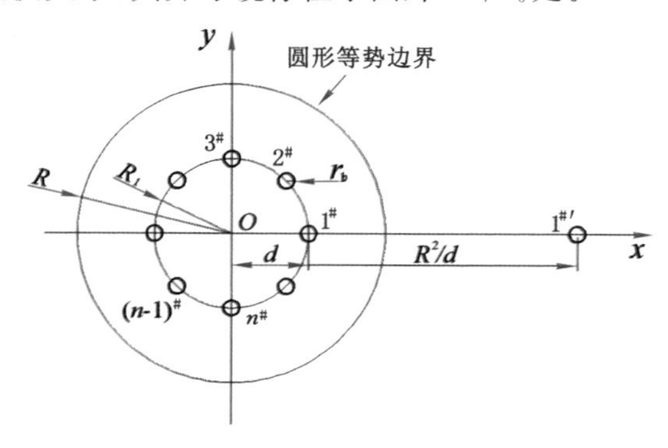

图 4-8　圆形等位边界定向长钻孔组抽采瓦斯渗流模型示意图

(1) 在单钻孔布置条件下的瓦斯抽采

在该半径为 R 的圆形等势边界区域内布置单个钻孔(偏心点汇)并进行分析，钻孔位于 z_0 处，其强度为 q。根据镜像理论，由式(4-25)可得单孔抽采条件下瓦斯流动的复势函数：

$$W(z)=-\frac{q}{2\pi}\ln(z-z_0)+\frac{q}{2\pi}\ln\left(z-\frac{R^2}{\bar{z}_0}\right) \tag{4-38}$$

取 x 轴经过钻孔中心，则 $z_0=\bar{z}_0=x_0\equiv d$($d$ 是钻孔中心与原点之间的距离)，则瓦斯流动的复势函数和势函数分别为：

$$W(z)=-\frac{q}{2\pi}\ln(z-d)+\frac{q}{2\pi}\ln\left(z-\frac{R^2}{d}\right)$$
$$=-\frac{q}{2\pi}\ln\frac{r_1}{r_2}-\mathrm{i}\frac{q}{2\pi}\left(\arctan\frac{y}{x-d}-\arctan\frac{y}{x-R^2/d}\right) \tag{4-39}$$

$$\Phi(x,y)=-\frac{q}{2\pi}\ln\frac{r_1}{r_2}+C \tag{4-40}$$

式中　r_1——钻孔中心至场点 $z(z=x+\mathrm{i}y)$的距离，m；

r_2——镜像点(R^2/d)与场点之间的距离，m。

通过三角几何关系可知，对于等势边界圆上的任何一点 D 均存在 $r_1/r_2=d/R=$常数。

将场点分别取在钻孔壁和等势边界上则有：

$$\Phi_b=-\frac{q}{2\pi}\ln\frac{r_b}{2a}+C,\Phi_c=-\frac{q}{2\pi}\ln\frac{d}{R}+C \tag{4-41}$$

式中　Φ_b,Φ_c——场点分别位于钻孔壁和等势边界处的势函数；

$2a$——圆内钻孔中心至圆外镜像点的距离，m。

将式(4-41)势函数相减，得：

$$q=\frac{2\pi(\Phi_c-\Phi_b)}{\ln(2ad/r_bR)}=\frac{2\pi(\Phi_c-\Phi_b)}{\ln[(R^2-d^2)/r_bR]} \tag{4-42}$$

取钻孔抽采长度为 L，$\Phi=Kp/\mu$，则圆形等势边界单个偏心钻孔的抽采量为：

$$Q=\frac{2\pi KL(p_c-p_b)}{\mu\ln[(R^2-d^2)/r_bR]} \tag{4-43}$$

式中　p_c,p_b——等势边界和钻孔壁的气体压力，Pa。

若取钻孔中心位于等势边界的中心(钻孔中心与圆心重合)，则钻孔为中心孔，则式(4-43)中 d 为 0，得到圆形等势边界单个中心孔的抽采量：

$$Q=\frac{2\pi KL(p_c-p_b)}{\mu\ln(R/r_b)} \tag{4-44}$$

将式(4-44)与式(4-43)比较可知：在压差相同的情况下，偏心孔抽采量略高于中心孔抽采量，若偏心距与圆半径之比 $d/R<1/2$，则抽采量偏高约 4%。将式(4-44)与式(4-30)比较可知：若直线供给边界附近的钻孔距供给边界的距离小于供给圆半径的 1/2，则直线供给边界附近单孔抽采量高于圆形供给边界中心孔抽采量，但相差不大。在矿井采空区卸压瓦斯抽采作业中，供给边界的形状并非理想的直线或圆。因此，上述分析表明，不同的供给边界形状对定向长钻孔抽采量的影响不大。

(2) 在多钻孔布置条件下的瓦斯抽采

由图 4-8 可以看出，整个流动区域视作半径为 R 的圆，坐标原点位于圆心上，依据前述假设，应用叠加原理，将式(4-31)的场点位置分别取在边界和第 j 号孔位(x_j,y_j)上，则其压力分布为：

$$p_c=C+\frac{\mu}{2\pi KL}\sum_{j=1}^{n}Q_j\ln R \tag{4-45}$$

$$p_j=C+\frac{\mu}{2\pi KL}Q_j\ln r_j+\frac{\mu}{2\pi KL}\sum{}'Q_i\ln r_{ij} \tag{4-46}$$

式中　$\sum{}'$——求和但不含 $i=j$ 项；

r_{ij} ——i 号钻孔到 j 号钻孔的距离，m。

当有 n 个钻孔均匀分布在半径为 R_1 的圆周上时（R_1 远小于 R），根据对称性特征可知，各钻孔的压力和抽采量均相等。据式(4-45)和式(4-46)可得：

$$p_c = C + \frac{\mu n Q_j}{2\pi KL}\ln R \tag{4-47}$$

$$p_b = C + \frac{\mu Q_j}{2\pi KL}\left(\ln r_b + \sum{}'\ln r_{ij}\right) \tag{4-48}$$

令 $\Delta p = p_c - p_b$，则单个钻孔抽采量为：

$$Q_j = \frac{2\pi KL\Delta p}{\mu\left[\ln\frac{R^n}{R_1^{n-1}r_b} - \sum_{m=1}^{n-1}\ln\left(2\sin\frac{m\pi}{n}\right)\right]} \tag{4-49}$$

钻孔组的总抽采量为：

$$Q^{(n)} = nQ_j = \frac{2\pi KL\Delta p}{\mu\left[\ln\frac{R}{R_1} + \frac{1}{n}\ln\frac{R_1}{r_b} - \frac{1}{n}\sum_{m=1}^{n-1}\ln\left(2\sin\frac{m\pi}{n}\right)\right]} \tag{4-50}$$

进而可得钻孔组的等效半径：

$$\begin{aligned}\ln R_{eq} &= \ln R - \left[\ln\frac{R}{R_1} + \frac{1}{n}\ln\frac{R_1}{r_b} - \frac{1}{n}\sum_{m=1}^{n-1}\ln\left(2\sin\frac{m\pi}{n}\right)\right] \\ &= \ln R_1 - \frac{1}{n}\ln\frac{R_1}{r_b} + \frac{1}{n}\sum_{m=1}^{n-1}\ln\left(2\sin\frac{m\pi}{n}\right)\end{aligned} \tag{4-51}$$

即

$$R_{eq} = \exp\left[\ln R_1 - \frac{1}{n}\ln\frac{R_1}{r_b} + \frac{1}{n}\sum_{m=1}^{n-1}\ln\left(2\sin\frac{m\pi}{n}\right)\right] \tag{4-52}$$

由式(4-50)可知，随钻孔数量的增加，钻孔间的相互影响增强，单个钻孔抽采量减小。当钻孔半径为 5.5 m 时，根据式(4-51)和式(4-52)，可得出钻孔数量与单孔抽采率、钻孔等效半径的关系，如图 4-9 所示。

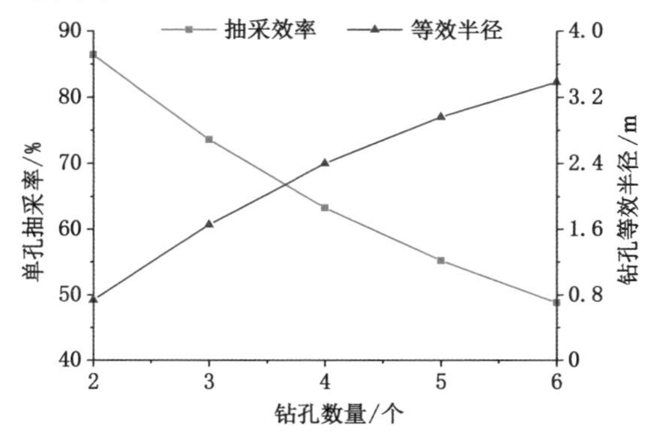

图 4-9　钻孔数量与单孔抽采率、钻孔等效半径的关系

由图 4-9 可知，在确定的钻孔半径条件下，当钻孔数量从 2 个增加到 6 个时，单个钻孔抽采率从 86.4%下降至 48.9%，但递减幅度逐渐减小。随着钻孔数量的增加，钻孔等效半径逐渐增大，从 0.74 m 增大至 3.39 m，但递增幅度逐渐减小。因此，在非线性钻孔布置条件下，当钻孔布置数量为 3～4 个时，可获得较好的钻孔抽采率和较大的钻孔等效半径。

4.4.5 双排平行钻孔布置

与单排平行钻孔布置分析类似(由单孔布置应用叠加原理得到多孔布置),首先对单排钻孔布置时的复势函数及其势函数进行分析,然后利用叠加原理得到多排钻孔布置时的流场分布特征。

(1) 单排钻孔布置。取无限大平面中等间距的一排多孔抽采气体流动为分析对象,钻孔间距为 s,钻孔排距 x 轴距离为 d,则各钻孔中心位置为 $z_n = ns + \mathrm{i}d\ (n=1,2,\cdots)$,则据式(4-22),应用叠加原理,其复势函数为:

$$W(z) = -\frac{q}{2\pi}\sum_{n=0}^{\infty}\ln(z - z_n) = -\frac{q}{2\pi}\sum_{n=0}^{\infty}\ln[(x - ns) - \mathrm{i}(y - d)] \tag{4-53}$$

利用连乘公式,可得:

$$\sin z = z\prod_{\pi=1}^{\infty}(1 - \frac{z^2}{n^2\pi^2}) \tag{4-54}$$

则得复势函数:

$$W(z) = \frac{q}{2\pi}\ln\left[2\sin\frac{\pi}{s}(z - z_0)\sin\frac{\pi}{s}(\bar{z} - \bar{z}_0)\right] \tag{4-55}$$

则势函数为:

$$\Phi = \frac{q}{4\pi}\ln\left[\mathrm{ch}\,\frac{2\pi(y - d)}{s} - \cos\frac{2\pi x}{s}\right] \tag{4-56}$$

若钻孔抽采长度为 L,取 $\Phi = Kp/\mu, q = Q/L$,则可得无限大平面中等间距的一排多孔抽采压力分布:

$$p(x,y) = C + \frac{Q\mu}{4\pi KL}\ln\left[\mathrm{ch}\,\frac{2\pi(y - d)}{s} - \cos\frac{2\pi x}{s}\right] \tag{4-57}$$

若平面中存在一无限长直线供给边界,根据镜像原理,在关于边界对称的位置上有一异号孔排。根据式(4-32)和式(4-57),可得到无限长直线供给边界单排钻孔抽采压力分布:

$$p(x,y) = p_c + \frac{Q\mu}{4\pi KL}\ln\left[\frac{\mathrm{ch}\,\frac{2\pi(y - d)}{s} - \cos\frac{2\pi x}{s}}{\mathrm{ch}\,\frac{2\pi(y + d)}{s} - \cos\frac{2\pi x}{s}}\right] \tag{4-58}$$

式中 d——钻孔排距直线供给边界的距离,m;

s——钻孔间距,m。

钻孔中心压力 p_w 对应于点 $x=ns, y=d+r_b$ 处的压力,由于 d 远大于 r_b,则:

$$p_w = p_c + \frac{Q\mu}{2\pi KL}\ln\frac{\mathrm{sh}\,\frac{\pi r_b}{s}}{\mathrm{sh}\,\frac{2\pi d}{s}} \tag{4-59}$$

则可得到钻孔抽采量为:

$$Q = \frac{2\pi KL(p_c - p_w)}{\mu\left[\ln\left(\mathrm{sh}\,\frac{2\pi d}{s}\right) - \ln\left(\mathrm{sh}\,\frac{\pi r_b}{s}\right)\right]} \tag{4-60}$$

(2) 双排钻孔布置。取无限长直线供给边界为 x 轴,第一排(靠近边界排)和第二排钻孔距边界距离分别为 d_1 和 d_2,直线供给边界上压力 p_c 为常数,各排钻孔间距为 s。对双排钻孔对正排列(图 4-10)和交错排列(图 4-11)进行分析。

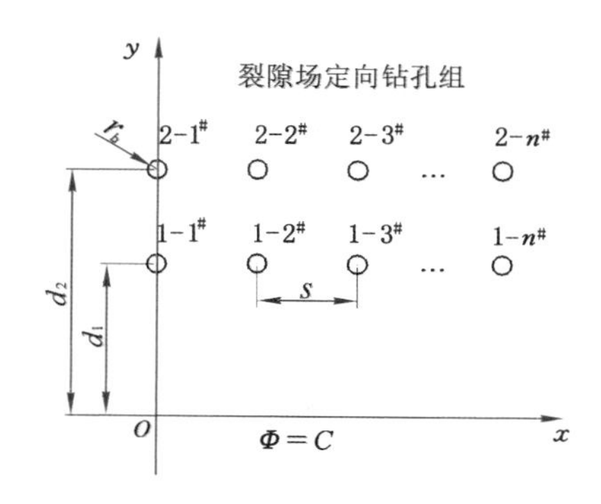

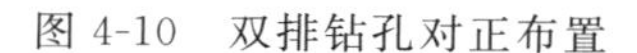
图 4-10 双排钻孔对正布置

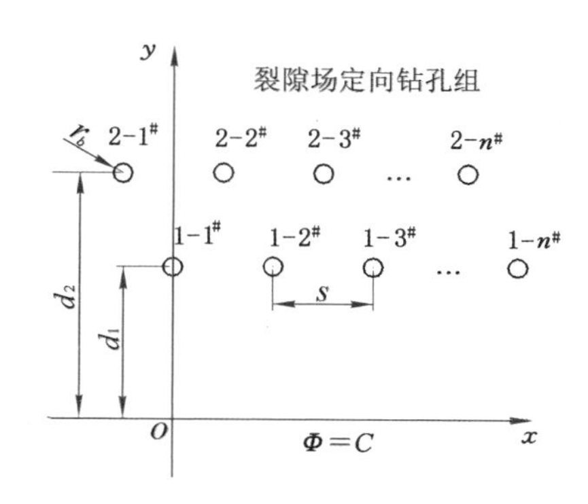

图 4-11 双排钻孔交错布置

① 对正排列。

此种排列方式如图 4-10 所示，两排钻孔的位置前后对正。取 y 轴穿过每排中的第一个钻孔。设第一排中各钻孔的抽采量为 Q_1，第二排中各钻孔的抽采量为 Q_2。

据式(4-58)，应用叠加原理，可得：

$$p(x,y)=p_c+\frac{Q_1\mu}{4\pi KL}\ln\left[\frac{\operatorname{ch}\frac{2\pi(y-d_1)}{s}-\cos\frac{2\pi x}{s}}{\operatorname{ch}\frac{2\pi(y+d_1)}{s}-\cos\frac{2\pi x}{s}}\right]+\frac{Q_2\mu}{4\pi KL}\ln\left[\frac{\operatorname{ch}\frac{2\pi(y-d_2)}{s}-\cos\frac{2\pi x}{s}}{\operatorname{ch}\frac{2\pi(y+d_2)}{s}-\cos\frac{2\pi x}{s}}\right] \tag{4-61}$$

若各排钻孔抽采负压相等，由于 d_1, d_2, s 远大于 r_b，则可求得：

$$\frac{Q_1}{Q_2}=\ln\left[\frac{\operatorname{sh}\frac{\pi r_b}{s}\operatorname{sh}\frac{\pi(d_1+d_2)}{s}}{\operatorname{sh}\frac{2\pi d_2}{s}\operatorname{sh}\frac{\pi(d_2-d_1)}{s}}\right]\Big/\ln\left[\frac{\operatorname{sh}\frac{\pi r_b}{s}\operatorname{sh}\frac{\pi(d_1+d_2)}{s}}{\operatorname{sh}\frac{2\pi d_1}{s}\operatorname{sh}\frac{\pi(d_2-d_1)}{s}}\right] \tag{4-62}$$

定义遮挡系数 S 为进入第一排钻孔中的流量与进入两排钻孔流量和之比，即 $1-S$ 为泄漏到第二排钻孔中的流量与两排钻孔抽采量和之比，则：

$$S=\frac{Q_1}{Q_1+Q_2}=\frac{1}{1+Q_2/Q_1},\ 1-S=\frac{Q_2}{Q_1+Q_2}=\frac{1}{1+Q_1/Q_2} \tag{4-63}$$

取 $(d_1+d_2)/s=5$，$(d_2-d_1)/s=1$，$r_b/s=0.005$，由式(4-62)和式(4-63)可算出双排对正排列的遮挡系数 $S=0.737\ 9$，$1-S=0.262\ 1$。

② 交错排列。

此种排列方式如图 4-11 所示，两排钻孔前后的位置相互交错。取 y 轴穿过第一排中的第一个钻孔，从第二排两钻孔连线的中点穿过。将式(4-61)中的第 3 项进行修正，可得钻孔交错排列抽采条件下的压力分布：

$$p(x,y)=p_c+\frac{Q_1\mu}{4\pi KL}\ln\left[\frac{\operatorname{ch}\frac{2\pi(y-d_1)}{s}-\cos\frac{2\pi x}{s}}{\operatorname{ch}\frac{2\pi(y+d_1)}{s}-\cos\frac{2\pi x}{s}}\right]+\frac{Q_2\mu}{4\pi KL}\ln\left[\frac{\operatorname{ch}\frac{2\pi(y-d_2)}{s}+\cos\frac{2\pi x}{s}}{\operatorname{ch}\frac{2\pi(y+d_2)}{s}+\cos\frac{2\pi x}{s}}\right] \tag{4-64}$$

若各排钻孔抽采负压相等，则可求得流量比：

$$\frac{Q_1}{Q_2} = \ln\left[\frac{\text{sh}\,\frac{\pi r_b}{s}\text{ch}\,\frac{\pi(d_1+d_2)}{s}}{\text{sh}\,\frac{2\pi d_2}{s}\text{ch}\,\frac{\pi(d_2-d_1)}{s}}\right] \Big/ \ln\left[\frac{\text{sh}\,\frac{\pi r_b}{s}\text{ch}\,\frac{\pi(d_1+d_2)}{s}}{\text{sh}\,\frac{2\pi d_1}{s}\text{ch}\,\frac{\pi(d_2-d_1)}{s}}\right] \tag{4-65}$$

分析可知，双排对正布置与交错布置钻孔抽采量相差不大。当 $a \geqslant 1$ 时，$\text{ch}\ a\pi \approx \text{sh}\ a\pi$，因此，当 $(d_2-d_1)/s$ 较大时，交错排列的流量比与对正排列的流量比相差很小。计算表明，当 $(d_2-d_1)/s$ 大于 0.1 时，二者的偏差不超过 1%。在矿井定向长钻孔实际布置过程中，$(d_2-d_1)/s$ 通常大于 1，因此，两种钻孔排列方式下排钻孔对上排钻孔的遮挡效应相差很小。双排平行钻孔排列方式的选择应以对采空区和工作面瓦斯的抽采能力进行综合确定。

双排布置钻孔遮挡效应显著（前述分析可达 $S=0.737\,9$），被遮挡钻孔抽采率显著降低，因此，双排钻孔布置方式应在单排钻孔无法满足抽采需求时，考虑新增一排钻孔进行加强抽采。

4.5 小　结

本章采用数值模拟和理论分析的方法，对在 U 型通风条件下采场卸压瓦斯运移规律与裂隙场内不同钻孔布置方式抽采条件下的瓦斯分布及钻孔抽采特征进行了分析研究。

(1) 采用 COMSOL Multiphysics 数值计算软件分析了在 U 型通风条件下采场卸压瓦斯的运移规律，验证了在结构裂隙区（上山侧）内布置水平定向长钻孔抽采卸压瓦斯的合理性。

(2) 建立了裂隙场定向长钻孔单排平行布置、非线性布置、双排平行（对正和交错）布置抽采瓦斯数学模型，分析了裂隙场内各钻孔布置方式抽采条件下的瓦斯分布及钻孔抽采特征，以指导定向长钻孔抽采瓦斯设计。

第 5 章　定向长钻孔布置抽采方案

在采场卸压瓦斯运移规律及定向长钻孔组不同布置方式抽采条件下瓦斯特征分析研究的基础上，本章采用 COMSOL Multiphysics 数值模拟软件，对影响钻孔抽采能力的抽采负压、钻孔直径、裂隙渗透率、钻孔有效抽采长度等钻孔抽采参数和钻孔布置间距、数量、方式等钻孔布置参数进行分析研究，并在钻孔布置位置及抽采布置参数分析确定的基础上，设计提出了三孔和六孔布置 4 种抽采方案。以古汉山矿 16031 工作面实际开采情况为背景，分析结构裂隙区各块段在单孔布置、三孔布置和六孔布置抽采条件下采场瓦斯运移规律及抽采效果，对钻孔布置位置顺序进行验证分析，并对定向长钻孔布置抽采方案进行分析确定。

5.1　定向长钻孔抽采参数

本节采用 COMSOL Multiphysics 数值模拟软件，分析在定向长钻孔各抽采参数变化条件下裂隙场瓦斯运移特征，进而对钻孔抽采参数进行分析确定，为设计定向长钻孔布置抽采方案提供技术依据。

5.1.1　数值计算模型

（1）模型的建立

假定采空区裂隙场钻孔抽采瓦斯渗流为平面径向流动，因此空间维度选择二维，物理场选择多孔介质和地下水流接口下的 Brinkman 方程进行求解，并设置模型求解为稳态流动。依据建模分析的实际问题，建立不同的数值模型并划分网格进行计算求解，如图 5-1 所示。

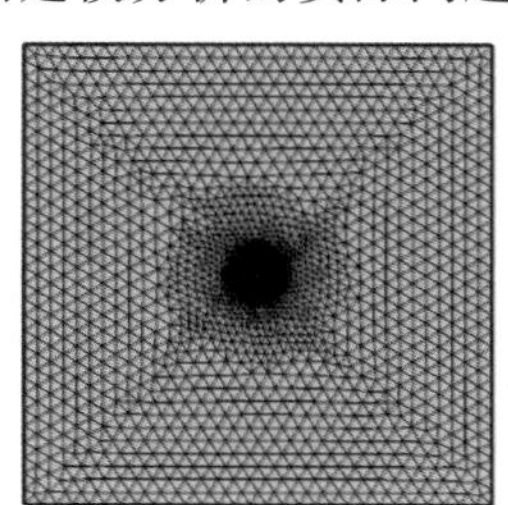

(a) 垂直钻孔轴线切面

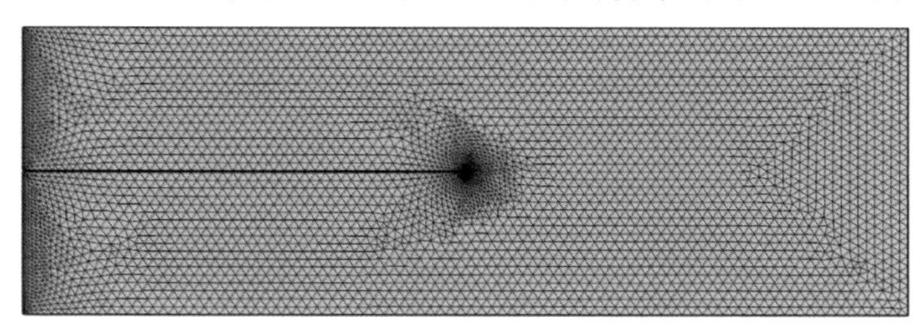

(b) 沿钻孔轴线切面

图 5-1　数值模型及网格划分

（2）数值模型参数及边界条件

在进行数值模拟时，设置裂隙场为均匀连续的多孔介质区域，孔隙率为 0.1。裂隙场初始压力设置为一个标准大气压，模型四周为压力入口边界，边界压力为 101 325 Pa，钻孔设置为压力出口边界，边界压力为 81 325 Pa(抽采负压 20 kPa)，具体模型参数取值见表 5-1。

表 5-1 数值模型参数取值

名称	数值	单位	备注
p_b	81 325	Pa	钻孔抽采压力
p_a	101 325	Pa	标准大气压
ρ_g	0.717	kg/m^3	瓦斯密度
μ_g	1.08×10^{-5}	Pa·s	瓦斯动力黏度
p_i	101 325	Pa	裂隙场内初始压力
φ	0.1		孔隙率
k_f	1×10^{-10}	m^2	裂隙渗透率

5.1.2 数值模拟方案

对卸压瓦斯在采动覆岩(多孔介质区域)中的平面径向渗流问题,采用单一变量原则研究影响钻孔抽采能力的各参数。通过对各参数的分析,得到在特定条件下钻孔抽采时的气体压力和流速分布特征,分析各参数对钻孔抽采效率的影响规律,进而确定适用于矿井实际抽采的钻孔抽采参数值。依据式(4-44)可知,影响定向长钻孔抽采能力的主要参数有钻孔抽采负压、钻孔直径、钻孔布置区域多孔介质的渗透率和钻孔有效抽采长度。因此,设置数值模拟实验方案为:对这 4 个抽采参数采用单一变量原则进行数值模拟,分析在各参数变化条件下气体压力和流速的分布特征,并计算钻孔抽采流量,进而分析各参数对钻孔抽采效率的影响规律。

5.1.3 钻孔抽采参数影响分析

(1) 钻孔直径的影响

设定模拟区域内气体压力为标准大气压,钻孔压力为 81 325 Pa(抽采负压 20 kPa),区域渗透率为 1×10^{-10} m^2。在定向长钻孔直径分别为 100 mm、150 mm 和 200 mm 的条件下,分析气体压力和流速分布特征,计算钻孔抽采流量。

① 气体压力

数值模拟气体压力分布如图 5-2 和图 5-3 所示。在不同钻孔直径抽采条件下气体渗流区域内最大和最小压力均为 101 325 Pa 和 81 350 Pa 左右,分别位于区域边界和钻孔壁处。由图 5-3 可知,区域内整体气体压力随距钻孔中心距离的增大呈对数增大关系;随着钻孔直径的增大,区域内抽采负压影响范围逐渐增大,但是整体变化趋势不明显。

② 气体流速及钻孔抽采流量

数值模拟气体流速分布如图 5-4 和图 5-5 所示。

由图 5-4 和图 5-5 可知,当钻孔直径分别为 100 mm、150 mm 和 200 mm 时,模拟区域内气体的最大流速分别为 0.75 m/s、0.54 m/s 和 0.44 m/s,位于抽采钻孔孔壁处;但是气体流速会随着远离钻孔迅速减小,最小值约为 0.01 m/s,位于区域边界处。气体流速在整个模型区域除在钻孔壁附近差别较大外,在其他位置变化较小。由气体流速分布特征可知,随着钻孔直径的增加,孔壁处流速逐渐减小,区域内其他位置流速变化不明显。

钻孔抽采流量如图 5-6 所示,当钻孔直径分别为 100 mm、150 mm 和 200 mm 时,单位长度钻孔抽采流量分别为 0.25 m^3/s、0.27 m^3/s 和 0.29 m^3/s,随着钻孔直径的增加,钻孔抽采流量随之增大。

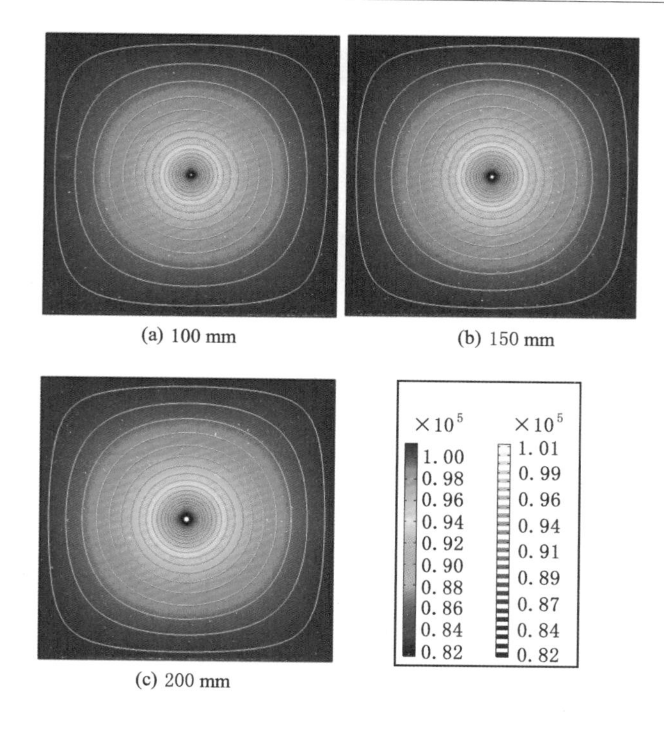

图 5-2　不同钻孔直径下气体压力分布云图(单位:Pa)

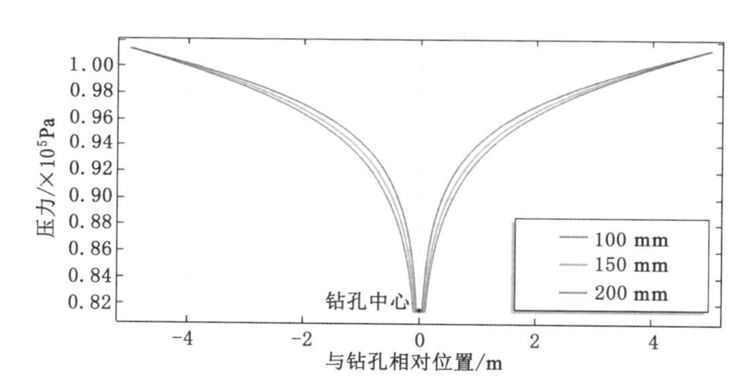

图 5-3　不同钻孔直径下气体压力分布曲线

由上述分析可知,钻孔抽采影响范围和抽采流量均与钻孔直径呈正比例关系,随着钻孔直径的增大,钻孔抽采能力逐渐增大,与理论分析公式(4-44)相符。因此,在工程应用中,结合瓦斯治理需求,在工程和设备条件允许的情况下,应选取大孔径的钻孔进行瓦斯抽采作业。

(2) 钻孔抽采负压的影响

设定钻孔直径为 100 mm,区域渗透率为 1×10^{-10} m^2,分析在钻孔压力 86 325 Pa(抽采负压 15 kPa)、81 325 Pa(抽采负压 20 kPa)和 76 325 Pa(抽采负压 25 kPa)条件下,区域内气体压力和流速分布特征,计算钻孔抽采流量。

① 气体压力

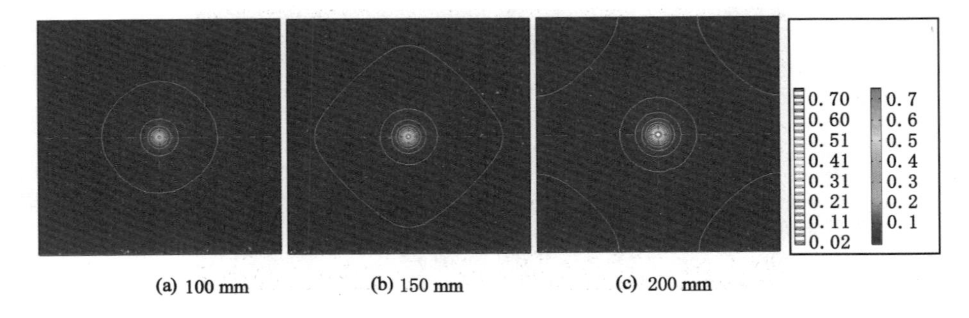

图 5-4 不同钻孔直径下气体流速分布云图(单位:m/s)

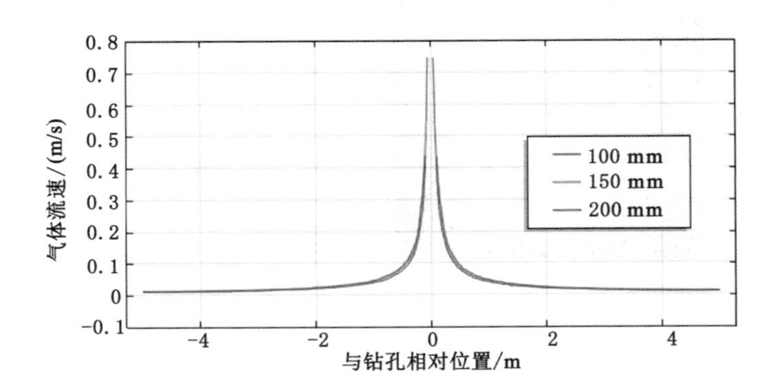

图 5-5 不同钻孔直径下气体流速分布曲线

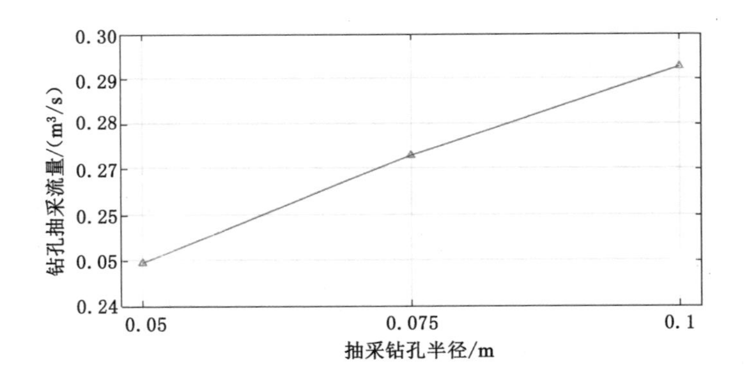

图 5-6 钻孔抽采流量

数值模拟气体压力分布如图 5-7 和图 5-8 所示。当钻孔抽采负压分别为 15 kPa、20 kPa 和 25 kPa 时,模拟气体渗流区域内最大气体压力约为 101 325 Pa,最小气体压力分别为 86 353.1 Pa、81 362.5 Pa 和 76 371.9 Pa(位于钻孔孔壁处)。且在不同抽采负压条件下,气体渗流区域气压分布差别较大,随着抽采负压的增大,区域内影响范围也会增大,压力分布变化趋势较明显。

② 气体流速及钻孔抽采流量

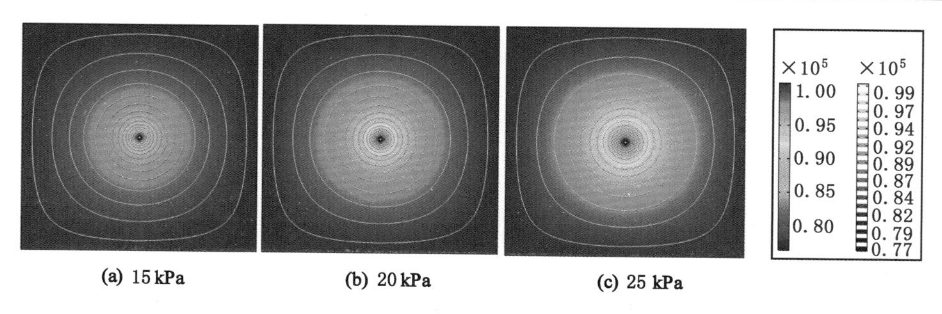

图 5-7　不同抽采负压下气体压力分布云图(单位:Pa)

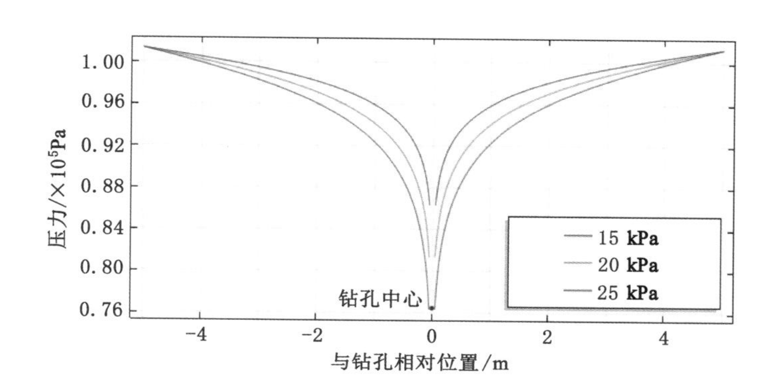

图 5-8　不同抽采负压下气体压力分布曲线

数值模拟气体流速分布如图 5-9 和图 5-10 所示。

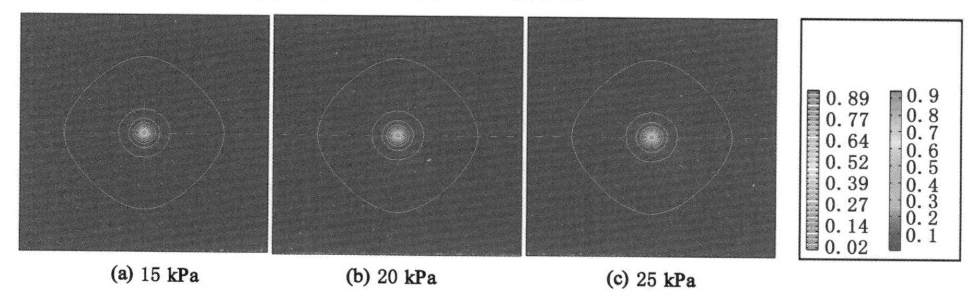

图 5-9　不同抽采负压下气体流速分布云图(单位:m/s)

由图 5-9 和图 5-10 可知,当钻孔抽采负压分别为 15 kPa、20 kPa 和 25 kPa 时,模拟气体渗流区域内气体的最大流速分别为 0.56 m/s、0.75 m/s 和 0.93 m/s,位于抽采钻孔孔壁处;气体流速随着远离钻孔迅速减小,最小值分别为 0.007 m/s、0.01 m/s 和 0.013 m/s,位于区域边界处,气体流速分布较不同钻孔直径抽采条件下变化明显。由气体流速分布特征可知,随着抽采负压的增加,区域内整体气体流速逐渐增大,且与抽采负压变化一致呈线性关系。

钻孔抽采流量如图 5-11 所示。

由图 5-11 可知,当钻孔抽采负压分别为 15 kPa、20 kPa 和 25 kPa 时,钻孔抽采流量分别为 0.19 m^3/s、0.25 m^3/s 和 0.31 m^3/s,随着钻孔抽采负压的增加,钻孔抽采流量逐渐增

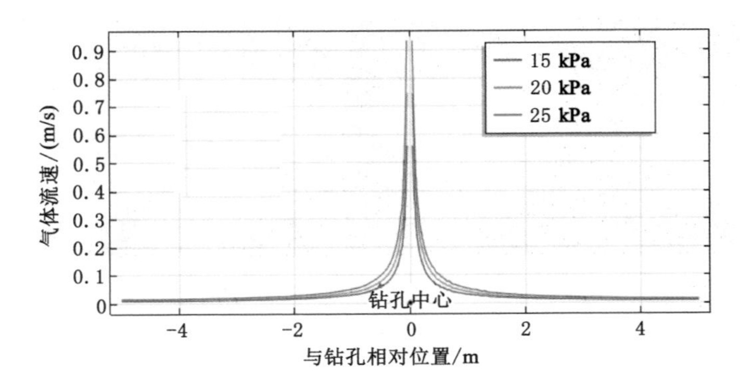

图 5-10　不同抽采负压下气体流速分布曲线

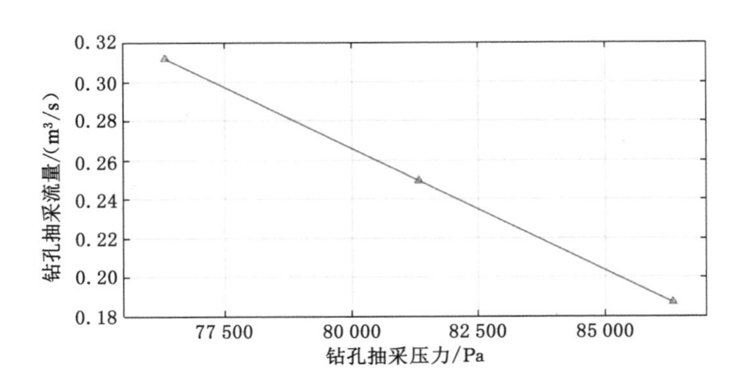

图 5-11　钻孔抽采流量

大，且与抽采负压变化一致呈线性关系。

由上述分析可知，钻孔抽采影响范围和抽采流量与钻孔抽采负压呈正比例关系，随着抽采负压的增加，钻孔抽采瓦斯能力逐渐增大，与理论分析公式(4-44)相符。因此，在瓦斯抽采系统及设备条件允许的情况下，选择较大的抽采负压可获得更好的抽采效果。

(3) 裂隙渗透率的影响

设定在钻孔直径为 100 mm，钻孔压力为 81 325 Pa(抽采负压 20 kPa)，区域渗透率分别为 5×10^{-11} m^2、1×10^{-10} m^2 和 2×10^{-10} m^2 的条件下，模拟区域内气体压力和流速分布特征，计算钻孔抽采流量。

① 气体压力

数值模拟气体压力分布如图 5-12 和图 5-13 所示。当渗透率分别为 5×10^{-11} m^2、1×10^{-10} m^2 和 2×10^{-10} m^2 时，模拟区域内最大和最小压力均为 101 325 Pa 和 81 349 Pa 左右，分别位于区域边界和孔壁处；在不同渗透率条件下，模拟区域气压分布无明显差别。

② 气体流速及钻孔抽采流量

数值模拟气体流速分布如图 5-14 和图 5-15 所示。当区域渗透率分别为 5×10^{-11} m^2、1×10^{-10} m^2 和 2×10^{-10} m^2 时，模拟区域内气体的最大流速分别为 0.37 m/s、0.74 m/s 和 1.49 m/s，位于孔壁处；气体流速随远离钻孔迅速减小，最小值分别为 0.005 m/s、0.01 m/s 和 0.02 m/s，位于区域边界处，气体流速分布变化明显。由其分布特征可知，区域内整体气

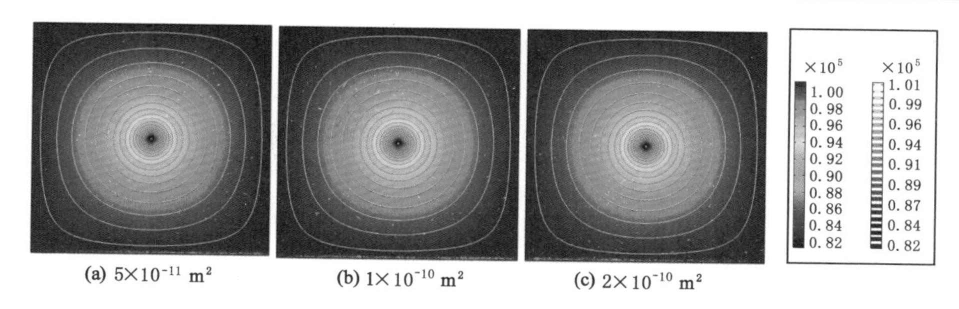

(a) 5×10^{-11} m²　(b) 1×10^{-10} m²　(c) 2×10^{-10} m²

图 5-12　不同裂隙渗透率下气体压力分布云图(单位:Pa)

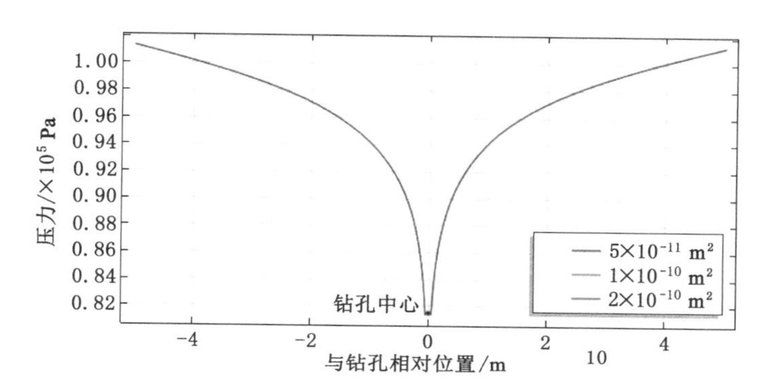

图 5-13　不同裂隙渗透率下气体压力分布曲线

体流速随渗透率的增加而增大,且与渗透率变化一致呈线性关系。

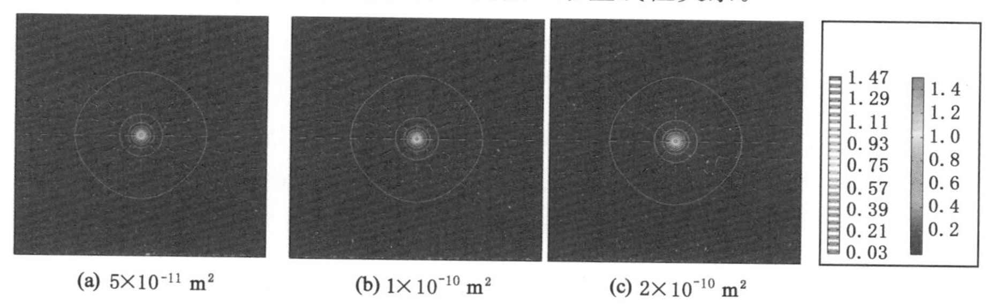

(a) 5×10^{-11} m²　(b) 1×10^{-10} m²　(c) 2×10^{-10} m²

图 5-14　不同裂隙渗透率下气体流速分布云图(单位:m/s)

数值模拟钻孔抽采流量如图 5-16 所示。

由图 5-16 可知,当区域渗透率分别为 5×10^{-11} m²、1×10^{-10} m² 和 2×10^{-10} m² 时,单位长度钻孔抽采流量分别为 0.12 m³/s、0.25 m³/s 和 0.50 m³/s,随着渗透率的增加,钻孔抽采流量相应增大,且与渗透率变化一致呈线性关系。

由上述分析可知,钻孔抽采影响范围和抽采流量均与渗透率呈正比例关系,随着渗透率的增加,钻孔抽采瓦斯能力逐渐增大,与理论分析公式(4-44)相符。因此,在布置钻孔时,应尽可能将钻孔布置于裂隙渗透率较大的区域,以提高瓦斯抽采效果。

(4) 钻孔有效抽采长度的影响

设定钻孔直径为 100 mm,钻孔压力为 81 325 Pa(抽采负压 20 kPa),区域渗透率为 1×10^{-10} m²,在钻孔有效抽采长度分别为 10 m、30 m 和 50 m 的条件下,模拟区域内气体压

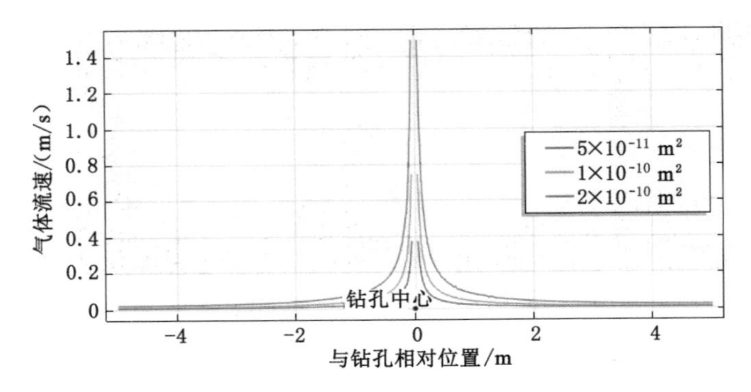

图 5-15　不同裂隙渗透率下气体流速分布曲线

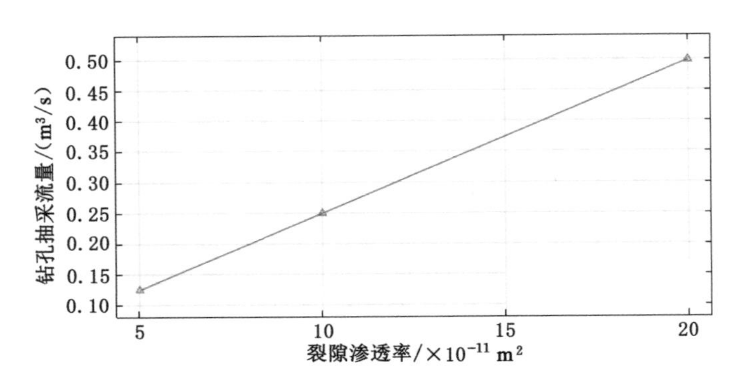

图 5-16　钻孔抽采流量

力和流速分布特征，计算钻孔抽采流量。

数值模拟气体压力及流动分布如图 5-17 所示。

由图 5-17 可知，随着钻孔有效抽采长度的增加，区域内压力分布范围逐渐增大，气体向钻孔流动的面积逐渐增大，钻孔抽采影响范围及抽采能力也都逐渐提高，瓦斯抽采治理效果更好。

各钻孔有效抽采长度条件下钻孔抽采流量如图 5-18 所示。

由图 5-18 可知，随着钻孔有效抽采长度的增加，钻孔抽采流量也逐渐增大，呈现一致线性增大的趋势。由此可以看出，定向长钻孔在采空区内有效长度对采空区瓦斯治理有着至关重要的影响。因此，在布置定向长钻孔时，应将钻孔稳定性作为重要影响因素并对其进行分析，保证钻孔在回采期间不受破坏，且在采空区内有一定的抽采长度，以实现采空区卸压瓦斯的有效抽采。

综上所述，钻孔抽采效率与钻孔直径、钻孔抽采负压、裂隙渗透率和钻孔有效抽采长度四因素均呈正比例关系。但是参数的取值并非越大越好，还应在考虑工程现场实际等情况的条件下进行确定：① 随着钻孔直径的增加，钻孔钻进难度增大，钻孔施工成本提高，钻孔维护难度增大；② 随着钻孔抽采负压的增加，抽采系统稳定性、安全性降低，抽采成本增大；③ 裂隙渗透率对钻孔抽采能力影响显著，将钻孔布置于裂隙发育区域可显著提高抽采效率，但是钻孔也更容易受采动及裂隙发育的影响而发生堵孔、塌孔等破坏，从而导致钻孔有效抽采长度减小甚至出现钻孔失效现象。

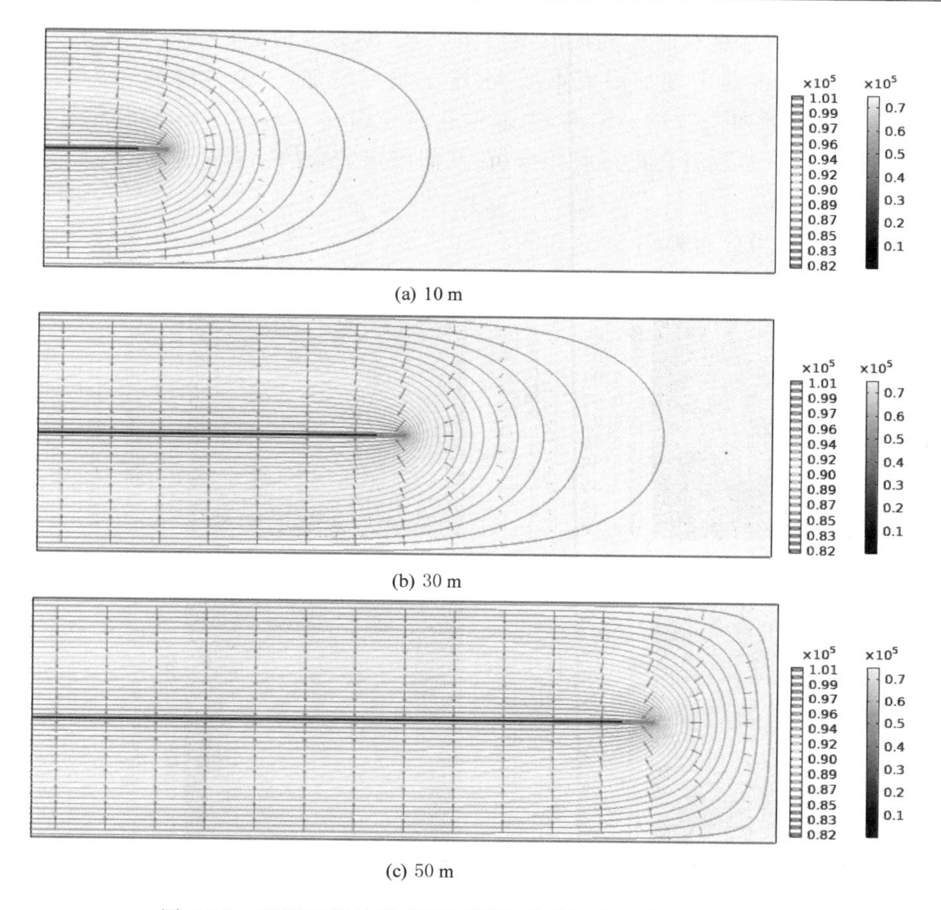

(a) 10 m

(b) 30 m

(c) 50 m

图 5-17　不同有效抽采长度下钻孔抽采气体压力及流动分布

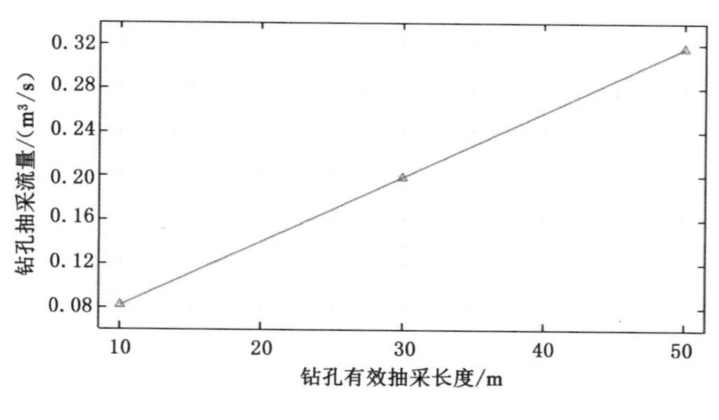

图 5-18　钻孔抽采流量

5.1.4　钻孔抽采参数的确定

前述章节对各抽采参数对钻孔抽采能力的影响规律进行了分析，抽采参数的取值是进行抽采设计的重要部分。定向长钻孔在采动覆岩中的布置位置前述已经进行了分析确定，进而钻孔布置位置区域的裂隙渗透率和钻孔稳定性（直接影响钻孔有效抽采长度）也相应确定，在此不做赘述。对于钻孔直径和抽采负压两因素，参数取值越大钻孔抽采能力越强，但是随着参数值的增大也会出现抽采成本增大、维护难度增加、安全性降低等一些问题。因此，结合现场工程实际和模拟抽采结果，选取钻孔直径(100 mm、150 mm)和钻孔抽采负压(15 kPa、20 kPa)不同参数组合进行对比分析，从而确定适合的钻孔抽采参数。

(1) 气体压力

数值模拟气体压力分布如图 5-19 和图 5-20 所示。

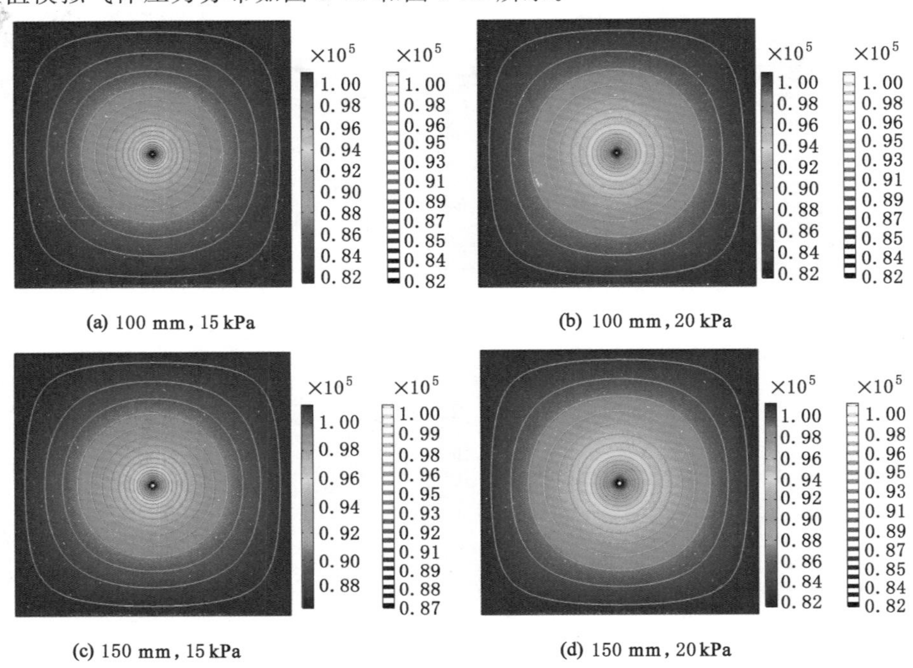

图 5-19　不同钻孔直径和抽采负压下气体压力分布云图(单位：Pa)

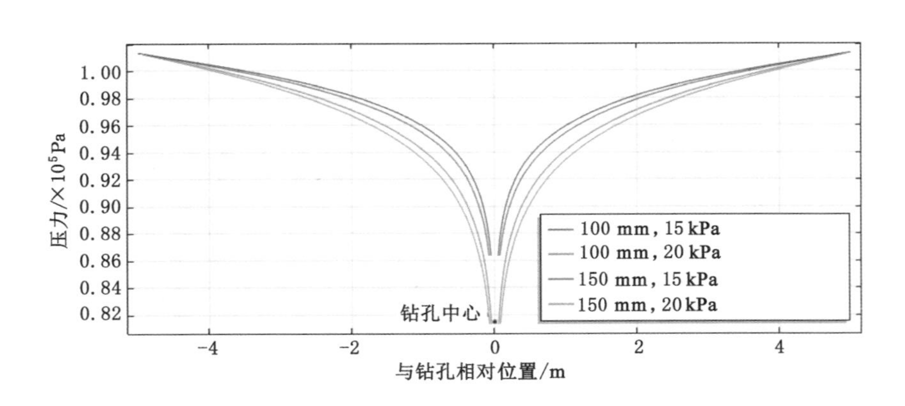

图 5-20　不同钻孔直径和抽采负压下气体压力分布曲线

分析图 5-19 和图 5-20 可知，在不同参数组合条件下，气体压力分布主要受钻孔抽采负压影响，钻孔直径对其影响较小。随着抽采负压的增加，区域内影响范围逐渐增大，在组合4(钻孔直径 150 mm、抽采负压 20 kPa)抽采条件下抽采影响范围最大，其次为组合 2(钻孔直径 100 mm、抽采负压 20 kPa)。

(2) 气体流速

数值模拟气体流速分布如图 5-21 和图 5-22 所示。

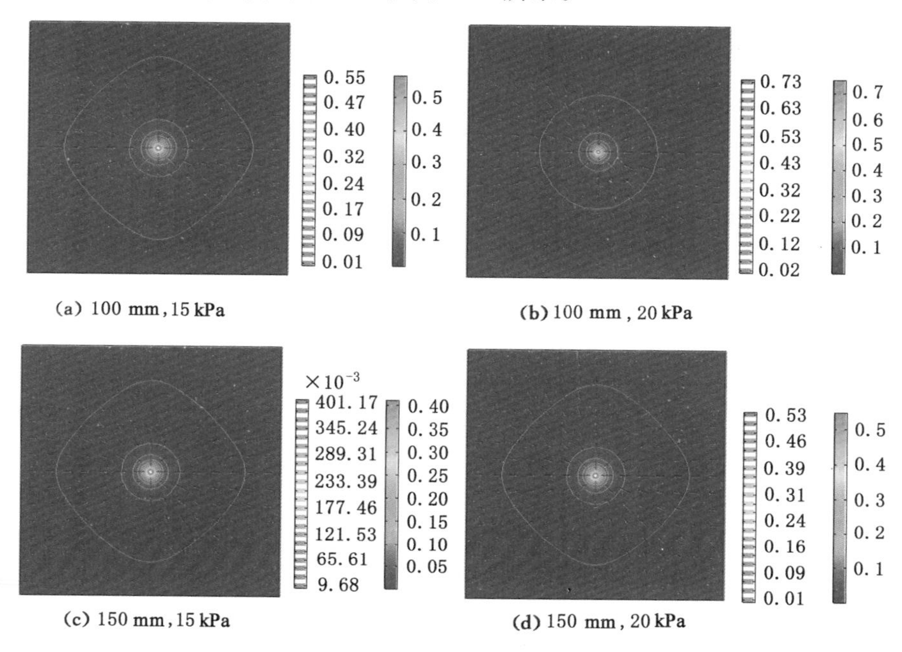

图 5-21 不同钻孔直径和抽采负压下气体流速分布云图(单位:m/s)

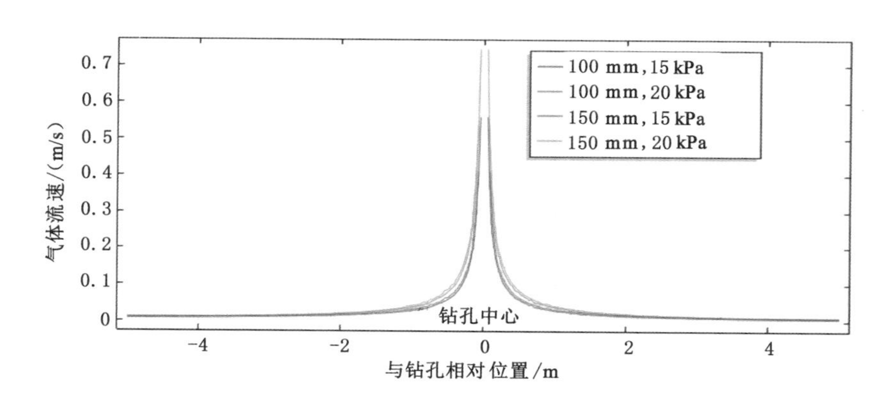

图 5-22 不同钻孔直径和抽采负压下气体流速分布曲线

分析图 5-21 和图 5-22 可知,气体流速同时受到钻孔抽采负压和钻孔直径的影响,区域内气体流速在不同组合参数的影响下发生明显变化。在钻孔孔壁处,组合 2(钻孔直径 100 mm、抽采负压 20 kPa)抽采条件下,钻孔孔壁处流速为 0.75 m/s,为各参数组合抽采条件下流速最大值,其次为组合 1(钻孔直径 100 mm、抽采负压 15 kPa)抽采条件下,孔壁处流速为 0.56 m/s,说明在孔壁附近钻孔直径对气体流速的分布影响较大;随着远离钻孔中心,气体流速分布发生了明显变化,在组合 4(钻孔直径 150 mm、抽采负压20 kPa)抽采条件下,区域内气体流速整体最大,其次为组合 2(钻孔直径 100 mm、抽采负压 20 kPa),说明在远离钻孔的区域气体流速受抽采负压影响较大。

(3) 钻孔抽采流量

各参数组合条件下钻孔抽采流量如图 5-23 所示。

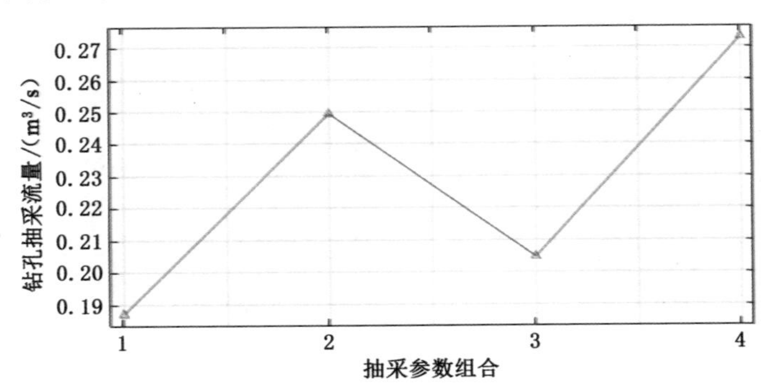

图 5-23 钻孔抽采流量

由图 5-23 可知，在组合 4(钻孔直径 150 mm、抽采负压 20 kPa)抽采条件下，单位长度钻孔抽采流量最大，为 0.27 m^3/s，其次为组合 2(钻孔直径 100 mm、抽采负压 20 kPa)，钻孔抽采流量为 0.25 m^3/s，再次为组合 3(钻孔直径 150 mm、抽采负压 15 kPa)，钻孔抽采流量为 0.20 m^3/s，在组合 1(钻孔直径 100 mm、抽采负压 15 kPa)抽采条件下抽采流量最小，为 0.19 m^3/s。组合 4 抽采流量分别为组合 1、2 和 3 的 1.42、1.08 和 1.35 倍。

综合上述分析，在不同参数组合条件下，钻孔抽采影响范围及抽采流量受抽采负压影响较大，呈正比例关系，因此应选取较大的抽采负压 20 kPa；孔壁处气体流速受钻孔直径影响较大，呈反比例关系；随着远离钻孔中心，区域内气体流速逐渐受抽采负压影响，呈正比例关系；从各组合参数钻孔抽采流量分析，组合 4 和组合 2 钻孔抽采流量较大，且两种组合钻孔抽采流量相差较小。因此，结合工程实际，钻孔抽采负压应选取 20 kPa；为降低钻孔钻进难度、减少施工成本，钻孔直径应选择 100 mm。该组合参数可以获得较大的钻孔抽采流量，且能更好地适应现场施工及抽采作业。

5.2 定向长钻孔布置参数

5.2.1 钻孔抽采影响半径

(1) 钻孔抽采影响半径的定义

定向长钻孔的抽采影响半径是指钻孔在采动覆岩内的有效抽采范围。在此范围内，瓦斯等混合气体在钻孔抽采负压的作用下发生向钻孔的径向渗流，而在此范围之外，瓦斯等混合气体受钻孔抽采影响很小或不受影响，基本保持原渗流状态。钻孔有效抽采半径是一个关键指标，直接决定钻孔布置的间排距，进而影响钻孔布置及抽采方案的确定。

(2) 钻孔抽采影响半径的界定指标及确定方法

当前关于钻孔抽采影响半径的研究多集中在煤层瓦斯抽采技术领域。依据相关规定，以气体残余压力(0.74 MPa)为界定条件判定该区域是否为突出危险区，同时还规定煤层瓦斯预抽率必须大于 30%。因此，在煤层内布置钻孔进行瓦斯抽采，其有效影响半径的确定常依据气体残余压力和瓦斯抽采率两方面因素。

在采动覆岩内钻孔抽采瓦斯与在煤层内钻孔抽采瓦斯有很大不同：采动覆岩内瓦斯混合气体压力相对煤层内瓦斯压力小；覆岩裂隙渗透率远高于煤层渗透率，其内钻孔抽采瓦斯流速衰减率远小于煤层内瓦斯。因此，在采动覆岩内钻孔抽采瓦斯与在煤层内钻孔抽采瓦斯的影响半径的确定方法不同，需确定一个有效的界定指标。在采动覆岩内钻孔抽采瓦斯最主要的目的是减小瓦斯含量，因此，钻孔抽采效率是判定钻孔抽采影响半径的最直接因素，而区域内瓦斯向钻孔流动速度的大小是其抽采效率的直观体现，故而选择瓦斯向钻孔的流动速度作为钻孔抽采影响半径的界定指标。

定向长钻孔抽采瓦斯流场分布可近似为四周圆形区域内瓦斯向钻孔做点汇流动，由钻孔四周向外延伸压力梯度逐渐减小，瓦斯流速逐渐降低。因此，以钻孔抽采瓦斯数学模型中圆形等势边界单个中心孔布置为研究依据，由式(4-44)可知，区域内瓦斯流速分布为：

$$v=\frac{K(p_c-p_b)}{r\mu\ln(R/r_b)} \tag{5-1}$$

分析式(5-1)可知，钻孔周围裂隙内瓦斯流速大小与离钻孔中心距离呈反比例关系，即距钻孔越远，瓦斯向钻孔的流动速度越小。因此，定义当采动覆岩内的瓦斯混合气体流向钻孔的速度降至特定值时，此时的气体流速下降点距钻孔的距离即钻孔的有效抽采影响半径。

取 K、μ 为定值，$\frac{K(p_c-p_b)}{\mu\ln(R/r_b)}=C$ 为常数，则式(5-1)可表述为：

$$v=C\frac{1}{r} \tag{5-2}$$

气体流向钻孔的速度 v 与离钻孔中心距离 r 的关系如图 5-24 所示。该反比例曲线的斜率即瓦斯混合气体向钻孔中心点汇流动速度的变化率，对式(5-2)两端求导，可得速度变化率：

$$\nabla v=-C\frac{1}{r^2} \tag{5-3}$$

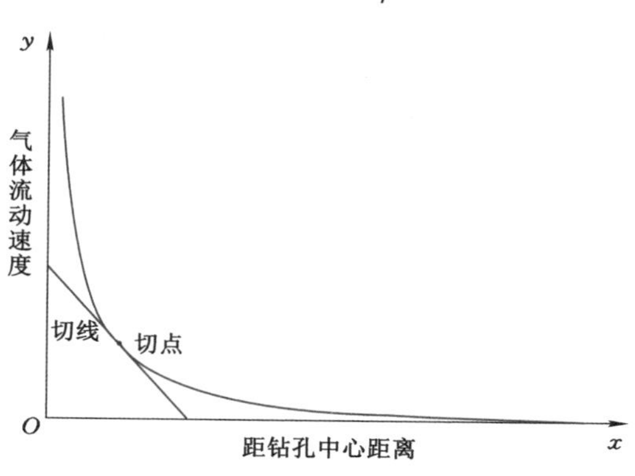

图 5-24　气体向钻孔流动速度

由反比例函数的数学性质可知，岩层裂隙中气体流动速度随着离钻孔中心距离的增加而迅速降低，当离钻孔中心距离较大时，速度变化趋缓。由式(5-3)可知，当速度变化率大于 -0.002 时，随着距钻孔中心距离的增加，∇v 的变化接近零，将此处取为拐点，在拐点处计算得到的离钻孔中心的距离 r 即钻孔抽采有效影响半径(图 5-25)。

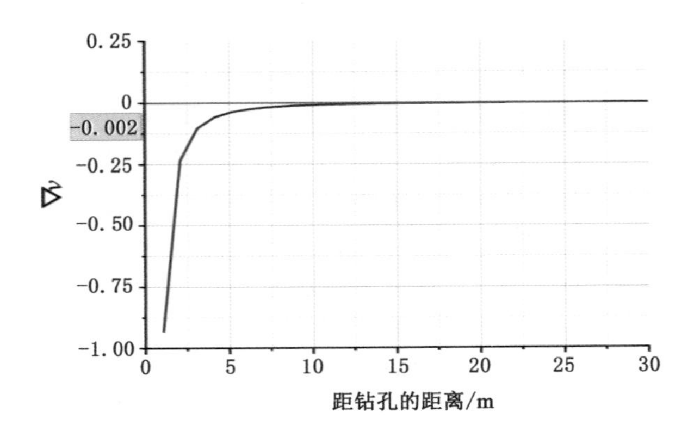

图 5-25　气体流速变化率

(3) 钻孔抽采影响半径数值模拟研究

采用 COMSOL Multiphysics 数值模拟软件建立数值模型，对钻孔抽采影响半径进行分析确定。模型模拟钻孔抽采区域尺寸为 30 m×30 m，钻孔直径为 100 mm，裂隙渗透率为 1×10^{-10} m^2。裂隙场初始压力设置为一个标准大气压；模型四周设置为压力入口边界，压力为 101 325 Pa；钻孔设置为压力出口边界，压力为 81 325 Pa(钻孔抽采负压 20 kPa)。经数值模拟计算，钻孔抽采气体流速分布如图 5-26 和图 5-27 所示。

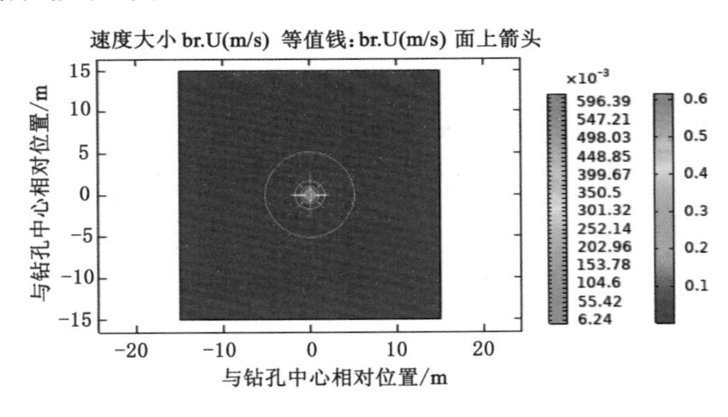

图 5-26　气体流速分布图

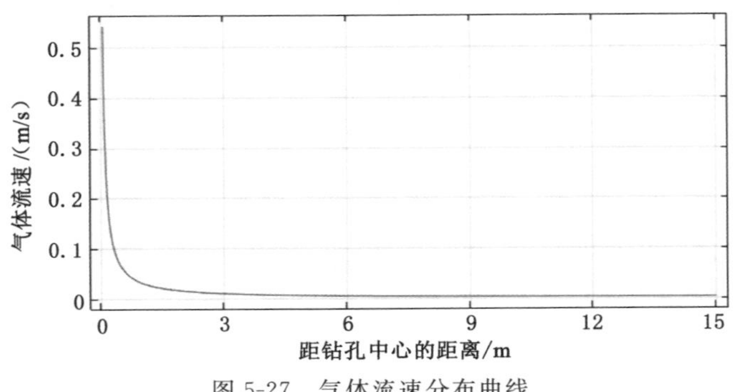

图 5-27　气体流速分布曲线

分析图 5-26 和图 5-27 可知，在钻孔周围附近区域气体流速箭头较大、分布较密集，说明气体向钻孔的流动速度大；随着远离钻孔中心，气体向钻孔的流动速度迅速减小，并趋于零。通过对速度求导，得到气体流速的变化率，如图 5-28 所示。

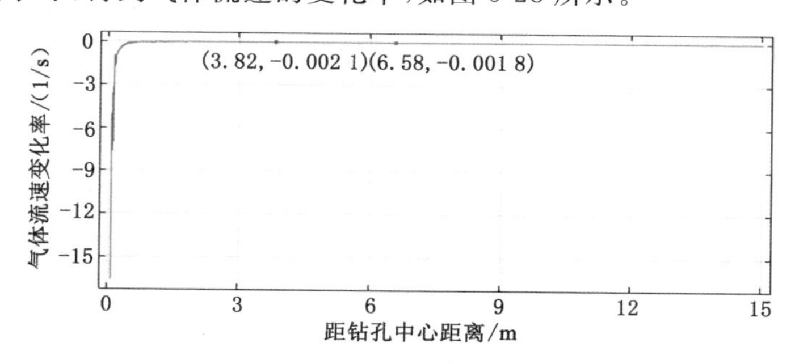

图 5-28　气体流速变化率分布曲线

结合前述对定向长钻孔抽采影响半径的分析和定义，当气体流速变化率大于−0.002 时，认为此位置即定向长钻孔抽采有效影响范围，同时也是钻孔有效抽采半径。由图 5-28 可知，当距钻孔中心 3.82 m 时气体流速变化率为−0.002 1，当距钻孔中心 6.58 m 时气体流速变化率为−0.001 8，因此确定钻孔有效抽采半径范围为：4 m$<r<$7 m。

5.2.2　钻孔布置间距

钻孔布置间距是钻孔抽采卸压瓦斯的关键参数，其对钻孔抽采效率有很大影响。钻孔布置间距可分为大于、等于和小于两倍的钻孔有效抽采半径这 3 种情况。根据前述对定向长钻孔有效抽采半径的分析，在包含上述 3 种钻孔布置间距的前提下，确定以钻孔间距 6 m、8 m、10 m、12 m、14 m、16 m 分别建立模型，通过分析单、双孔抽采气体压力、流速分布及钻孔抽采流量，确定合适的钻孔布置间距。

(1) 气体压力

不同间距双钻孔抽采气体压力分布如图 5-29 所示。

由图 5-29 可知，当钻孔间距小于两倍的钻孔有效抽采半径时(6 m 和 8 m)，钻孔间相互影响较大[图 5-29(a)、(b)]；当钻孔间距在钻孔有效抽采半径范围之内时(10 m 和 12 m)，钻孔相互间有一定的影响，但是影响较小[图 5-29(c)、(d)]；当钻孔间距大于两倍的钻孔有效抽采半径时(14 m 和 16 m)，钻孔间相互影响很小[图 5-29(e)、(f)]。

通过数值模拟对比分析了不同间距双孔抽采与相应单孔抽采时的气体压力分布特征，如图 5-30 所示。分析可知，在钻孔抽采负压作用下，单孔抽采时区域内整体压力分布值较双孔抽采时大，且随着距钻孔间距中心距离的减小其差值逐渐增大。

通过将各布置间距双钻孔抽采与相应单孔抽采的气体压力分布进行综合比较分析(图 5-31)，区域内气体压力分布差值最大处为钻孔间距中心位置，此位置压力分布的差异可侧面反映钻孔抽采的相互影响程度。分析图 5-32 可知，在双孔布置抽采作业期间，在钻孔间距中心处，随着钻孔间距的增大，气体压力值逐渐增大(负压减小)，且压力增大呈指数函数关系[图 5-32(a)]；通过与相应单孔布置时的气体压力值对比分析可知，钻孔间距中心处两者气体压力差值呈负指数函数减小，说明双钻孔布置时随着钻孔间距的增加对气体压力的分布影响程度呈指数关系逐渐降低[图 5-32(b)]。

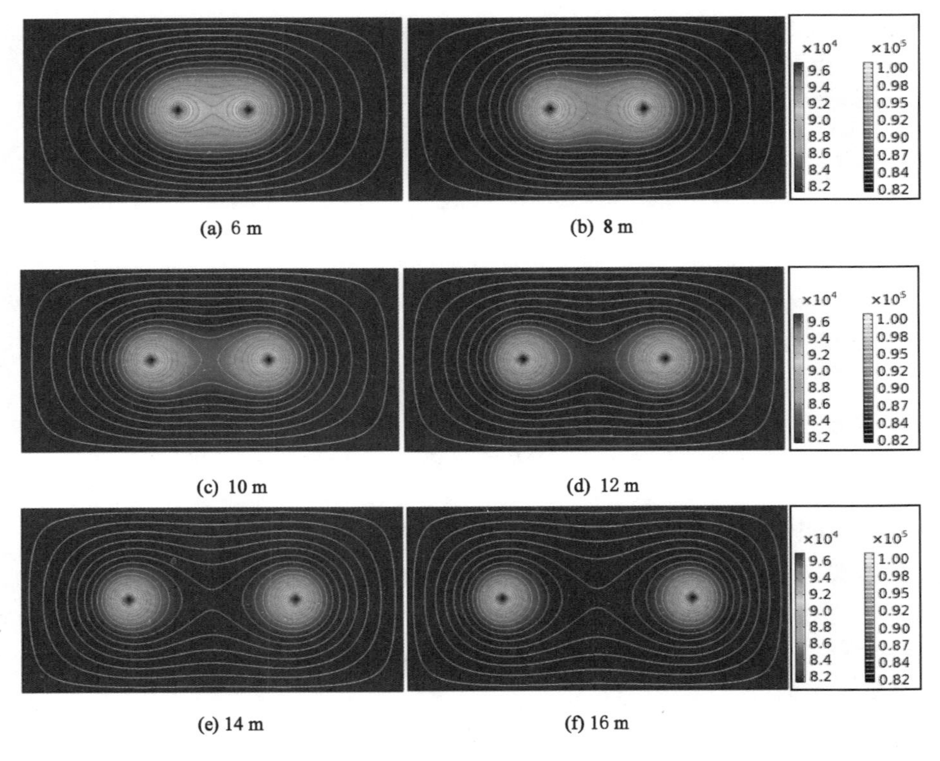

图 5-29 不同间距双钻孔抽采气体压力分布云图

由上述分析可知，以相对应的单孔抽采区域内气体压力分布为准，当钻孔间距为 6～8 m(小于两倍的钻孔抽采半径)时，区域内气体压力的分布受双孔抽采影响较大，随着钻孔间距的增大，区域内气体压力的分布受双孔抽采影响呈指数函数逐渐降低。

(2) 气体流动速度

不同间距双孔抽采气体流速分布如图 5-33 所示。

由图 5-33 可知，在钻孔间距小于两倍钻孔抽采半径(6 m 和 8 m)的抽采条件下，钻孔间气体流速相互影响较大[图 5-33(a)、(b)]；当钻孔间距大于或等于两倍的钻孔抽采半径时(10～16 m)，钻孔间气体流速相互影响很小[图 5-33(c)～(f)]。孔壁处气体流速随着钻孔间距的增加逐渐增大，但增加的幅度逐渐减小。

图 5-34 列出了不同间距双孔抽采与单孔抽采钻孔间距中心线(模型竖向)的气体流速分布曲线，在双孔抽采作用下，钻孔间距中心线气体流速随着钻孔间距的增加而逐渐减小，最小值位于与钻孔中心连线(模型横向)相交处，数值趋近零，且与相应单钻孔抽采气体流速差值也逐渐减小。

通过对各布置间距双孔抽采与相应单孔抽采气体流速分布进行比较分析可知(图 5-35)，区域内气体流速分布差值最大处为钻孔间距中心位置，此位置气体流速分布的差异可侧面反映钻孔的相互影响程度。由图 5-36 可知，通过将不同间距双孔与相应单孔抽采条件下钻孔间距中心气体流速对比分析可知，钻孔间距中心位置两者气体流速差值呈负指数函数减小，说明随着双孔布置间距的增加，对气体流速的分布影响程度呈指数关系逐渐减小。

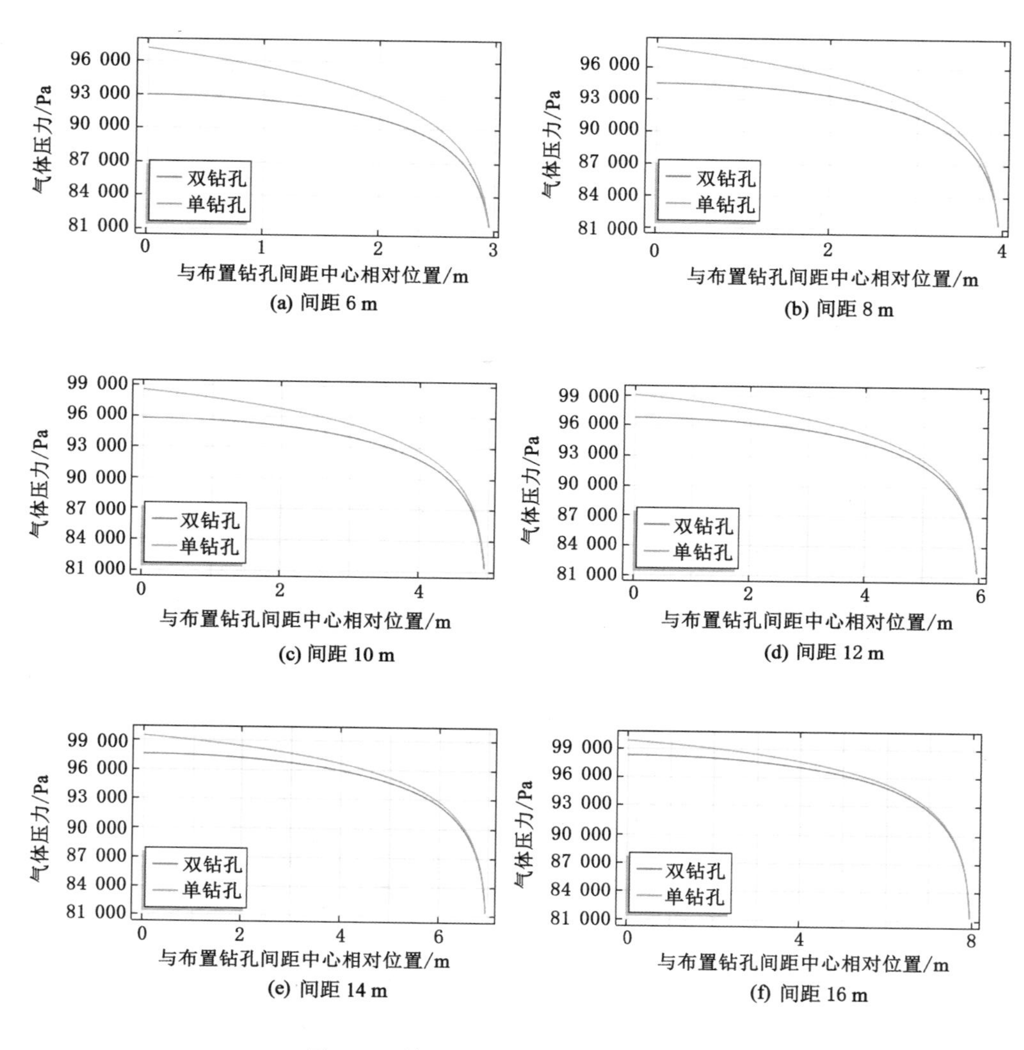

图 5-30　单、双孔抽采气体压力分布曲线

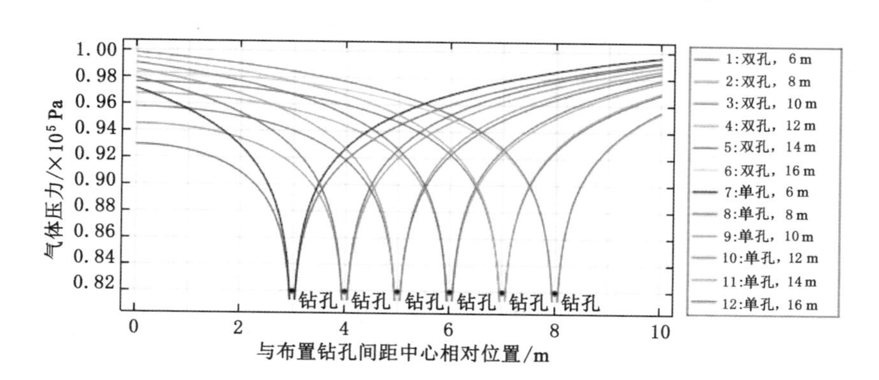

图 5-31　不同间距单、双孔抽采气体压力分布对比曲线

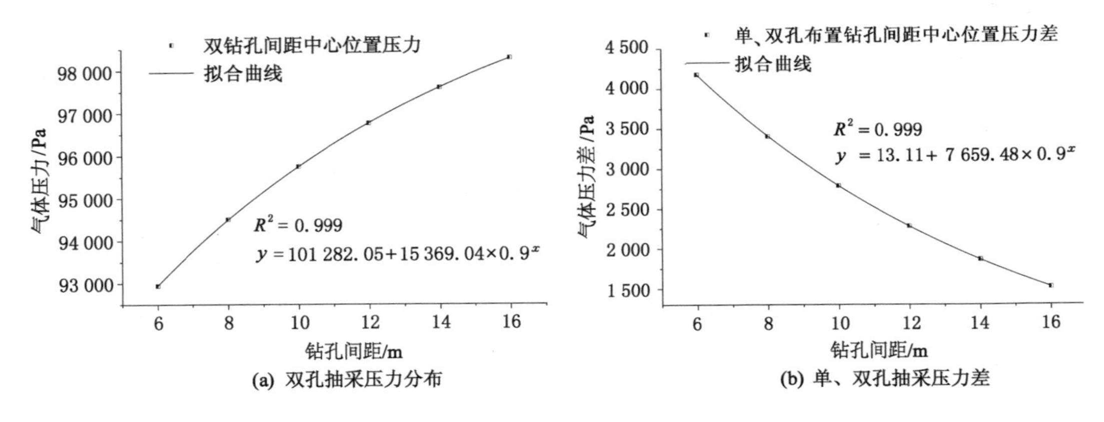

图 5-32　单、双孔抽采钻孔间距中心气体压力分布

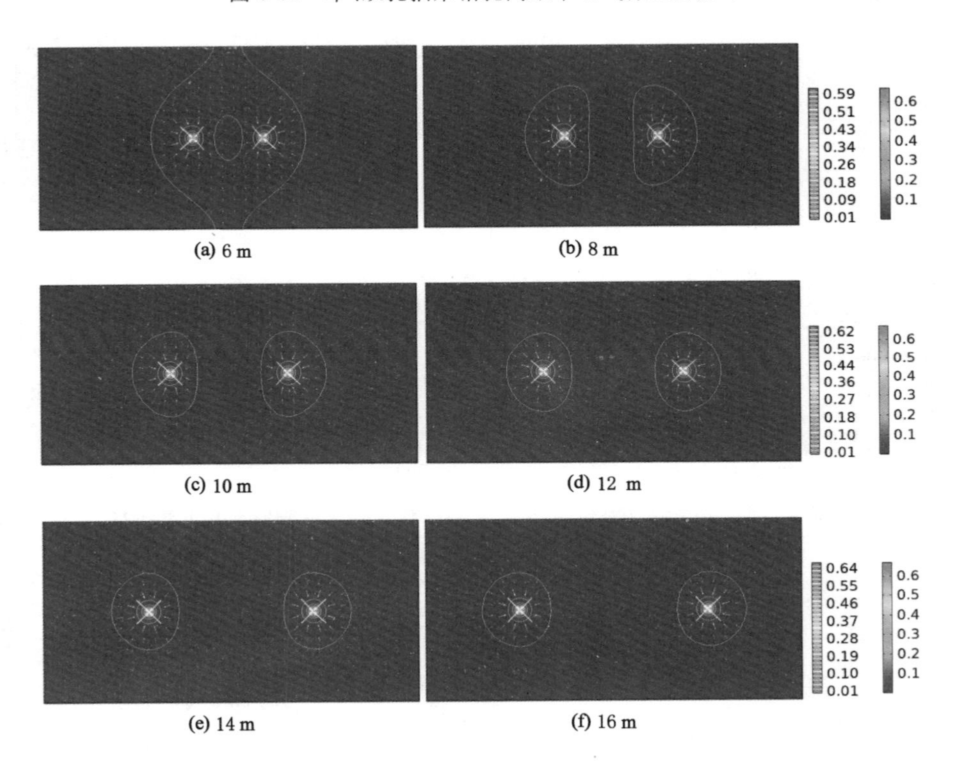

图 5-33　不同间距双钻孔抽采气体流速分布云图(单位:m/s)

(3) 钻孔抽采流量

通过数值计算分别得出不同间距双孔抽采与相应单孔抽采时区域内气体流速分布情况,根据钻孔孔壁气体流速对钻孔圆周进行积分计算,分别得出单位长度单、双孔布置抽采流量及其差值,如图 5-37 所示。

分析图 5-37 可知,单孔布置时,抽采流量变化不大,流量少许增加主要原因为受到区域边界因素的影响;双孔布置时,随着钻孔间距的增加,钻孔抽采流量呈指数函数显著提高,并趋近等效单孔抽采流量[图 5-37(a)]。通过对单、双孔布置钻孔抽采流量差的分析可知,抽

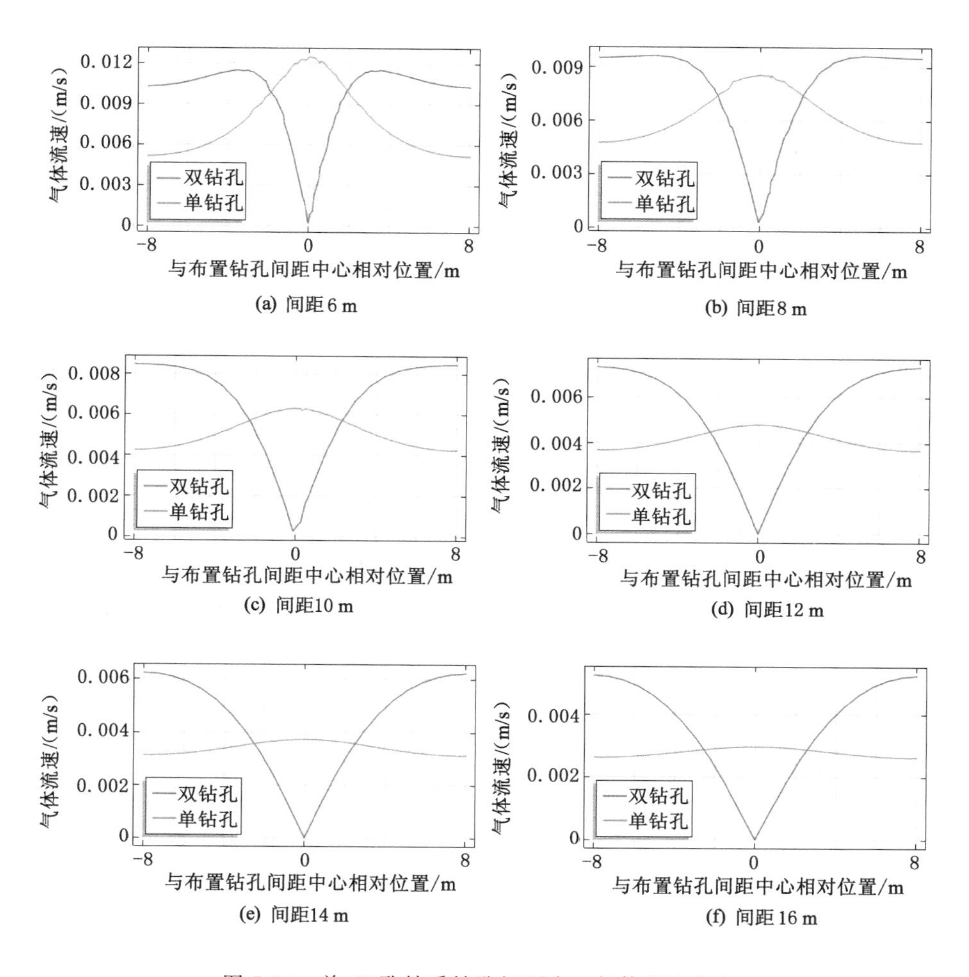

图 5-34　单、双孔抽采钻孔间距中心气体流速分布

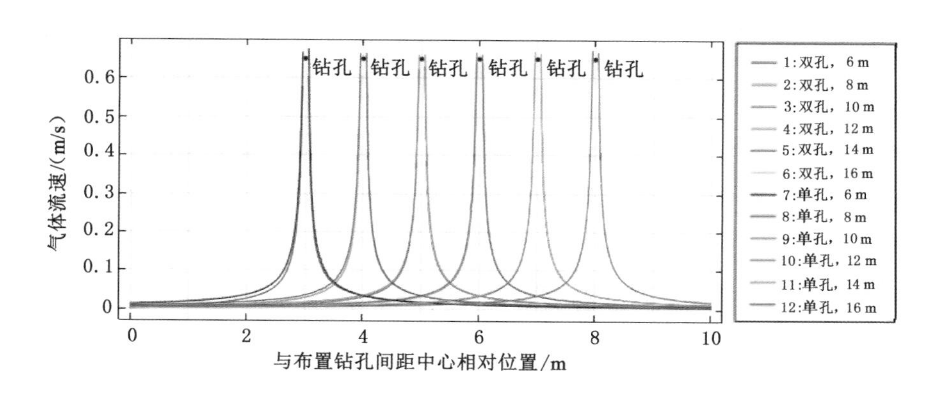

图 5-35　单、双孔抽采气体流速分布对比曲线

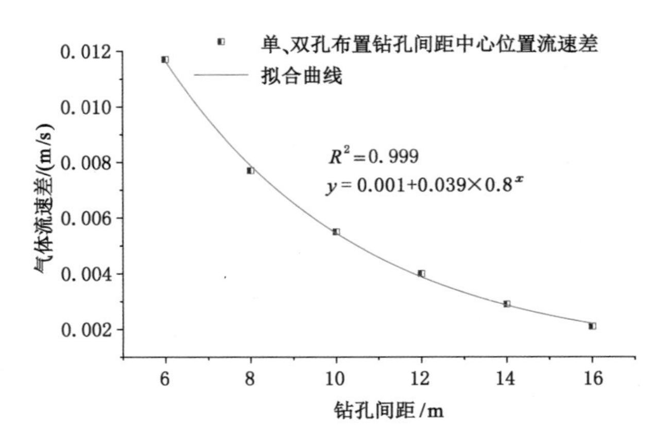

图 5-36　单、双孔抽采钻孔间距中心气体流速差

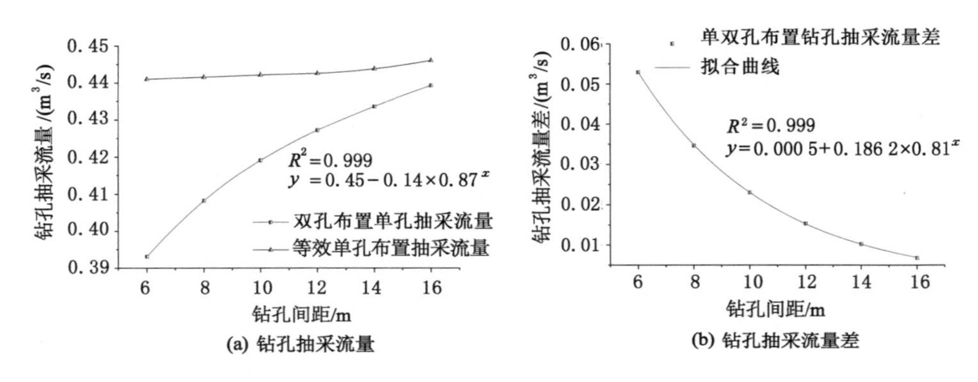

图 5-37　单、双孔布置钻孔抽采流量

采流量差呈负指数函数衰减，说明当双孔布置抽采时，随着钻孔间距的增加，钻孔抽采相互影响程度显著降低[图 5-37(b)]。

通过上述分析可知，当双钻孔布置抽采时，随着钻孔间距的增加，钻孔间相互影响作用(气体压力、流速和抽采流量)逐渐减弱。当钻孔间距为 6 m 和 8 m(小于两倍的钻孔抽采半径)时，双孔抽采相互影响较大，当钻孔间距大于 10 m(大于或等于两倍的钻孔有效抽采半径)时，双孔抽采相互影响较小，气体流场压力和流速分布及钻孔抽采流量逐渐趋向单孔抽采条件。但是，随着钻孔间距的增加，钻孔间距中心位置附近区域负压及气体流速显著降低，气体流动缓慢，易造成瓦斯气体积聚。采空区内大量卸压瓦斯积聚是严重的安全隐患，不仅会造成瓦斯超限事故的发生，也存在瓦斯爆炸的安全隐患。因此，当钻孔间距为 14 m 和16 m 时(大于两倍的钻孔抽采半径)，钻孔间距中心区域受钻孔抽采作用小，不是最佳的钻孔抽采间距。综上所述，当双钻孔布置间距为 10 m 和 12 m 时，钻孔抽采相互影响和对钻孔间距中心附近区域抽采作用均适中，是理想的钻孔布置间距，因此，钻孔布置间距最终选择 10～12 m。

5.2.3　钻孔布置数量及方式

前述对采动覆岩内定向长钻孔的 3 种布置方式(单排平行布置、非线性布置、双排平行布置)进行了理论分析，得出了在各钻孔布置方式抽采条件下的瓦斯分布及钻孔抽采特征。

本小节通过建立钻孔抽采数值模型，采用 COMSOL Multiphysics 数值模拟软件对特定钻孔布置数量及布置方式抽采条件下的瓦斯分布特征及钻孔抽采流量进行分析验证。模拟实验各参数条件如下：

① 结构裂隙区是钻孔布置并进行瓦斯抽采的最佳区域，区域宽度和高度均为 35 m，因此，设定模型宽度和高度均为 40 m。

② 结构裂隙区为环形区域，钻孔布置于区域上山侧，瓦斯向钻孔汇流的主要供给源有采空区底板区域的卸压瓦斯和环形区域内流向上山侧的卸压瓦斯。建立的模型为钻孔抽采二维径向模型，因此设定供给边界为采空区底板区域（即模型底部）。

③ 钻孔半径为 0.05 m，抽采负压为 20 kPa，裂隙渗透率为 1×10^{-10} m^2，钻孔有效抽采半径为 5 m，钻孔间距为 10 m。

④ 结构裂隙区宽度和高度均为 35 m 左右，钻孔间距为 10 m，因此，按照布置间距在区域内均匀布置钻孔，确定单排平行布置与非线性布置钻孔数量均为 3 个，双排布置钻孔数量为 6 个，上、下排各布置 3 个。

根据上述设定，建立数值模型进行计算分析，上部钻孔距模型顶部边界 10 m，其余钻孔按照钻孔布置数量、布置方式和钻孔间距 10 m 的要求均匀布置于模型区域内。通过数值计算分析，得到了在各钻孔布置方式抽采条件下的瓦斯压力及流速分布，如图 5-38 和图 5-39 所示。

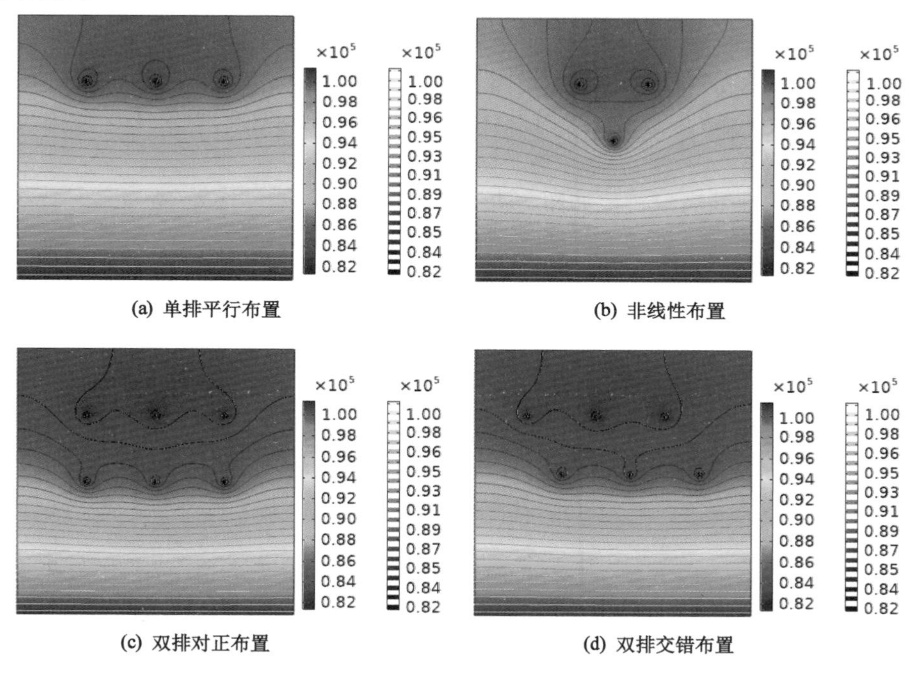

图 5-38　各钻孔布置方式抽采瓦斯压力分布云图（单位：Pa）

由图 5-38 可知，当三钻孔布置抽采时，非线性布置较单排平行布置钻孔抽采对气体压力影响的范围大；当六钻孔布置抽采时，由于钻孔数量多，对区域内气体压力分布影响范围更广，钻孔对正与交错布置对气体压力影响的范围相差不大。

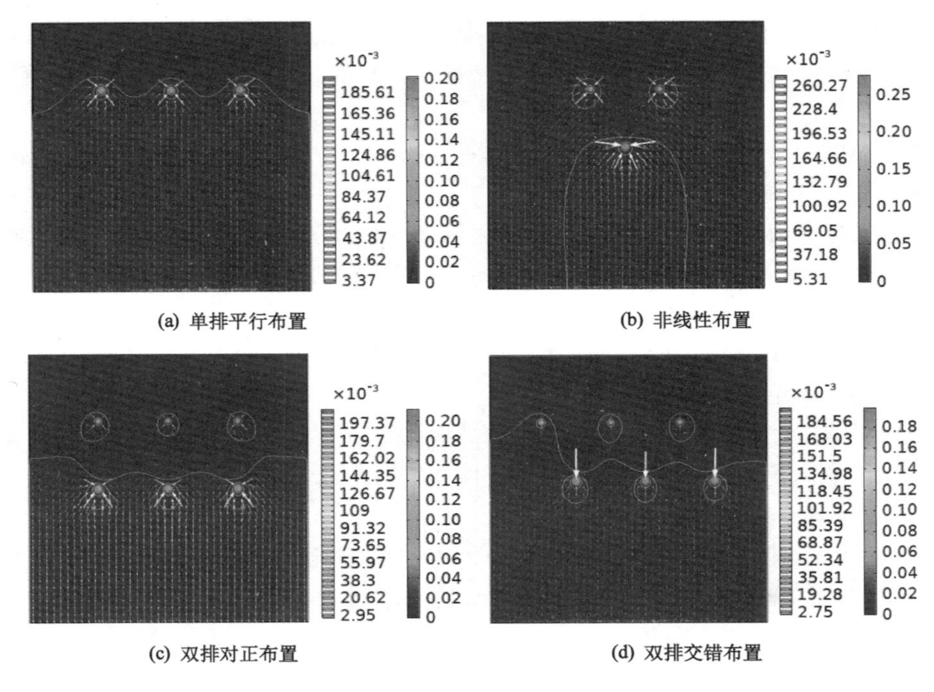

图 5-39　各钻孔布置方式抽采瓦斯流速分布云图(单位:m/s)

由图 5-39 可知,钻孔与供给边界的距离直接影响气体向钻孔的汇流速度,距离越小速度越大,与式(5-1)相符,钻孔布置方式对气体的最大流速影响较小,但对于区域内气体流速分布特征有较大影响。

各钻孔布置方式抽采流量对比如图 5-40 所示。

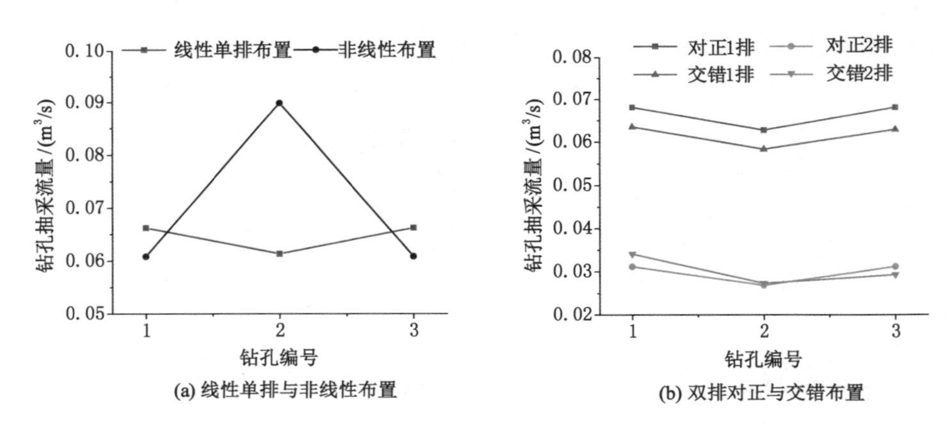

图 5-40　各钻孔布置方式抽采流量

当三钻孔布置抽采时,分析图 5-40(a)可知,线性单排布置与非线性布置单位长度钻孔总抽采流量分别为 0.194 m^3/s 和 0.212 m^3/s,后者为前者的 1.09 倍,主要原因为非线性布置中间孔(钻孔 2)较线性单排布置钻孔距离供给边界近,气体向钻孔汇流速度快,进而导致其抽采流量高。由此可见,距离供给边界越近可获得的瓦斯抽采效果越好。三钻孔两种布置方式各钻孔抽采效率也各不相同：

① 在线性布置钻孔抽采条件下，两侧钻孔抽采流量相等，为 0.066 2 m^3/s，中间孔受两侧钻孔影响，其抽采流量较小，为 0.061 4 m^3/s，其抽采流量约为两侧单孔抽采流量的 92.7%，与式(4-37)相符；其钻孔抽采效率分别为 34.18%、31.64%和 34.18%，钻孔抽采效率较均衡。

② 在非线性布置钻孔抽采条件下，两侧钻孔抽采流量相等，为 0.060 8 m^3/s，中间钻孔由于距离供给边界较近，气体流速大，因此抽采流量大，为 0.089 9 m^3/s。两侧钻孔单孔抽采流量为中间钻孔的 67.63%，三钻孔抽采效率分别为 28.75%、42.50%和 28.75%。

当六钻孔布置抽采时，分析图 5-40(b)可知，双排对正布置钻孔总抽采流量为 0.288 m^3/s，其中，钻孔一排(距供给边界较近排)总抽采流量为 0.199 m^3/s，钻孔二排总抽采流量为0.089 m^2/s；双排交错布置钻孔总抽采流量为 0.276 m^3/s，钻孔一排(距供给边界较近排)总抽采流量为 0.185 m^3/s，钻孔二排总抽采流量为 0.091 m^2/s；双排对正布置与交错布置钻孔总抽采流量基本相等，与前述对式(4-61)和式(4-64)的分析结果一致。对钻孔抽采数据采用式(4-63)计算可知，双排对正钻孔布置遮挡系数 S 为 0.691，双排交错钻孔布置遮挡系数 S 为0.673，交错布置遮挡系数较小，但相差很小，与前述对式(4-62)和式(4-65)的分析结果一致。

综上所述，当三钻孔布置抽采时，非线性布置较线性布置抽采能力更强，但线性布置时各钻孔抽采效率更均衡，在具体布置时，需结合钻孔布置地层特点和抽采要求合理选择。当单排钻孔不能满足抽采需要时，可布置双排钻孔进行加强抽采，其对正排列和交错排列对钻孔总抽采能力影响较小，钻孔排列方式的选择仍需依据布置地层特点和实际抽采要求而确定。

5.3　定向长钻孔布置抽采方案设计

在钻孔布置位置及抽采布置参数分析确定的基础上，对钻孔抽采方案进行了设计，提出了三钻孔布置和六钻孔布置共 4 种抽采方案。钻孔抽采设计各参数取值见表 5-2。

表 5-2　钻孔抽采设计参数

参数	取值	参数	取值
钻孔抽采负压/kPa	20	三钻孔线性布置位置	钻孔距结构裂隙区上界面 5 m，均匀布置于区域一和区域二
钻孔直径/m	0.1	三钻孔非线性布置位置	钻孔距结构裂隙区上界面 5 m，外侧钻孔距区域外界面 5 m，非线性均匀布置于区域一和区域二
钻孔抽采半径/m	5	六钻孔对正布置位置	上排钻孔距结构裂隙区上界面 5 m，下排钻孔对正上排钻孔布置，排距 10 m。钻孔均匀布置于结构裂隙区内(区域一和区域二优先)
钻孔布置间距/m	10	六钻孔交错布置位置	上排钻孔距结构裂隙区上界面 5 m，上排外侧钻孔距区域外界面 5 m，下排钻孔交错于上排钻孔布置，钻孔间距 10 m。钻孔均匀布置于结构裂隙区内(区域一和区域二优先)

在上述钻孔抽采设计参数确定的基础上，对三钻孔和六钻孔布置进行钻孔抽采方案设计，如图 5-41 所示。

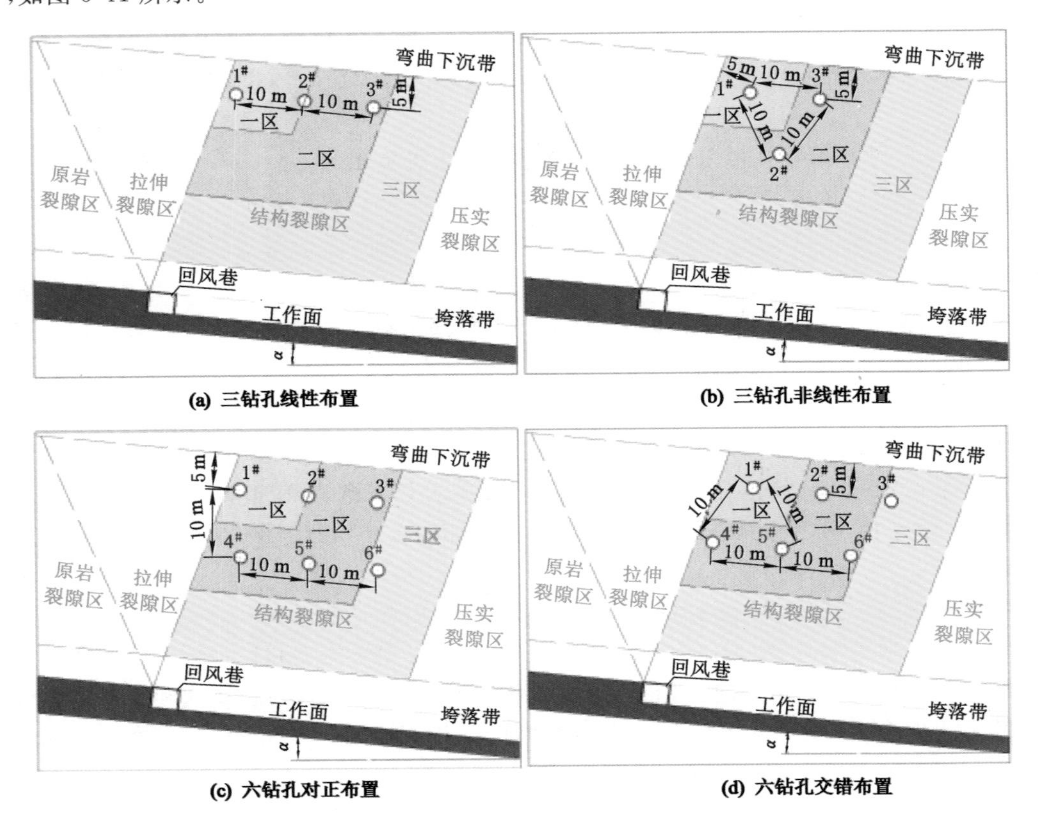

(a) 三钻孔线性布置

(b) 三钻孔非线性布置

(c) 六钻孔对正布置

(d) 六钻孔交错布置

图 5-41　结构裂隙区内定向长钻孔抽采方案设计示意图

5.4　定向长钻孔抽采瓦斯分布特征

本节以古汉山矿 16031 工作面实际开采情况为背景，在定向长钻孔抽采方案设计的基础上，采用 COMSOL Multiphysics 数值模拟软件，研究结构裂隙区各块段在单孔布置、三孔布置和六孔布置抽采条件下采场瓦斯运移分布特征及钻孔抽采效果，进而对钻孔在结构裂隙区内的布置位置顺序进行分析验证，并对定向长钻孔瓦斯抽采方案进行分析确定。

5.4.1　数值模型建立

（1）数值模拟方案

对于在定向长钻孔抽采条件下的采场瓦斯运移规律进行数值模拟，选择流体模块并进行三维空间的稳态求解。物理场接口选择自由和多孔介质流动，将工作面、上下风巷及定向长钻孔内的瓦斯流动设置为自由流动，将采动覆岩内的瓦斯流动设置为多孔介质流动。另外，对自由和多孔介质流动接口与化学物质传递接口下的稀物质传递进行耦合建模求解，得到钻孔抽采作用下采场区域内瓦斯速度场、压力场和浓度场的分布规律。

此数值模拟主要用于研究 16031 工作面在定向长钻孔抽采条件下工作面及采空区的瓦

斯分布特征，分析钻孔的布置位置顺序，并为工作面采用定向长钻孔抽采治理瓦斯提供技术依据，具体模拟方案见表 5-3。

表 5-3　数值模拟方案

序号	模拟方案	研究目的
1	U 型通风＋单钻孔布置抽采瓦斯	分析在结构裂隙区不同块段内布置钻孔抽采瓦斯时，工作面及采空区瓦斯运移规律及浓度分布特征，进而研究各块段布置钻孔抽采瓦斯效果，确定合适的钻孔布置块段（区域）和钻孔抽采能力
2	U 型通风＋三钻孔布置抽采瓦斯	分析在三钻孔线性和非线性布置抽采条件下，工作面及采空区瓦斯运移规律及浓度分布特征，确定三钻孔抽采布置方式及钻孔抽采能力
3	U 型通风＋六钻孔布置抽采瓦斯	分析在六钻孔对正布置和交错布置抽采条件下，工作面及采空区瓦斯运移规律及浓度分布特征，确定六钻孔抽采布置方式及在不同采空区瓦斯涌出量条件下的钻孔抽采能力

(2) 几何模型

在 U 型通风采场模型基础上按钻孔布置方案增加相应钻孔形成定向长钻孔抽采采场瓦斯几何模型，定向长钻孔为水平孔，半径为 0.05 m，长度为 50 m（嵌入采空区 20～30 m）。其中，三钻孔非线性布置抽采建立的采场几何模型如图 5-42 所示。

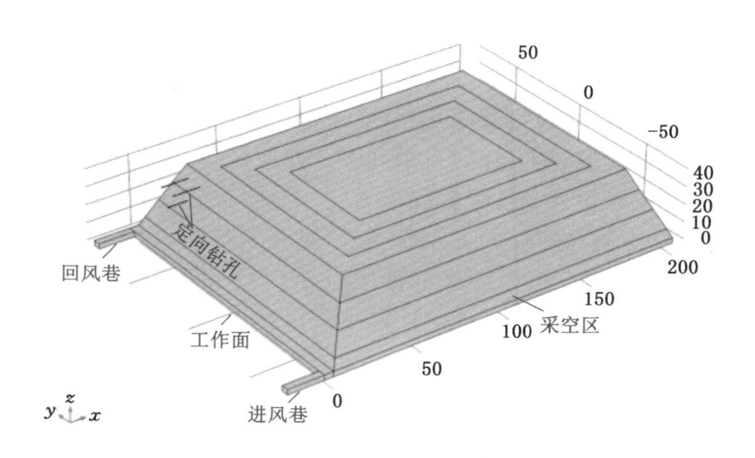

图 5-42　三钻孔非线性布置采场三维模型图（单位：m）

(3) 模型网格划分

根据模拟方案共设置基本模型 13 个，分别为：U 型通风＋单钻孔布置模型 9 个，U 型通风＋三钻孔布置模型 2 个，U 型通风＋六钻孔布置模型 2 个。对各类模型进行网格划分，如图 5-43 所示。其中，U 型通风＋单钻孔布置网格模型包含 1 457 210 个域单元、154 866 个边界元和 7 906 个边单元；U 型通风＋三钻孔布置网格模型包含 1 732 081 个域单元、167 279 个边界元和 9 470 个边单元；U 型通风＋六钻孔布置网格模型包含 2 160 263 个域单元、186 775 个边界元和 11 762 个边单元。

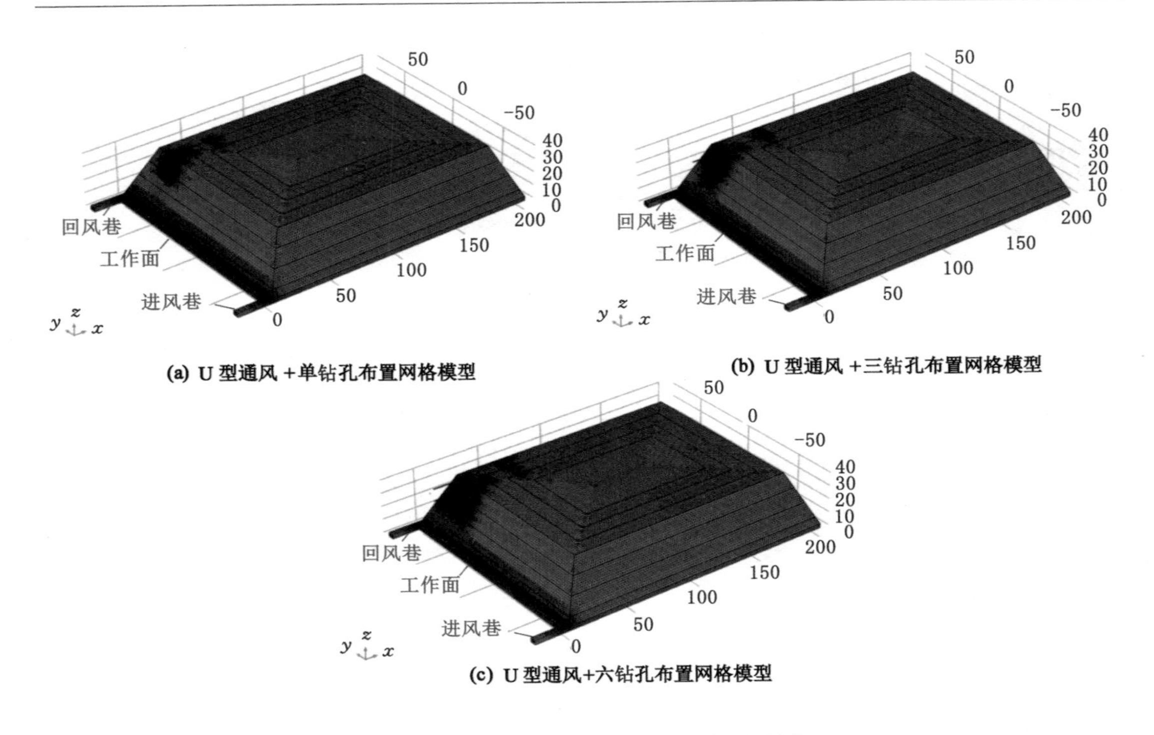

图 5-43 各模拟方案模型网格划分示意图(单位:m)

(4) 模型主要参数确定

定向长钻孔抽采采场模型与 U 型通风模型一致,对采场的区域划分、各划分区域孔隙率及渗透率的参数值、瓦斯涌出通量源项均相同。根据定向长钻孔抽采采场瓦斯实际情况,结合数值模拟软件计算及模拟要求,选择自由和多孔介质流动、多孔介质稀物质传递两个物理场进行耦合计算。对模型边界条件设置如下。

① 自由和多孔介质流动物理场。工作面、进回风巷及定向长钻孔为自由流动区域,采空区为多孔介质区域;模型初始值为一个标准大气压(101 325 Pa);进风巷设置为速度入口,参考工作面实际供风量,$v=Q/60S=806.4/(60\times12)=1.12$ (m/s);回风巷和定向长钻孔均设置为压力出口边界条件,其中回风巷设置压力为 99 325 Pa(−2 kPa),定向长钻孔设置压力为 81 325 Pa(−20 kPa);其余固体边界设置为壁面。

② 多孔介质稀物质传递物理场。自由流动与多孔介质区域与上述物理场设置一致;模型初始值设置为整个采场内均为空气;进风巷设置为风流入口,均为空气;回风巷和钻孔设置为出口;工作面瓦斯通量设置参数为 2.43×10^{-3} mol/(m^2 · s);采空区瓦斯通量设置参数为 8.42×10^{-5} mol/(m^2 · s);其余固体边界设置为壁面。

5.4.2 单钻孔布置抽采

(1) 采场瓦斯流动及分布特征

工作面在 U 型通风条件下,在采动覆岩结构裂隙区块段Ⅰ内布置单个钻孔抽采卸压瓦斯(钻孔半径为 0.05 m,采空区内有效抽采长度为 30 m),经数值计算,采场风流稳定后的瓦斯分布及速度流线如图 5-44 所示。

由图 5-44 可知,在单钻孔抽采负压作用下,采场风流和瓦斯浓度分布发生显著变化,工

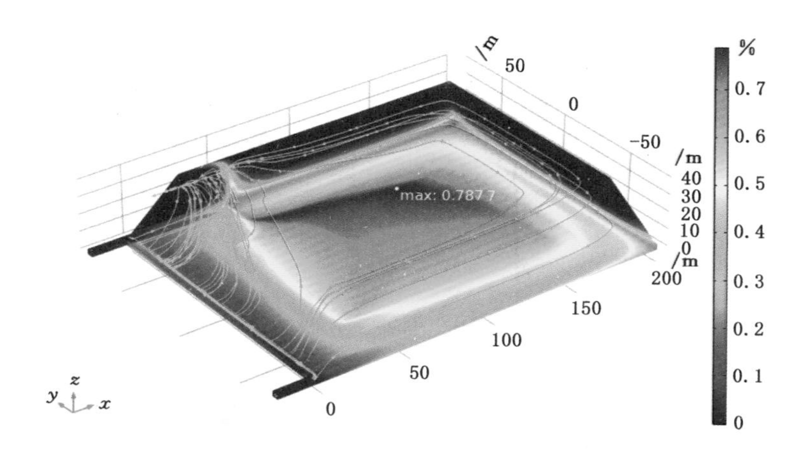

图 5-44　采场瓦斯分布及速度流线图

作面进风巷侧部分风流进入采空区，与采空区内瓦斯汇集后，经采空区内裂隙通道向钻孔流动；工作面回风巷侧瓦斯经裂隙通道直接向上汇入钻孔抽出。与仅受到通风作用不同，在钻孔抽采负压作用下，回风巷侧瓦斯流动流线分布密集，远离钻孔向进风巷侧延伸，瓦斯流动流线分布逐渐稀疏，说明钻孔对工作面回风巷侧（上隅角）瓦斯有很好的抽采效果。采空区深部瓦斯根据采动覆岩各划分区块孔隙率和渗透率的不同，以环形流动的方式向钻孔汇聚，经由钻孔抽出。采空区卸压瓦斯经钻孔抽采后积聚范围显著减小，且呈环形分布特征；瓦斯浓度也显著降低，最大瓦斯浓度为 0.787 7%，位于采空区底板（瓦斯通量源面），钻孔抽采效果显著。

（2）各块段钻孔抽采采空区瓦斯分布特征

由前述分析可知，结构裂隙区是定向长钻孔布置抽采卸压瓦斯的最佳区域，为了确定区域内钻孔的布置位置，将区域划分为九宫格块段。在区域各块段布置单个钻孔进行瓦斯抽采，对比分析不同块段内钻孔抽采采空区瓦斯的分布情况。在块段Ⅰ-Ⅸ内单钻孔抽采条件下，瓦斯浓度分布倾向与走向切面云图如图 5-45 和图 5-46 所示。

由图 5-45 可知，在各块段布置钻孔抽采的条件下，采空区瓦斯浓度显著降低，瓦斯积聚范围明显缩小。低瓦斯区域主要集中在采空区外侧环形区域（裂缝带的结构裂隙区和垮落带压实区域之外的区域），主要原因为该区域孔隙率和渗透率较大，在钻孔抽采负压作用下，卸压瓦斯沿裂隙通道向钻孔汇聚流动；高瓦斯浓度区域主要集中在采空区的中部压密区范围（裂缝带的压密裂隙区和垮落带的压实区），该区域承载受压后，裂隙逐渐闭合，孔隙率和渗透率较低；另外，由于大量瓦斯向钻孔汇聚，钻孔附近区域瓦斯浓度普遍较高，最大浓度在 0.5%～0.8%之间。

由图 5-46 可知，各块段布置钻孔抽采瓦斯分布范围及浓度大小各不相同，图中黄色线条对应的瓦斯浓度为 0.55%左右，对图中瓦斯浓度大于 0.55%的范围进行统计，统计结果见表 5-4。

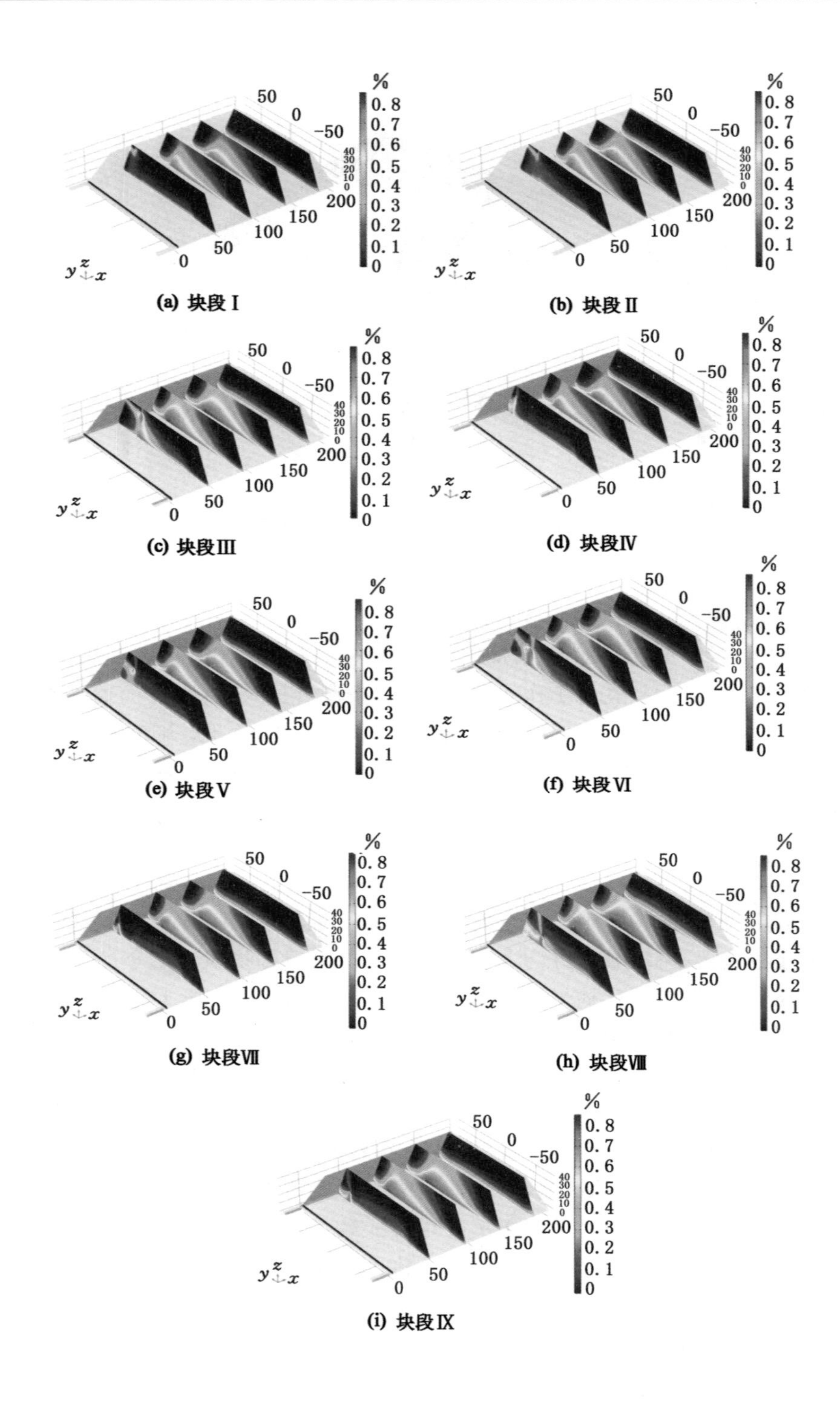

图 5-45　各块段单钻孔抽采瓦斯浓度分布倾向切面云图(单位:m)

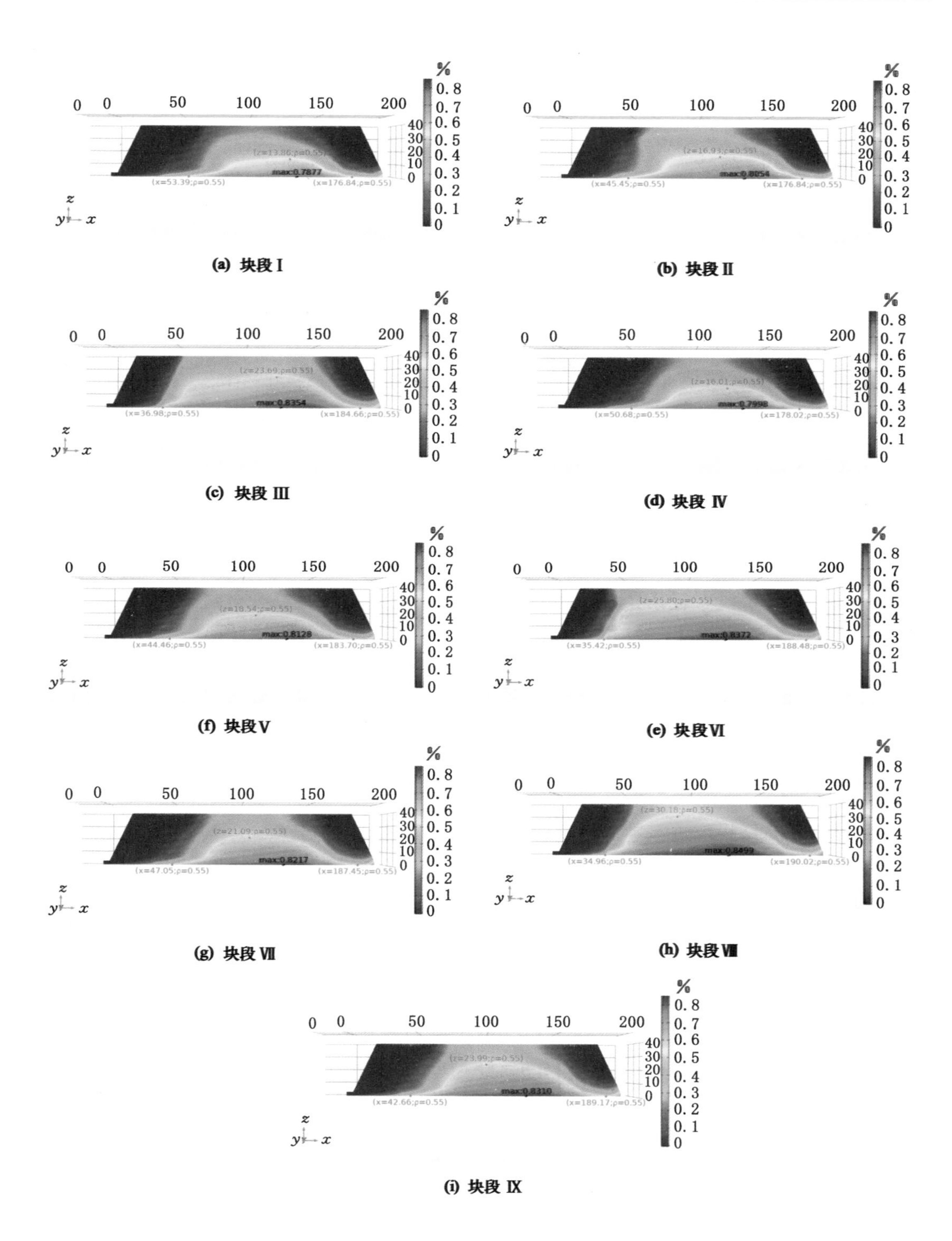

图 5-46　各块段单钻孔抽采瓦斯浓度分布走向切面云图(y=34 m)(单位:m)

表 5-4 各块段单钻孔抽采采空区瓦斯分布统计

块段编号	走向方向范围		垂直方向范围		浓度/%	范围尺寸		最大浓度/%
	x_1/m	x_2/m	z_1/m	z_2/m		宽度/m	高度/m	
Ⅰ	53.39	176.84	0	13.86	≥0.55	123.45	13.86	0.787 7
Ⅱ	45.45	176.84	0	16.93	≥0.55	131.39	16.93	0.805 4
Ⅲ	36.98	184.66	0	23.69	≥0.55	147.68	23.69	0.835 4
Ⅳ	50.68	178.02	0	16.01	≥0.55	127.34	16.01	0.799 8
Ⅴ	44.46	183.70	0	18.54	≥0.55	139.24	18.54	0.812 8
Ⅵ	35.42	188.48	0	25.80	≥0.55	153.06	25.80	0.837 2
Ⅶ	47.05	187.45	0	21.09	≥0.55	140.40	21.09	0.821 7
Ⅷ	42.66	189.17	0	23.99	≥0.55	146.51	23.99	0.831 0
Ⅸ	34.96	190.02	0	30.18	≥0.55	155.06	30.18	0.849 9

由表 5-4 可知，在各块段布置钻孔抽采瓦斯条件下，采空区瓦斯分布存在以下特征：水平方向上，随着由外部向内部块段布置钻孔，高瓦斯浓度范围逐渐增大，最大瓦斯浓度也逐渐增大，钻孔抽采采空区卸压瓦斯能力逐渐降低；垂直方向上，随着由上部向下部块段布置钻孔，高瓦斯浓度范围逐渐增大，最大瓦斯浓度也逐渐增大，钻孔抽采采空区卸压瓦斯能力逐渐降低。对各块段布置钻孔抽采瓦斯范围和抽采能力进行比较分析，各块段的抽采效率由高到低顺序为：块段Ⅰ—块段Ⅳ—块段Ⅱ—块段Ⅴ—块段Ⅶ—块段Ⅷ—块段Ⅲ—块段Ⅵ—块段Ⅸ。与前述通过钻孔位置判据值确定钻孔布置位置顺序相比较可知，除了区域三内各块段(块段Ⅲ、块段Ⅵ—Ⅸ)顺序有所变化外，区域一和区域二基本一致。由此可知，对结构裂隙区进行块段划分，求得各块段钻孔位置判据值，进而确定钻孔在结构裂隙区内的布置位置顺序是合理的。

(3) 各块段钻孔抽采工作面瓦斯分布特征

将模型计算结果取进风巷、工作面和回风巷区域进行单独分析，工作面瓦斯分布云图垂直切面(最内侧)为距离采空区 0.5 m，水平切面为距离煤层顶板 0.5 m，云图显示瓦斯浓度范围仍为 0～1%，当工作面瓦斯浓度大于或等于 1%时均显示为红色最大值。工作面瓦斯分布云图如图 5-47 所示。

由图 5-47 可知，在结构裂隙区内布置钻孔抽采条件下，工作面瓦斯浓度分布发生了显著变化。工作面内最大瓦斯浓度均小于在正常通风条件下的最大瓦斯浓度(0.280 8%)，工作面不存在大范围的高瓦斯浓度积聚区，工作面除局部瓦斯通量源处(进风巷拐角工作面煤壁、回风巷拐角工作面煤壁和回风巷拐角工作面底板)瓦斯浓度较高外，工作面其余空间区域瓦斯浓度均小于 1%，钻孔对工作面内卸压瓦斯抽采效果显著。但是回风巷仍存在局部瓦斯浓度为 3%～6%的区域。

分析瓦斯分布垂直切面云图可知，工作面瓦斯分布存在以下特征：水平方向上，随着由外部向内部块段布置钻孔，岩层孔隙率和渗透率逐渐降低，钻孔抽采工作面瓦斯能力逐渐减弱，工作面最大瓦斯浓度和回风巷瓦斯浓度均呈现逐渐增大的趋势；垂直方向上，随着由上部向下部块段布置钻孔，岩层孔隙率和渗透率均逐渐增大，且距工作面的距离逐渐减小，钻孔抽采工作面瓦斯能力逐渐增强，工作面最大瓦斯浓度和回风巷瓦斯浓度均呈现逐渐降低

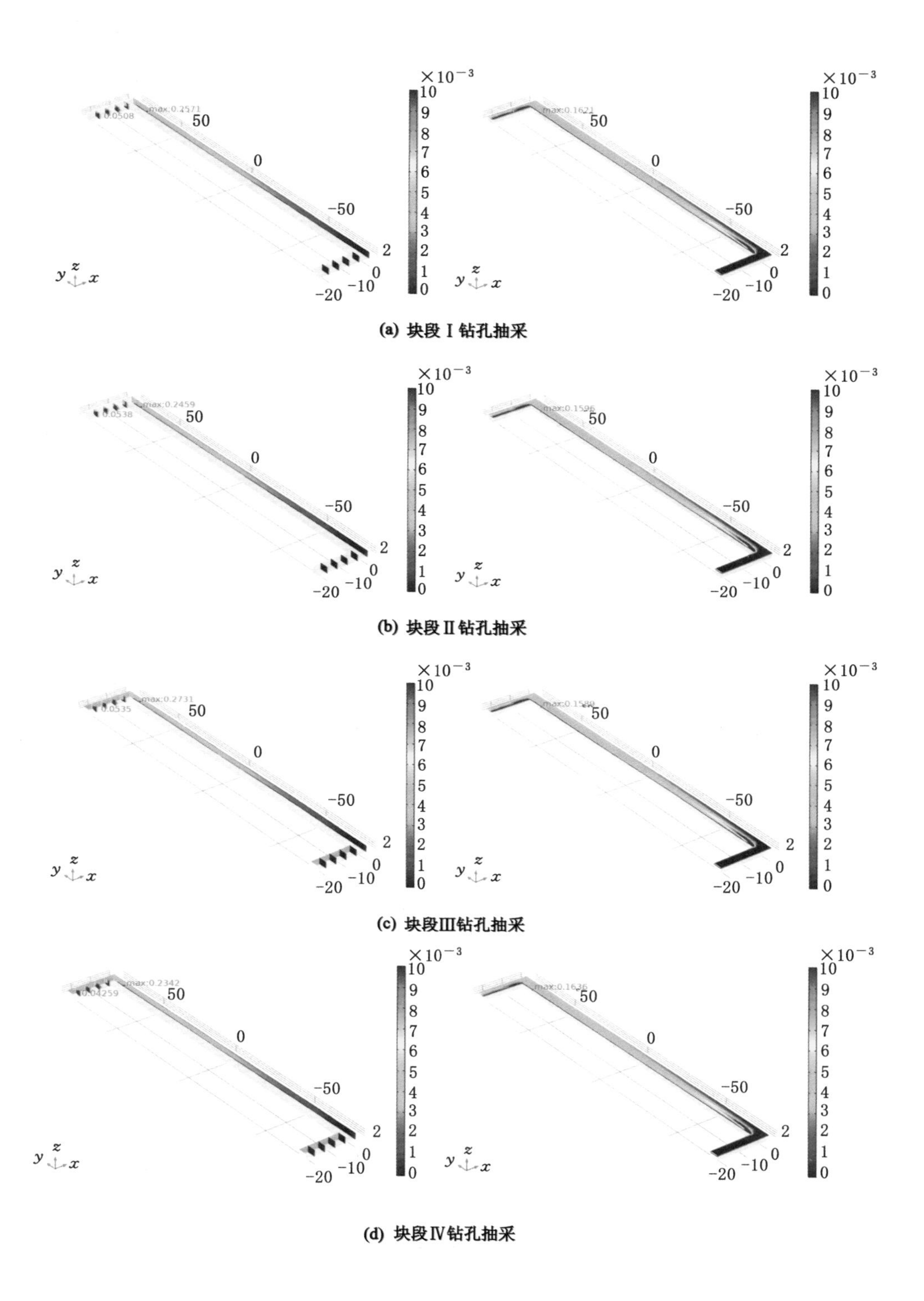

图 5-47　各块段单钻孔抽采工作面瓦斯浓度分布云图(坐标值单位:m)

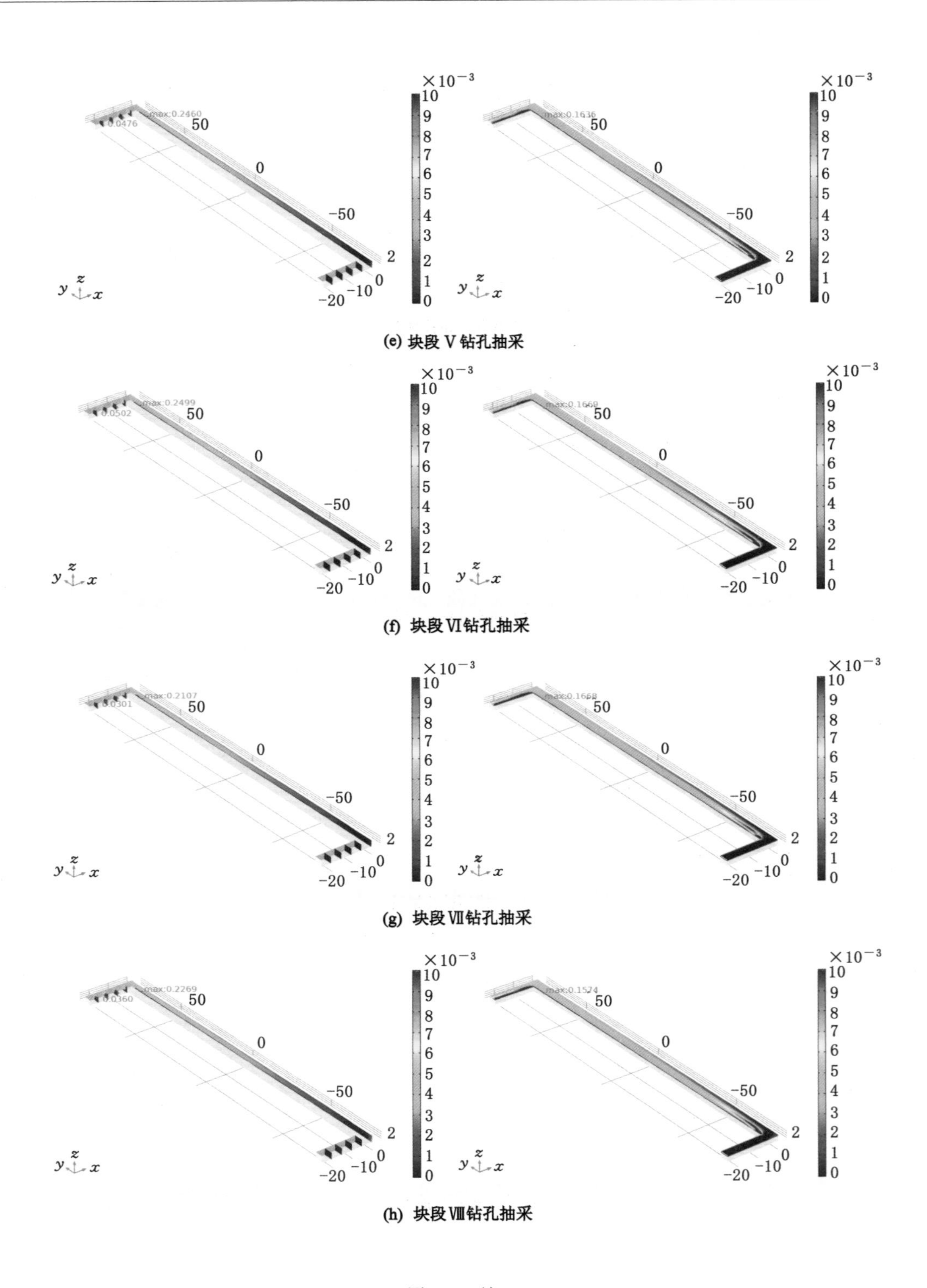

(e) 块段Ⅴ钻孔抽采

(f) 块段Ⅵ钻孔抽采

(g) 块段Ⅶ钻孔抽采

(h) 块段Ⅷ钻孔抽采

图 5-47(续)

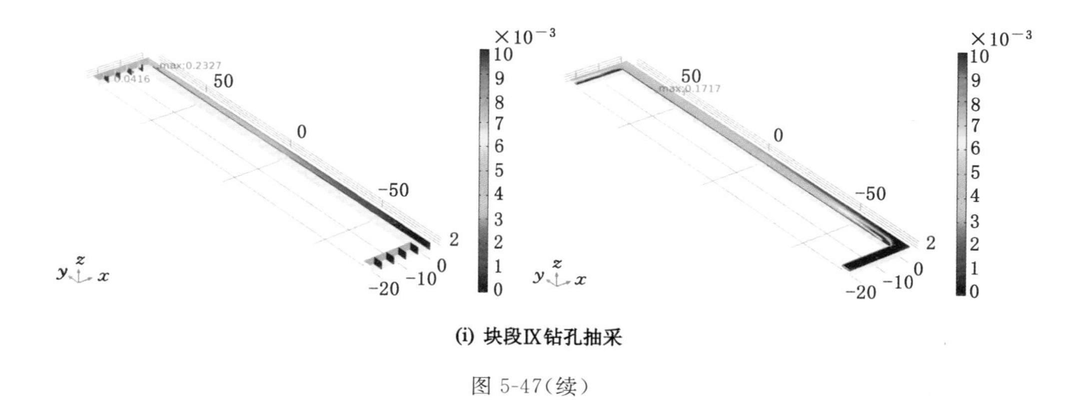

(i) 块段Ⅸ钻孔抽采

图 5-47(续)

的趋势。由此可以看出，钻孔布置距离工作面越近，对工作面瓦斯治理效果越显著，但是从钻孔稳定性角度分析，钻孔也易发生堵孔、塌孔等破坏现象，从而导致钻孔失效。

(4) 各块段钻孔抽采瓦斯效果分析

对在工作面正常通风和钻孔抽采条件下的采场瓦斯浓度分布及钻孔抽采纯量数据进行统计，其中，采空区和工作面最大瓦斯浓度均出现在煤层底板，为数值模型瓦斯通量源面；回风巷瓦斯浓度取值为距工作面 10 m 垂直切面。具体各参数值如表 5-5 所示。

表 5-5　采场瓦斯浓度分布及钻孔抽采纯量数据

作业方式	采空区最大瓦斯浓度/%	工作面最大瓦斯浓度/%	回风巷瓦斯浓度/%	钻孔抽采纯量/(m^3/min)	上隅角最大瓦斯浓度/%
正常通风	0.970 6	0.280 8	0.056 3		7.61
块段Ⅰ钻孔抽采	0.787 7	0.257 1	0.050 8	0.876	<1
块段Ⅱ钻孔抽采	0.805 4	0.245 9	0.053 8	0.780	
块段Ⅲ钻孔抽采	0.835 4	0.273 1	0.053 5	0.744	
块段Ⅳ钻孔抽采	0.799 8	0.234 2	0.042 6	1.434	
块段Ⅴ钻孔抽采	0.812 8	0.246 0	0.047 6	1.224	
块段Ⅵ钻孔抽采	0.837 2	0.249 9	0.050 2	1.290	
块段Ⅶ钻孔抽采	0.821 7	0.210 7	0.030 1	2.478	
块段Ⅷ钻孔抽采	0.831 0	0.226 9	0.036 0	1.968	
块段Ⅸ钻孔抽采	0.849 9	0.232 7	0.041 6	1.836	

由表 5-5 可知，在正常通风条件下，工作面上隅角最大瓦斯浓度较高，达到 7.61%，远超相关规定要求，严重影响工作面的正常和安全生产。在布置钻孔抽采条件下，工作面上隅角瓦斯浓度显著降低，均小于 1%，满足相关规定要求，钻孔抽采效果显著。在结构裂隙区各块段钻孔抽采作用下，采空区、工作面和回风巷的瓦斯浓度均出现不同程度的降低，钻孔抽采纯量也有较大差异。

① 采空区瓦斯浓度分布。随着钻孔在水平方向上由外部块段向内部块段延伸，最大瓦斯浓度逐渐增大；随着钻孔在垂直方向上由上部块段向下部块段延伸，最大瓦斯浓度也逐渐

增大。钻孔抽采效果排序与第3章分析钻孔位置判据进而确定钻孔的布置位置顺序基本一致。

② 工作面及回风巷瓦斯浓度分布。随着钻孔在水平方向上由外部块段向内部块段延伸,瓦斯浓度整体呈现逐渐增大的趋势;随着钻孔在垂直方向上由上部块段向下部块段延伸,瓦斯浓度整体呈现逐渐减小的趋势。这说明岩层孔隙率及渗透率和距工作面的距离对工作面瓦斯抽采影响较大:岩层孔隙率和渗透率越大,工作面瓦斯抽采效果越好;距工作面距离越近,工作面瓦斯抽采效果越好。钻孔布置于结构裂隙区下部块段可以更好地抽采工作面瓦斯,但是下部块段岩层破坏也更严重,易发生钻孔塌孔、堵孔等破坏现象,造成钻孔失效。

③ 钻孔抽采瓦斯纯量。钻孔抽采瓦斯纯量数据特征与对工作面瓦斯抽采效果一致:水平方向上,随着钻孔由外部块段向内部块段延伸,钻孔抽采瓦斯纯量逐渐减少;垂直方向上,结构裂隙区上部、中部和下部块段钻孔平均瓦斯抽采纯量分别为0.80 m^3/min、1.32 m^3/min和2.09 m^3/min,钻孔抽采瓦斯纯量逐渐增大。下部块段布置的钻孔具有更高的瓦斯抽采纯量,对工作面瓦斯抽采效果也最好,但是其对采空区瓦斯抽采效果不及中上部钻孔。

综上分析,布置定向长钻孔可以有效抽采采场瓦斯,从而降低采空区和工作面上隅角瓦斯浓度,保障安全生产。水平方向上,结构裂隙区外部块段钻孔抽采能力整体高于中部、内部块段。垂直方向上,结构裂隙区上部块段钻孔对采空区瓦斯抽采能力高于中部、下部块段,下部块段钻孔对工作面瓦斯抽采能力高于中部、上部块段。但是,钻孔距煤层顶板距离越近,岩层破坏越严重,钻孔也易发生堵孔、塌孔等破坏现象,从而导致钻孔失效。从钻孔稳定性角度分析,在保证工作面瓦斯治理效果的基础上,钻孔应布置于中上部块段区域。因此,定向长钻孔在结构裂隙区内布置应遵循:水平方向按照外部块段—中部块段—内部块段的顺序布置;垂直方向按照上部块段—中部块段—下部块段的顺序布置(需保证钻孔对工作面瓦斯的治理效果),这与前述对结构裂隙区内各块段钻孔布置顺序的分析结果一致。

5.4.3 三钻孔布置抽采

(1) 钻孔抽采方案

在结构裂隙区内布置单个钻孔可对工作面上隅角瓦斯进行有效抽采治理,但是采空区仍有大范围瓦斯积聚区域,工作面回风巷瓦斯浓度仍较高。因此,需增加钻孔数量,提高瓦斯抽采能力。

按照前述钻孔抽采方案设计,钻孔应优先布置于结构裂隙区内的区域一(包含块段Ⅰ)和区域二(包含块段Ⅱ、块段Ⅳ和块段Ⅴ)内。对前述单钻孔布置抽采数值模拟结果进行分析,此区域范围内钻孔平均瓦斯抽采纯量为1.08 m^3/min,工作面和采空区的瓦斯涌出量分别为3.98 m^3/min和3.81 m^3/min。因此,设计布置三个钻孔,钻孔半径0.05 m,采空区内钻孔有效抽采长度30 m,钻孔分为线性布置和非线性布置两种布置方式。

① 线性钻孔布置:钻孔间距10 m,水平线性布置。其中1#和2#钻孔均匀布置于结构裂隙区内区域一,3#钻孔布置于区域二,钻孔垂向距结构裂隙区上界面5 m。

② 非线性钻孔布置:钻孔间距10 m,非线性布置。其中1#钻孔布置于结构裂隙区内区域一,水平方向距外边界5 m,垂向距上界面5 m;2#和3#钻孔布置于区域二,以1#钻孔为基点进行均匀布置。

三钻孔布置方案设计模型如图5-48所示。

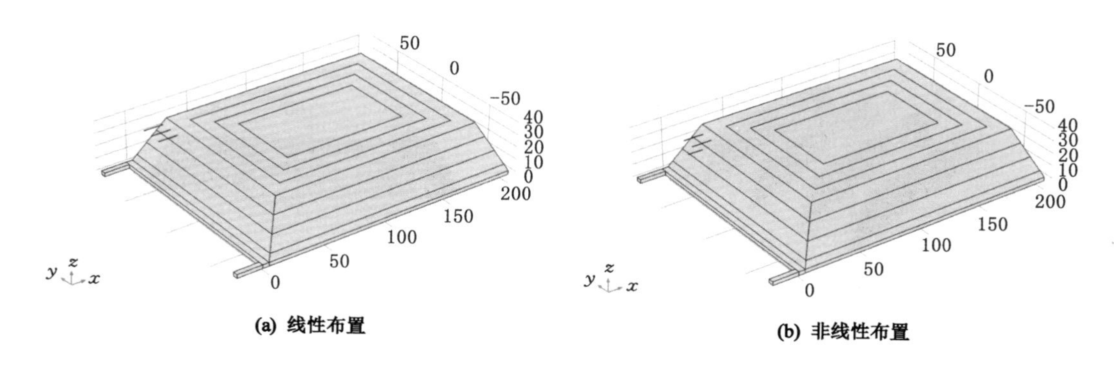

图 5-48　三钻孔布置方案设计模型(单位:m)

(2) 采场瓦斯流动及分布特征

在工作面 U 型通风＋三钻孔布置抽采作用下,经数值计算采场风流稳定后的瓦斯分布及速度流线如图 5-49 所示。

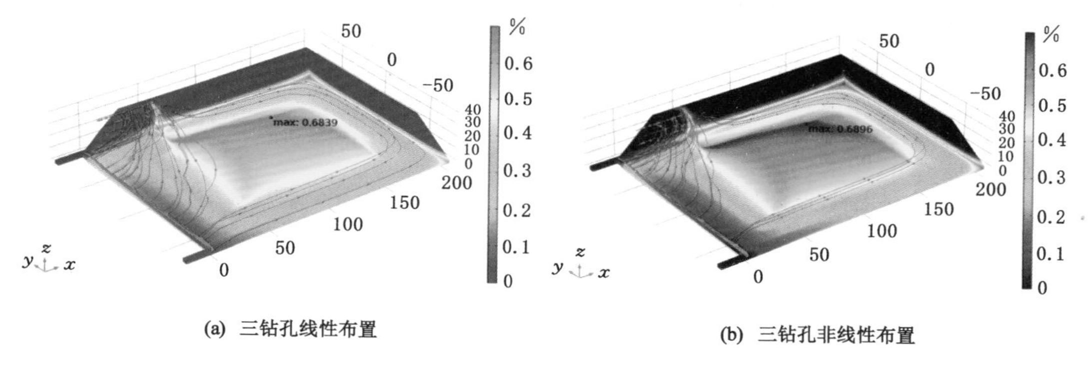

图 5-49　采场瓦斯分布及速度流线图(坐标值单位:m)

由图 5-49 可知,在三钻孔抽采作用下,采场风流和瓦斯浓度分布发生显著变化,工作面部分风流进入采空区,与采空区内瓦斯汇集后,经采空区内裂隙通道向钻孔流动。工作面回风巷侧瓦斯经由裂隙通道直接向上汇入钻孔抽出,且回风巷侧瓦斯流动流线分布密集,远离钻孔向进风巷侧延伸,瓦斯流动流线分布逐渐稀疏。采空区深部瓦斯根据各划分区块孔隙率和渗透率的不同,以环形流动的方式向钻孔汇聚,经由钻孔抽出。采场内瓦斯流动分布与单钻孔抽采相似,但是抽采能力显著提高,采空区最大瓦斯浓度分别为 0.683 9% 和 0.689 6%,较单钻孔布置抽采瓦斯浓度明显降低。

(3) 钻孔抽采采空区瓦斯分布特征

在三钻孔线性和非线性布置条件下采空区瓦斯浓度分布倾向与走向切面云图如图 5-50 和图 5-51 所示。

由图 5-50 和图 5-51 可知,在三钻孔抽采作用下,采空区内瓦斯大部分经钻孔抽出,仅在采空区底板局部压实区域存在高浓度瓦斯区,较之单钻孔抽采能力显著提高。且采空区大部分区域均为低浓度瓦斯区(蓝色),瓦斯积聚区范围较单钻孔抽采明显减小。在两种钻孔布置抽采方式下,采空区瓦斯分布也有一定的差异:

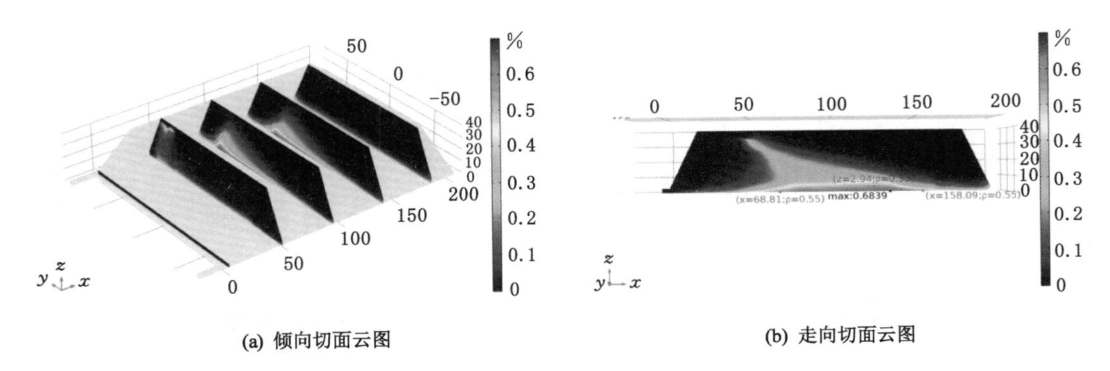

(a) 倾向切面云图　　(b) 走向切面云图

图 5-50　三钻孔线性布置采空区瓦斯浓度分布云图(坐标值单位:m)

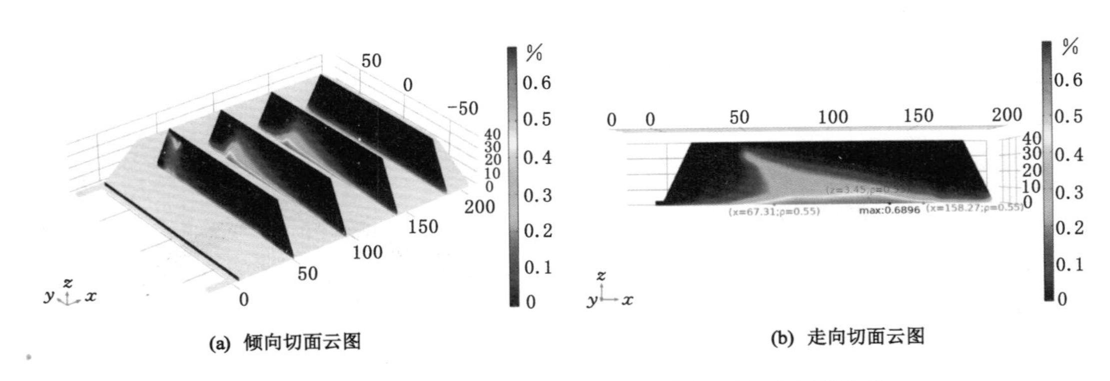

(a) 倾向切面云图　　(b) 走向切面云图

图 5-51　三钻孔非线性布置采空区瓦斯浓度分布云图(坐标值单位:m)

① 三钻孔线性布置抽采采空区最高瓦斯浓度为 0.683 9%,非线性布置其值为 0.689 6%,线性布置较非线性布置对采空区瓦斯抽采能力稍强,但差别不大。

② 三钻孔线性布置抽采采空区高浓度瓦斯积聚区(浓度≥0.55%)宽度为 89.28 m ($x_1=68.81$ m,$x_2=158.09$ m),高度为 2.94 m($z_1=0$,$z_2=2.94$ m);三钻孔非线性布置抽采采空区高浓度瓦斯积聚区(浓度≥0.55%)宽度为 90.96 m($x_1=67.31$ m,$x_2=158.27$ m),高度为3.45 m($z_1=0$,$z_2=3.45$ m)。三钻孔线性布置较非线性布置采空区高浓度瓦斯积聚区范围稍小,但差别不大。

由此可知,三钻孔线性布置与非线性布置对采空区瓦斯抽采能力基本相同,抽采影响范围也相差不大。

(4) 钻孔抽采工作面瓦斯分布特征

将模型计算结果取进风巷、工作面和回风巷区域进行单独分析。工作面瓦斯分布云图垂直切面为距离采空区 0.5 m,显示瓦斯浓度范围仍为 0~1%,当工作面瓦斯浓度大于或等于 1%时均显示为红色最大值。在三钻孔线性和非线性布置条件下工作面瓦斯分布体图及云图如图 5-52 和图 5-53 所示。

由图 5-52 可知,工作面整体瓦斯浓度很小,局部存在瓦斯高浓度区。在两种抽采方式条件下工作面最大瓦斯浓度分别为 0.229 7%和 0.223 2%,位于工作面煤壁(瓦斯通量源面)处,较单钻孔抽采最大浓度有所下降,位置也从工作面底板转移至煤壁处。这说

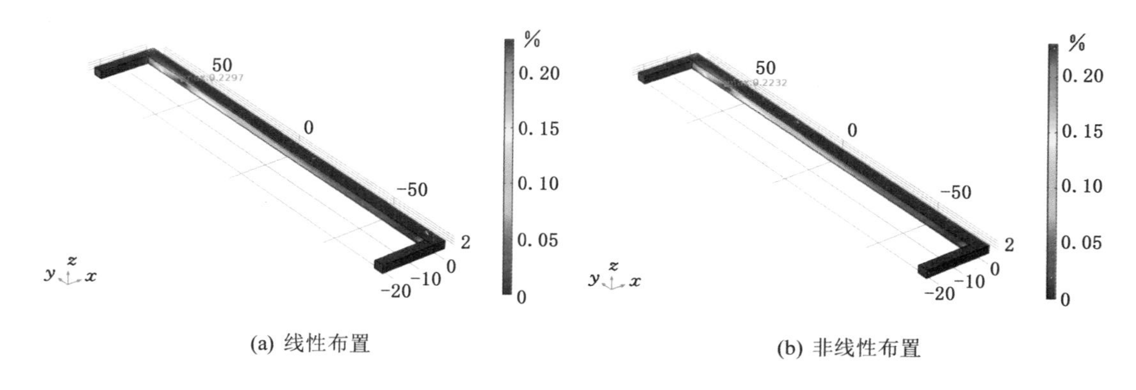

(a) 线性布置　　(b) 非线性布置

图 5-52　两方案工作面瓦斯浓度分布体图(坐标值单位:m)

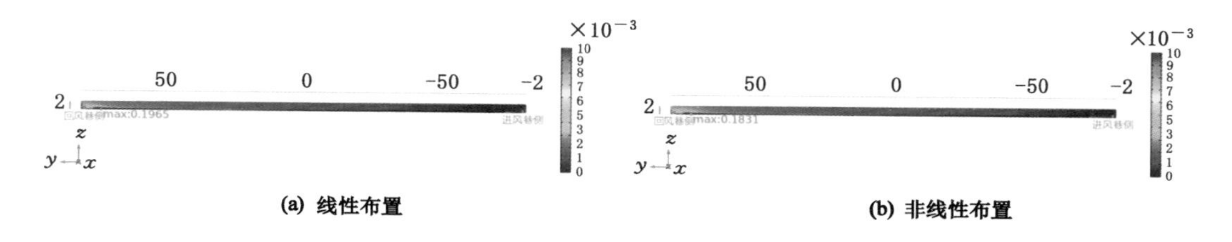

(a) 线性布置　　**(b) 非线性布置**

图 5-53　两方案工作面瓦斯浓度分布垂直切面图(坐标值单位:m)

明三钻孔对工作面瓦斯抽采能力更强,工作面瓦斯得到了有效抽采。煤壁处存在高浓度瓦斯区的主要原因为:工作面风流和钻孔抽采负压引起的气体流动相互干扰,加之三钻孔抽采负压区域较大,工作面向采空区漏风严重,导致此处(瓦斯通量源面)气体向外运移扩散速度慢,从而形成高浓度瓦斯区。工作面回风巷整体瓦斯浓度均较低,小于1%,能够满足相关规定要求。

由图 5-53 可知,工作面除局部煤层底板(瓦斯通量源面)外,其余区域瓦斯浓度在钻孔抽采作用下很小,小于 0.5%。其中线性布置方案中煤层底板最大瓦斯浓度为 0.196 5%,非线性布置方案中最大瓦斯浓度为 0.183 1%。

(5) 钻孔布置方案对比分析

对两方案各钻孔抽采数据进行统计,见表 5-6。线性布置方案中,1# 和 2# 钻孔均位于区域一,瓦斯抽采纯量基本相同,约为 1.0 m^3/min,3# 钻孔位于区域二,瓦斯抽采纯量为 0.55 m^3/min,约为区域一内单孔抽采纯量的 1/2,平均钻孔瓦斯抽采纯量为 0.85 m^3/min。非线性布置方案中,1# 钻孔位于区域一,瓦斯抽采纯量为 1.56 m^3/min,2# 和 3# 钻孔均位于区域二,瓦斯抽采纯量约为 0.66 m^3/min,约为区域一内单孔抽采纯量的 3/7,平均钻孔瓦斯抽采纯量为 0.96 m^3/min。分析可知,布置于区域一内钻孔可获得较高的瓦斯抽采纯量,非线性布置方案虽然布置于区域一内的钻孔仅一个,但是其总抽采纯量为线性布置的 1.12 倍,主要原因为非线性布置钻孔存在等效抽采半径效应,有效抽采体积变大,抽采能力提高。因此,钻孔应尽量布置于区域一,且选择非线性布置可获得更好的抽采效果。

表 5-6　瓦斯抽采纯量数据

钻孔布置方式	瓦斯抽采纯量/(m^3/min)			
	Q_1	Q_2	Q_3	$Q_{\text{总}}$
线性布置	1.01	1.00	0.55	2.56
非线性布置	1.56	0.65	0.66	2.87

对在两方案抽采条件下采场瓦斯浓度分布及瓦斯抽采纯量数据进行统计，各参数值见表 5-7。两方案均能实现采空区和工作面的瓦斯治理(回风巷瓦斯浓度小于 1%，上隅角瓦斯浓度小于 0.5%)。其中，非线性布置较线性布置方案瓦斯抽采纯量高，工作面最大瓦斯浓度较低，其对工作面瓦斯治理效果较好；但是线性布置较非线性布置采空区高浓度瓦斯积聚范围和最大浓度稍小，其对采空区瓦斯治理效果稍好。

表 5-7　采场瓦斯浓度分布及钻孔抽采纯量数据

钻孔布置方式	采空区最大瓦斯浓度/%	高浓度瓦斯积聚范围		工作面最大瓦斯浓度/%	瓦斯抽采纯量/(m^3/min)	回风巷瓦斯浓度/%	上隅角瓦斯浓度/%
		宽度/m	高度/m				
线性布置	0.683 9	89.28	2.94	0.229 7	2.56	<1	<0.5
非线性布置	0.689 6	90.96	3.45	0.223 2	2.87		

综上所述，三钻孔布置方案可使工作面和回风巷瓦斯浓度降至安全值以下，对采空区瓦斯也有很好的抽采效果，可以实现采空区和工作面卸压瓦斯的抽采治理。其中，采用非线性钻孔布置时瓦斯抽采纯量更高，对工作面瓦斯抽采能力强，其与线性钻孔布置方案抽采采空区瓦斯能力相差不大。因此，在实际钻孔布置过程中应选择非线性布置方案。在具体钻孔布置时，应尽量将钻孔布置于结构裂隙区内的区域一，其次布置于区域二，以获得更好的抽采效果。

5.4.4　六钻孔布置抽采

(1) 钻孔抽采方案

在前述工作面和采空区瓦斯涌出量大小的前提下，三钻孔布置方案可以获得较好的瓦斯治理效果。在井下实际生产过程中，工作面进行开采作业前需进行区域瓦斯治理，当取样煤层瓦斯含量小于规定值时，方可进行回采作业。因此，工作面瓦斯涌出量在产量一定的前提下保持不变，而采空区随着工作面的推进，底分层煤层、遗煤和采空区煤壁面积均在不断增大，解吸释放的瓦斯量也在不断增大，从而造成采空区内瓦斯含量逐渐提高。因此，按照前述钻孔抽采方案设计，采取六钻孔布置方案，以采空区瓦斯涌出量 4.81 m^3/min 为初始值(较原采空区瓦斯涌出量增加 1.0 m^3/min)，在此基础上以 1.0 m^3/min 的增量递增，直至采空区瓦斯涌出量达到 7.81 m^3/min，以分析采空区瓦斯治理效果和钻孔的抽采能力。

六钻孔布置抽采设计方案有两个，方案一为六钻孔对正布置，方案二为六钻孔交错布置。

① 方案一：六钻孔对正布置。上排钻孔与前述三钻孔线性布置的三个钻孔布置方式一致，下排钻孔为上排钻孔向下平移 10 m 形成，钻孔间排距 10 m。

② 方案二：六钻孔交错布置。为确保方案之间的可对比性，方案二与方案一上排钻孔

布置方式一致，下排钻孔为上排钻孔向下平移 8.66 m，然后向采空区侧平移 5 m 形成，钻孔间距 10 m。

两方案钻孔布置于结构裂隙区区域一内 2 个，区域二内 3 个，区域三内 1 个。六钻孔布置方案设计模型如图 5-54 所示。

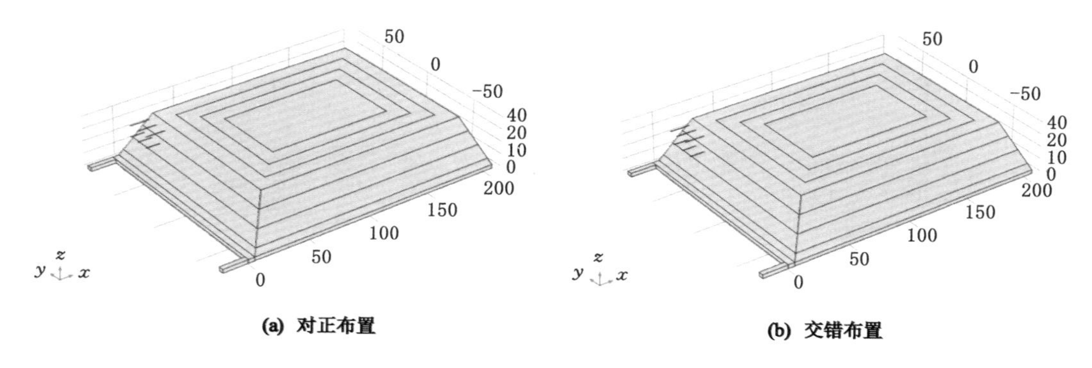

图 5-54 六钻孔布置方案设计模型（单位：m）

（2）采场瓦斯流动及分布特征

在工作面 U 型通风＋六钻孔布置抽采作用下，经数值计算采场风流稳定后的瓦斯分布及速度流线如图 5-55 所示（采空区瓦斯涌出量为 6.81 m^3/min）。

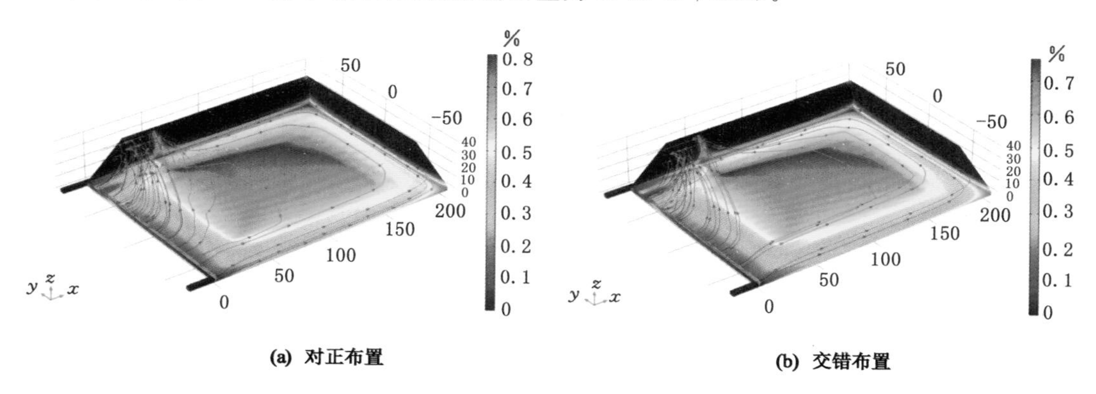

图 5-55 采场瓦斯分布及速度流线图（坐标值单位：m）

由图 5-55 可知，六钻孔抽采和三钻孔抽采对采场风流的作用相似，工作面部分风流进入采空区，与采空区内瓦斯汇集后，经采空区内裂隙通道向钻孔流动。工作面回风巷侧瓦斯经由裂隙通道直接向上汇入钻孔抽出，且回风巷侧瓦斯流动流线分布密集，远离钻孔向进风巷侧延伸，瓦斯流动流线分布逐渐稀疏。采空区深部瓦斯根据各划分区块孔隙率和渗透率的不同，以环形流动的方式向钻孔汇聚，经由钻孔抽出。与三钻孔抽采不同的是，采用六钻孔抽采方案时采空区中除了结构裂隙区内瓦斯以环形向钻孔汇聚外，压密裂隙区也有瓦斯流线显示，这说明六钻孔对采空区瓦斯抽采能力更强、抽采范围更广。由流线分布和采空区瓦斯浓度分布可知，六钻孔对正布置对工作面瓦斯抽采能力更强，六钻孔交错布置对采空区瓦斯抽采能力更强。

（3）钻孔抽采采空区瓦斯分布特征

在六钻孔对正和交错布置条件下采空区瓦斯浓度分布走向切面云图如图 5-56 和图 5-57 所示。

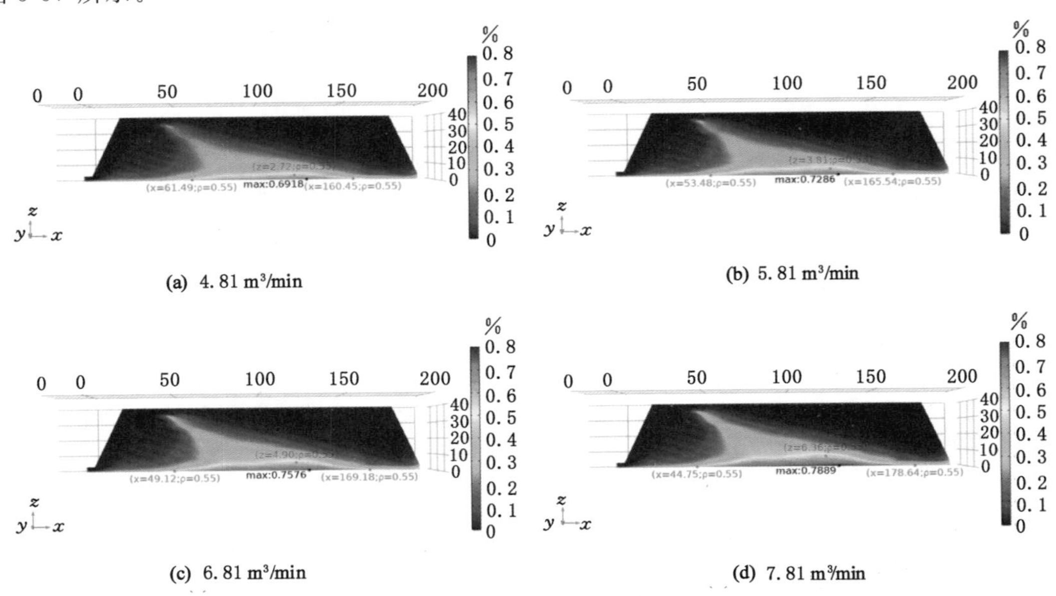

(a) 4.81 m^3/min　(b) 5.81 m^3/min

(c) 6.81 m^3/min　(d) 7.81 m^3/min

图 5-56　六钻孔对正布置采空区瓦斯浓度走向分布云图(y=46 m)(坐标值单位:m)

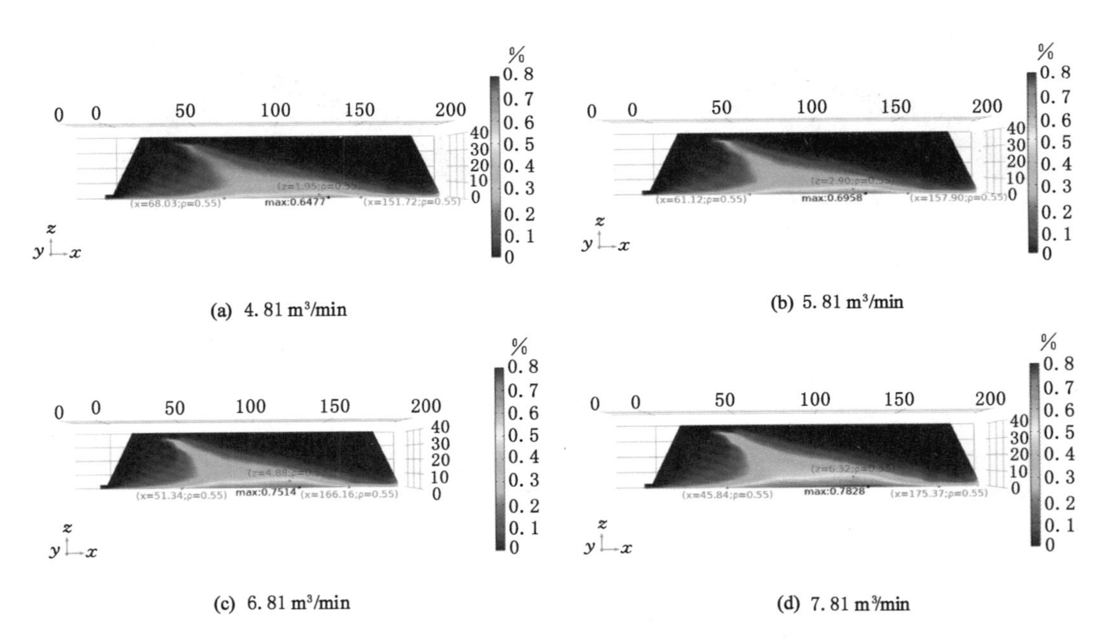

(a) 4.81 m^3/min　(b) 5.81 m^3/min

(c) 6.81 m^3/min　(d) 7.81 m^3/min

图 5-57　六钻孔交错布置采空区瓦斯浓度走向分布云图(y=46 m)(坐标值单位:m)

由图 5-56 和图 5-57 可知,六钻孔布置对采空区瓦斯进行了有效抽采,高浓度瓦斯积聚区范围很小,位于采空区底板附近(瓦斯通量源面)。随着采空区瓦斯涌出量的增加,高浓度瓦斯积聚区范围也呈逐渐扩大的趋势。对六钻孔两抽采方案采空区瓦斯积聚区范围和瓦斯最大浓度进行统计，见表 5-8。

由表 5-8 可知，高浓度瓦斯积聚区（瓦斯浓度≥0.55%）的宽度和高度随着采空区瓦斯涌出量的增加逐渐增大，采空区最大瓦斯浓度也逐渐增大，且增加幅度较明显，这说明随着采空区瓦斯涌出量的增加，六钻孔布置抽采能力没有对应增大或增加幅度较小。对比两种钻孔布置方案可知：采用交错布置方案时高浓度瓦斯积聚区的范围和采空区最大瓦斯浓度均较对正布置小，说明其对采空区瓦斯抽采能力强于对正布置；但是随着采空区瓦斯涌出量的增加，瓦斯积聚区范围和采空区最大浓度逐渐接近，说明随着采空区瓦斯涌出量的增加两种布置方案对采空区瓦斯抽采的能力逐渐接近。

表 5-8　六钻孔两抽采方案采空区瓦斯分布统计

钻孔布置方式	采空区瓦斯涌出量 /(m^3/min)	走向方向范围		垂直方向范围		瓦斯浓度 /%	范围尺寸		最大浓度/%
		x_1/m	x_2/m	z_1/m	z_2/m		宽度/m	高度/m	
对正布置	4.81	61.49	160.45	0	2.72	≥0.55	98.96	2.72	0.691 8
	5.81	53.48	165.54	0	3.81	≥0.55	112.06	3.81	0.728 6
	6.81	49.12	169.18	0	4.90	≥0.55	120.06	4.90	0.757 6
	7.81	44.75	178.64	0	6.36	≥0.55	133.89	6.36	0.788 9
交错布置	4.81	68.03	151.72	0	1.95	≥0.55	83.69	1.95	0.647 7
	5.81	61.12	157.90	0	2.90	≥0.55	96.78	2.90	0.695 8
	6.81	51.34	166.16	0	4.88	≥0.55	114.82	4.88	0.751 4
	7.81	45.84	175.37	0	6.32	≥0.55	129.53	6.32	0.782 8

（4）钻孔抽采纯量分析

对定向长钻孔进行编号：下排钻孔编号为 1（其抽采纯量为 Q_1，下同），上排钻孔编号为 2；对应结构裂隙区外侧钻孔编号为 1-1 和 2-1，且向采空区延伸进行相应编号。两种布置方案各钻孔瓦斯抽采纯量数据见表 5-9。

表 5-9　瓦斯抽采纯量数据　　单位：m^3/min

钻孔布置方式	采空区瓦斯涌出量	Q_{1-1}	Q_{1-2}	Q_{1-3}	Q_1	Q_{2-1}	Q_{2-2}	Q_{2-3}	Q_2	$Q_总$
对正布置	4.81	0.998 9	1.343 4	0.152 0	2.494 4	0.896 3	0.366 2	0.198 7	1.461 2	3.955 6
	5.81	1.005 7	1.344 2	0.151 8	2.501 8	0.896 2	0.366 7	0.198 9	1.461 7	3.963 5
	6.81	1.012 9	1.343 6	0.151 9	2.508 4	0.896 5	0.367 0	0.199 0	1.462 5	3.970 9
	7.81	1.020 1	1.344 3	0.151 8	2.516 1	0.897 2	0.367 6	0.199 3	1.464 1	3.980 2
交错布置	4.81	1.440 8	1.308 3	0.264 1	3.013 2	0.729 0	0.293 1	0.182 7	1.204 8	4.218 0
	5.81	1.443 2	1.316 4	0.264 1	3.023 8	0.730 0	0.292 8	0.182 8	1.205 7	4.229 4
	6.81	1.449 6	1.313 0	0.263 4	3.026 0	0.729 8	0.293 1	0.183 3	1.206 2	4.232 2
	7.81	1.447 7	1.317 4	0.265 2	3.030 3	0.732 1	0.294 3	0.183 2	1.209 5	4.239 9

分析表 5-9 可知：

① 随着采空区瓦斯涌出量的增加，两种布置方案的单孔抽采纯量和总抽采纯量均略有所增长，但增长幅度很小，钻孔对采空区瓦斯的抽采能力随采空区瓦斯涌出量的增加增长较慢。分析原因主要为：钻孔布置于采空区上部，距瓦斯供给源（煤层底板）较远，而钻孔的有效抽采半径一定，解吸释放的瓦斯在采动裂隙内的扩散运移速度较慢。

② 六钻孔对正布置钻孔总瓦斯抽采纯量为 3.97 m^3/min 左右，平均单钻孔瓦斯抽采纯量约为 0.66 m^3/min。六钻孔交错布置钻孔总瓦斯抽采纯量为 4.23 m^3/min 左右，平均单钻孔瓦斯抽采纯量约为 0.71 m^3/min。钻孔交错布置整体较对正布置抽采能力强，但相较三钻孔布置，单钻孔瓦斯抽采纯量（0.85～0.96 m^3/min）明显减少。

③ 第一排钻孔较之第二排钻孔孔隙率和渗透率大，且距瓦斯供给源近，加之两排钻孔布置会出现遮挡效应，因此，第一排钻孔瓦斯抽采纯量明显高于第二排钻孔。对正布置第一排钻孔瓦斯抽采纯量约为第二排钻孔的 1.71 倍，遮挡系数约为 0.63；交错布置第一排钻孔瓦斯抽采纯量约为第二排钻孔的 2.5 倍，遮挡系数约为 0.71，遮挡效应与前述理论分析结果相符。

④ 随着钻孔布置块段由外部向内部延伸，瓦斯抽采纯量逐渐降低，外部块段内钻孔整体瓦斯抽采能力高于内部块段内钻孔。

通过上述分析可知，六钻孔交错布置较对正布置对采空区瓦斯抽采能力强，在双排钻孔布置时，应积极选取交错布置方案。在钻孔布置数量一定的前提下，钻孔抽采能力随采空区瓦斯涌出量的增加而增长缓慢。且由于钻孔数量的增多，钻孔间的相互影响增大，其单孔抽采效率降低。在钻孔实际布置过程中，应尽量将钻孔布置于结构裂隙区内的区域一和区域二，以获得更好的抽采效果。

5.5 小　　结

本章采用数值模拟的方法，对影响钻孔抽采能力的抽采及布置参数进行了模拟分析，提出了定向长钻孔抽采方案，并对各抽采方案的抽采效果进行了分析研究。

(1) 采用 COMSOL Multiphysics 数值模拟软件，对定向长钻孔抽采参数（包括抽采负压、钻孔直径、裂隙渗透率、钻孔有效抽采长度等）及布置参数（包括钻孔布置间距、数量、方式等）进行分析确定。

(2) 以瓦斯向钻孔的汇流速度作为定向长钻孔抽采影响半径的界定指标，确定了钻孔抽采有效半径，并结合定向长钻孔布置抽采数学模型，提出了三钻孔线性布置、三钻孔非线性布置、六钻孔对正布置、六钻孔交错布置四种定向长钻孔抽采方案。

(3) 结合实际地质采矿条件，对结构裂隙区各块段在单钻孔布置、三钻孔线性与非线性布置、六钻孔对正与交错布置抽采条件下采场瓦斯运移分布特征及钻孔抽采效果进行了分析研究，验证了钻孔布置位置次序的合理性，明确了当三钻孔布置抽采时非线性布置及六钻孔布置抽采时交错布置可获得更好的抽采效果。

第 6 章　定向长钻孔抽采卸压瓦斯工程应用

采动造成覆岩破坏及裂隙发育，煤层及围岩卸压解吸大量的瓦斯；卸压瓦斯在采动裂隙通道内的运移流动，使得采空区形成大范围的高浓度瓦斯积聚区域，加之采空区内部分瓦斯在工作面漏风作用下向工作面回风巷侧汇聚并流出，从而导致工作面上隅角成为高浓度瓦斯积聚区且难以稀释排放瓦斯。因此，对采空区和工作面高浓度瓦斯积聚区瓦斯进行抽采治理是消除安全隐患、保障安全生产的重要措施。本章以河南能源化工集团焦煤古汉山矿和九里山矿高瓦斯工作面定向长钻孔抽采瓦斯为工程背景，对定向长钻孔抽采卸压瓦斯技术进行应用分析。

6.1　古汉山矿定向长钻孔抽采卸压瓦斯

6.1.1　研究区概况

焦煤古汉山矿位于焦作市东北端，其地理坐标为东经 113°25′～113°33′，北纬 35°19′～35°24′，井田主要以断层为界与白庄、吴村、张屯和九里山等矿相邻，井田走向长 12 km，倾斜宽 1.6～2.8 km，面积为 25.64 km²，具体地理位置及地面交通情况如图 6-1 所示。

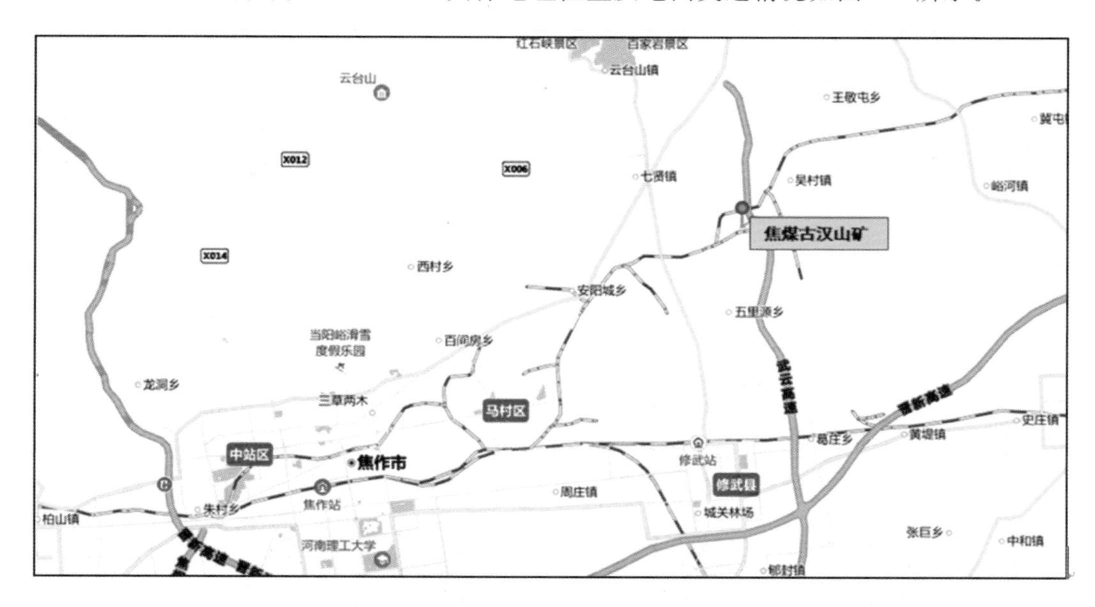

图 6-1　古汉山矿位置和交通示意图

古汉山矿属煤与瓦斯突出矿井，采用立井单水平上下山开拓方式，抽出混合式通风。矿井可采煤层为二叠系山西组二$_1$煤，煤厚1.88～7.57 m，平均为5 m，为优质无烟煤，煤尘无爆炸危险性，煤层不易自燃。煤层瓦斯含量为4.01～28.88 m^3/t，瓦斯压力为0.2～2.42 MPa，煤层透气性系数为0.023 89～3.018 6 $m^2/(MPa^2 \cdot d)$。钻孔瓦斯流量为0.003～0.070 $m^3/(min \cdot hm)$，衰减系数为0.029 d^{-1}。矿井地质条件复杂，煤层埋藏较深，曾多次发生煤与瓦斯突出事故。通过对矿井已回采工作面的分析可知，矿井工作面绝对瓦斯涌出量为2.48～10.60 m^3/min，平均为6.16 m^3/min左右。

16031工作面位于矿井16采区东翼，煤层倾角为12°，采用走向长壁分层开采方式，工作面走向长600 m，倾斜长160 m，开采厚度为3.0 m，平均埋深为650 m，采用U型通风方式。工作面原始瓦斯含量为25.08 m^3/t，回采前通过在底抽巷施工的条带穿层钻孔、中深孔和在工作面上下风巷施工的顺层钻孔对工作面瓦斯进行抽采，实测残余瓦斯含量为3.90～5.68 m^3/t。采用分源统计法计算，当16031工作面日产量为1 720 t时，采场的绝对瓦斯涌出量预测值为7.79 m^3/min，其中，工作面和采空区瓦斯涌出量分别为3.98 m^3/min和3.81 m^3/min。

6.1.2 定向长钻孔布置抽采方案

(1) 方案设计

依据前述对钻孔布置位置和钻孔布置抽采方案的分析(3.5和5.4节)，结合矿井实际情况，设计在结构裂隙区内的区域一和区域二按照非线性布置方式布设3个定向长钻孔(按照单孔瓦斯抽采纯量为0.98 m^3/min分析计算)，钻孔半径为0.05 m，钻孔抽采负压为20 kPa，具体钻孔抽采及布置参数见表6-1。

表6-1 钻孔抽采及布置参数

钻孔编号	结构裂隙区内位置	钻孔半径/m	抽采负压/kPa	间距/m	布置方式
1# 钻孔	区域一	0.05	20	10	非线性布置
2# 钻孔	区域二	0.05	20		
3# 钻孔	区域二	0.05	20		

(2) 钻孔钻进施工

依据矿井现有钻进装备条件，水平定向长钻孔钻进设备选择ZYWL-6000DS型矿用全液压定向钻机，钻机如图6-2所示，钻机钻进的具体技术参数见表6-2。

图6-2 ZYWL-6000DS型定向钻机

表 6-2　ZYWL-6000DS 型定向钻机主要技术参数

项目	单位	参数
钻进深度	m	≥1 000
开孔直径	mm	96、113、133、153
终孔直径	mm	96、113、133
钻杆直径	mm	73
额定输出转速	r/min	50～200
额定输出扭矩	N·m	6 000～1 400
给进/起拔力	kN	160/160
给进行程	mm	1 000
正常给进速度	m/min	0～1.5
制动扭矩	N·m	2 000
爬坡能力	(°)	20
电机功率	kW	90
外形尺寸	mm	主车 3 120×1 450×1 950、副车 3 000×1 450×1 700
整机质量	kg	主车 6 050、副车 4 700

水平定向长钻孔钻进的具体工艺流程如图 6-3 所示。

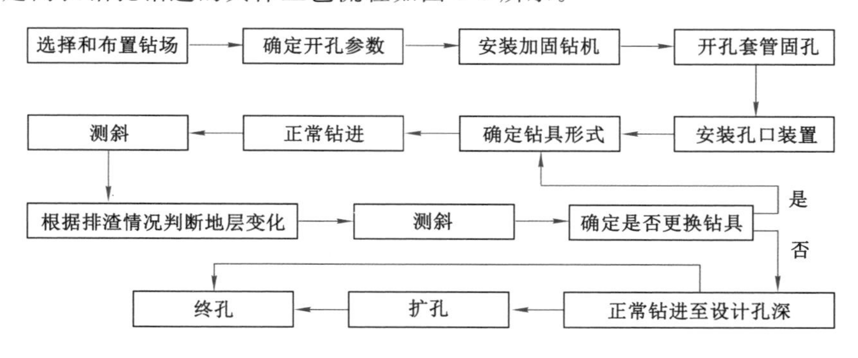

图 6-3　钻孔钻进施工流程

在工作面回风巷距工作面开切眼 240 m 处钻场进行定向长钻孔的钻进作业。在钻孔开孔时，首先用 ϕ96 mm 的钻头开孔深 25～33 m，然后用 ϕ153 mm 的钻孔扩孔至 25～33 m 处，下设 ϕ127 mm 的岩心管 20～32 m。在钻孔钻进时，选取 ϕ96 mm 的定向钻头，采用滑动定向钻进施工，必要时回转钻具进行冲孔，钻孔为裸孔施工，受钻头钻进摩擦和钻具回转冲孔作用，通常成孔直径为 100 mm 左右。

(3) 钻孔成孔参数

钻进完成的有效钻孔共 4 个(一钻孔破坏失效未统计)，其中，结构裂隙区内按照非线性方式布置钻孔 3 个。钻孔钻进及成孔后的位置参数如表 6-3 所示。

表 6-3 钻孔施工参数及布置区域

钻孔编号	孔深/m	孔径/mm	方位角/(°)	开孔倾角/(°)	终孔位置层位		位置
					距煤层顶板距离/m	距上山侧煤柱距离/m	
1#	336	100	36.5	10	29.5	13.5	结构裂隙区区域一
2#	264	100	36.5	10	26.0	23.0	结构裂隙区区域二
3#	291	100	36.5	10	29.5	33.0	结构裂隙区区域二
4#	228	100	45.0	8	41.0	29.0	弯曲下沉带下部

根据钻孔钻进参数，实际钻孔成孔如图 6-4 所示。

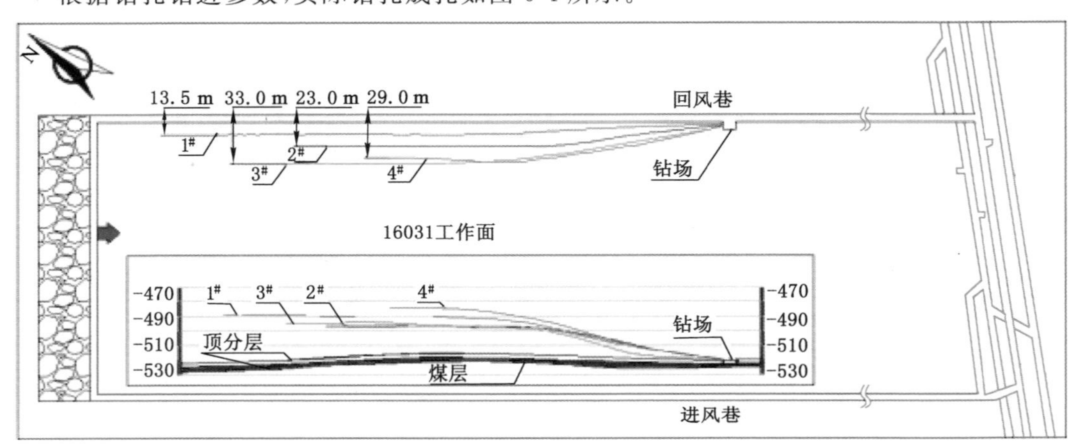

(a) 钻孔布置平面及走向剖面图

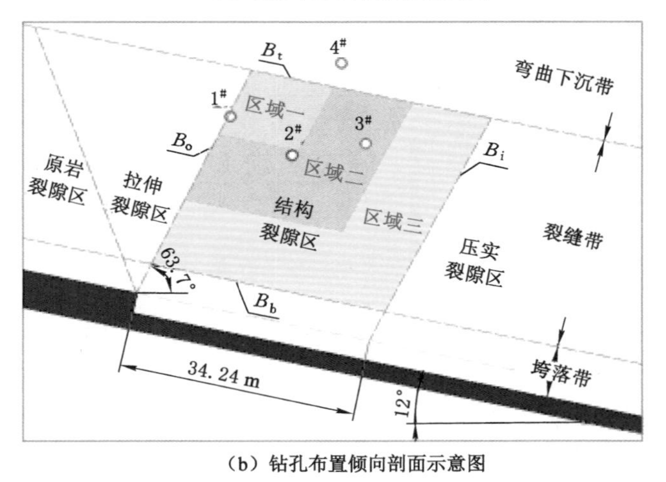

(b) 钻孔布置倾向剖面示意图

图 6-4 定向长钻孔布置图

6.1.3 定向长钻孔抽采瓦斯情况

随着工作面的开采推进，钻孔依次进入拉张裂隙区和结构裂隙区，瓦斯抽采量也逐渐增大，各钻孔瓦斯抽采数据如下。

① 1# 钻孔。如图6-5所示，钻孔在距工作面14 m时出现瓦斯抽采数据，此时钻孔进入拉张裂隙区，平均瓦斯抽采纯量为0.06 m^3/min。当钻孔进入采空区11 m时，瓦斯抽采流量和浓度开始上升，瓦斯最大浓度为99%，此时钻孔进入结构裂隙区。由图6-4(b)可知，钻孔位于区域倾向外界面处，岩层断裂穿层裂隙发育明显，与工作面导通性好。在钻孔进入结构裂隙区时前期瓦斯抽采纯量为1.0 m^3/min左右，随后逐渐减少，但是瓦斯抽采混量逐渐提高，可达5.37 m^3/min，这说明部分工作面风流进入裂隙随钻孔抽出，后期瓦斯抽采纯量稳定在1.1 m^3/min左右。

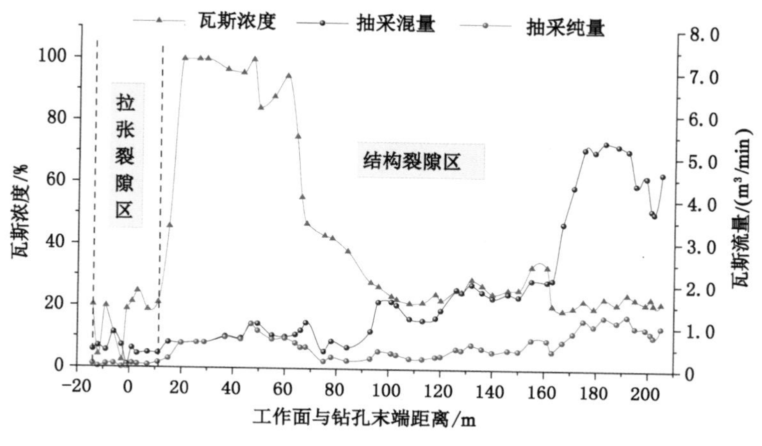

图6-5 1# 钻孔瓦斯抽采数据

② 2# 钻孔。如图6-6所示，钻孔在距工作面7 m时出现瓦斯抽采数据，此时钻孔进入拉张裂隙区，平均瓦斯抽采纯量为0.24 m^3/min，平均浓度为85.55%。当钻孔进入采空区9 m时，瓦斯抽采纯量明显上升，此时钻孔进入结构裂隙区。钻孔布置位置岩层裂隙发育程度较好，但钻孔稳定性较差。钻孔前期瓦斯抽采纯量为0.5～1.0 m^3/min，瓦斯最大浓度为99%。随后可能出现塌孔和堵孔现象，抽采流量显著下降，后期瓦斯抽采纯量上升为1.0 m^3/min左右。

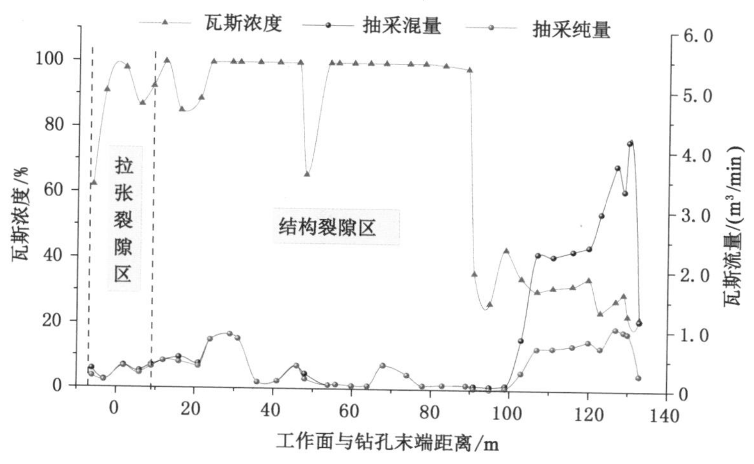

图6-6 2# 钻孔瓦斯抽采数据

③ 3# 钻孔。如图 6-7 所示，钻孔在距工作面 18 m 时出现瓦斯抽采数据，此时钻孔进入拉张裂隙区，平均瓦斯抽采纯量为 0.04 m^3/min。当钻孔进入采空区 11 m 时，瓦斯抽采流量和浓度迅速上升，瓦斯最大浓度为 99%，此时钻孔进入结构裂隙区。钻孔的稳定性和钻孔布置位置岩层的裂隙发育程度均较好，瓦斯抽采纯量最高达 5.52 m^3/min，后期稳定在 3.0 m^3/min 左右。

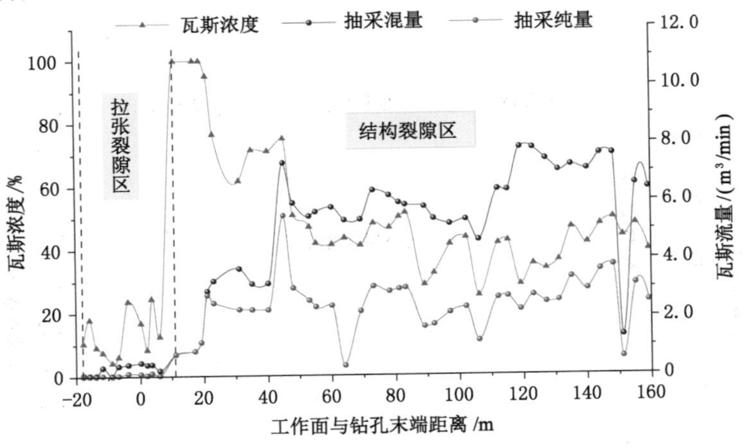

图 6-7　3# 钻孔瓦斯抽采数据

④ 4# 钻孔。如图 6-8 所示，钻孔在距工作面 20 m 时出现瓦斯抽采数据，说明岩层变形从而产生微裂隙；但是钻孔在整个抽采阶段抽采流量均很小，瓦斯抽采纯量最大值为 0.04 m^3/min，说明岩层无断裂穿层裂隙，位于弯曲下沉带内。

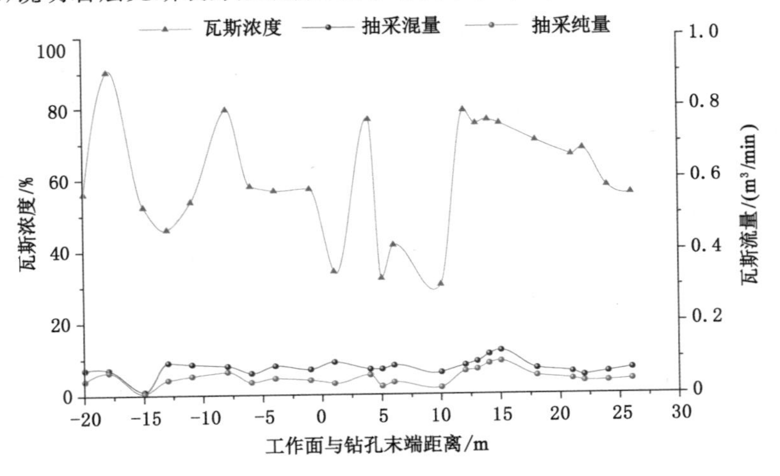

图 6-8　4# 钻孔瓦斯抽采数据

6.1.4 定向长钻孔布置位置分析

据各钻孔出现瓦斯抽采数据到瓦斯抽采纯量开始上升情况对水平分区界面划定，如图 6-9 所示。

分析图 6-9 可知：

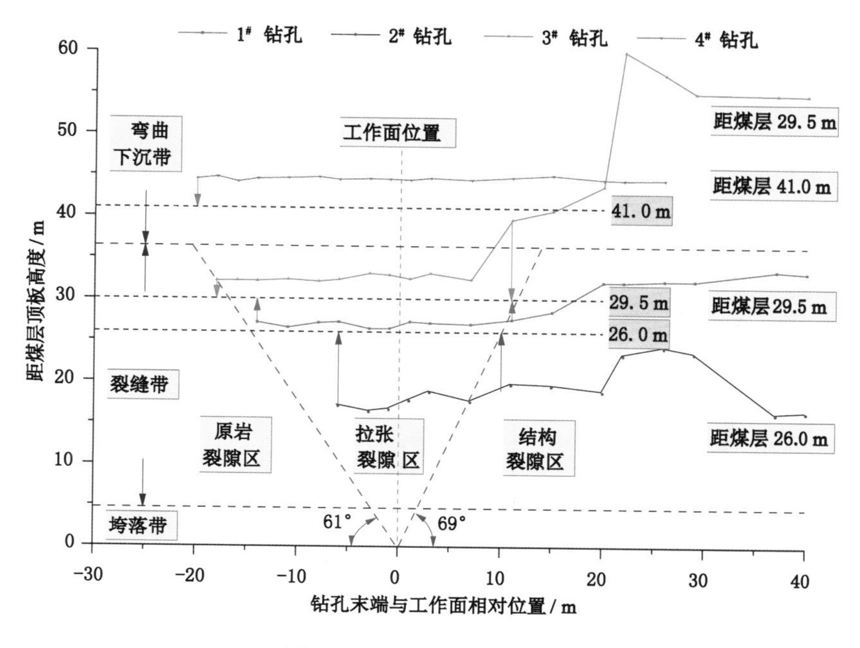

图 6-9　水平分区界面划定

① 据 1# —3# 钻孔的布置位置与瓦斯抽采纯量数据明显上升时距工作面煤壁距离，得出走向覆岩破断角约为 69°，结构裂隙区外界面(走向)$B_{os}=0.38H_i$。

② 分析 1# 钻孔瓦斯抽采情况可知，其位于区域倾向外界面处，岩层断裂穿层裂隙发育明显，与工作面导通性好，后期抽采混量明显上升，说明部分工作面风流进入裂隙随钻孔抽出。由此得出倾向上山侧覆岩破断角约为 64°，结构裂隙区外界面(倾向上山侧)$B_{od}=0.45H_i$。

③ 4# 钻孔整体瓦斯抽采流量很小，说明岩层裂隙发育程度低，钻孔位于弯曲下沉带，与理论计算的结构裂隙区上界面(B_t)相符。

由钻孔实测数据得出的结构裂隙区上界面(B_t)与理论计算界面相符，区域外界面(B_{os}、B_{od})与理论计算值相差(0.01～0.03)H_i，验证了结构裂隙区空间位置边界理论界定公式的合理性。

6.1.5　定向长钻孔抽采效果分析

在 16031 工作面回采期间，实际瓦斯涌出量平均为 6.98 m^3/min。在采用定向长钻孔抽采卸压瓦斯的措施下，回风巷瓦斯浓度在 0.18%～0.46%范围内波动，通风排放瓦斯量在 1.44～3.90 m^3/min 范围内波动。定向长钻孔抽采效果显著，达到了煤矿安全生产的标准。

1# —4# 钻孔瓦斯抽采纯量数据如图 6-10 所示。

分析图 6-10 可知：

① 对各钻孔全阶段抽采瓦斯纯量数据进行积分可知，钻孔抽采瓦斯量由大到小顺序为：3#、1#、2#、4#。位于块段Ⅱ内的 3# 钻孔稳定性和布置位置岩层裂隙发育程度均较好，瓦斯抽采纯量最高达 5.52 m^3/min，平均瓦斯抽采纯量为 2.43 m^3/min，抽采效果最佳。位于块段Ⅰ内的 1# 钻孔瓦斯抽采效果次之，最高和平均瓦斯抽采纯量数据分别为 1.27 m^3/min 和 0.61 m^3/min。位于块段Ⅳ内的 2# 钻孔瓦斯抽采纯量排第三，最高和平均瓦斯抽采纯量数据分别为 1.05 m^3/min 和 0.41 m^3/min。3# 钻孔全阶段抽采瓦斯纯量分别为 1# 和 2# 钻孔瓦

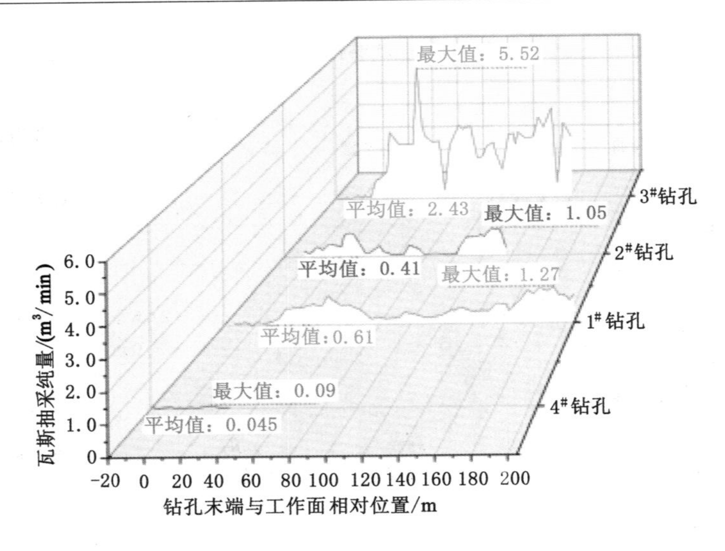

图 6-10　1# —4# 钻孔瓦斯抽采纯量

斯抽采纯量的 3.98 倍和 5.93 倍。

② 1# 钻孔位于结构裂隙区内区域一，且位于区域外边界附近，裂隙发育与工作面导通性好，部分工作面风流进入裂隙随钻孔抽出，造成瓦斯抽采混量最高达 5.37 m^3/min，后期瓦斯抽采纯量也不断升高至 1.1 m^3/min 左右，说明钻孔对工作面瓦斯有较好的抽采效果。

③ 3# 钻孔位于结构裂隙区内区域二，且倾向距离采空区中心最近，其最高和平均瓦斯抽采纯量数据分别为 5.52 m^3/min 和 2.43 m^3/min，且抽采的瓦斯具有较高的浓度，说明钻孔抽采受工作面漏风作用较小。抽采瓦斯主要来源为采空区内卸压瓦斯，钻孔抽采对采空区瓦斯治理效果较好。

④ 2# 钻孔也位于结构裂隙区内区域二，前期和后期抽采阶段瓦斯抽采纯量均为 1.0 m^3/min 左右，中期瓦斯抽采纯量很小。这说明钻孔进入采空区前期抽采正常，随着工作面的推进，钻孔发生堵孔和塌孔现象，抽采纯量显著降低，后期随着钻孔不断进入结构裂隙区，又有新钻孔段开始抽采采空区瓦斯，瓦斯抽采纯量明显上升。钻孔抽采数据表明，钻孔稳定性对于其抽采能力有很大影响，会直接决定其瓦斯抽采效果，受采动影响，距离煤层越近钻孔稳定性越差。

⑤ 4# 钻孔在抽采全阶段瓦斯抽采纯量变化不大且数值很低，最大值为 0.09 m^3/min，说明岩层裂隙发育程度低，无断裂穿层裂隙，钻孔抽采瓦斯仍为原始岩层中的微裂隙渗流瓦斯，钻孔位于弯曲下沉带。

⑥ 采用三钻孔非线性布置方案，钻孔布置于结构裂隙区内的区域一和区域二，在抽采期间钻孔稳定性较好，单孔瓦斯抽采纯量最高达 5.52 m^3/min(3# 钻孔)，三钻孔总平均抽采纯量为 3.45 m^3/min。在工作面回采期间，实际瓦斯涌出量平均为 6.98 m^3/min，在布置定向长钻孔抽采措施下，工作面上隅角瓦斯浓度小于 1%，回风巷瓦斯浓度在 0.18%～0.46% 范围内波动，瓦斯涌出量在 1.71～3.90 m^3/min 范围内波动，说明定向长钻孔对采空区卸压瓦斯进行了有效抽采，验证了定向长钻孔布置位置顺序及抽采布置参数确定的实用性与合理性。

6.2　九里山矿定向长钻孔抽采卸压瓦斯

6.2.1　研究区概况

焦煤九里山矿位于焦作市东 18 km，地理坐标为东经 113°23′～113°26′，北纬 39°17′～39°21′，井田走向长约 5.5 km，倾向宽约 3.4 km，面积为 18.60 km^2，具体地理位置及地面交通情况如图 6-11 所示。

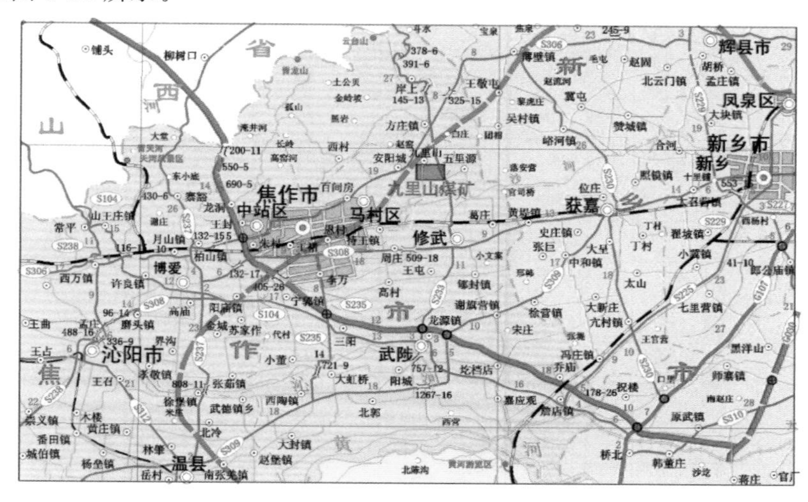

图 6-11　九里山矿位置和交通示意图

九里山矿属煤与瓦斯突出矿井，可采煤层为二叠系山西组二$_1$煤，煤厚为 0～12.93 m，平均厚度为 5.36 m，为优质无烟煤，煤尘无爆炸危险性，煤层不易自燃。煤层瓦斯含量为 12.85～31.0 m^3/t，瓦斯压力为 0.75～2.08 MPa，煤层透气性系数为 0.2～0.457 m^2/(MPa^2 · d)。钻孔瓦斯流量为 0.015～0.04 m^3/(min · hm)，衰减系数为 0.012 6～0.038 9 d^{-1}。矿井相对瓦斯涌出量为 25.49 m^3/t，绝对瓦斯涌出量为 61.27 m^3/min。建矿以来共发生煤与瓦斯突出 65 次。其中，最大一次突出煤岩量 3 246 t，瓦斯涌出量 29.12 万 m^3。

16051 工作面开采二$_1$煤层，煤厚为 7.0 m，倾角为 12°，平均埋深为 388.5 m。工作面采用走向长壁分层开采方式，走向长 495 m，倾斜长 155 m，开采顶分层厚度为 3.0 m，采用 U 型通风方式。工作面煤层开采前经区域瓦斯治理后，残余瓦斯含量为 3.53～5.76 m^3/t，类比采区其他工作面情况，预计工作面绝对瓦斯涌出量为 2.32～4.77 m^3/min。工作面部分煤岩物理力学参数见表 6-4。

表 6-4　16051 工作面覆岩岩性参数(部分)

序号	岩层名称	厚度 /m	密度 /(kg/m^3)	弹性模量 /GPa	抗拉强度 /MPa	内聚力 /MPa	内摩擦角 /(°)	泊松比
1	粉砂岩	17.9	2 660	29.77	3.84	2.75	38	0.20
2	中砂岩	5.7	2 630	36.18	5.13	4.40	36	0.26
3	粉砂岩	4.8	2 660	29.77	3.84	2.75	38	0.20

表 6-4(续)

序号	岩层名称	厚度/m	密度/(kg/m³)	弹性模量/GPa	抗拉强度/MPa	内聚力/MPa	内摩擦角/(°)	泊松比
4	中砂岩	6.2	2 630	36.18	5.13	4.40	36	0.26
5	粉砂岩	41.2	2 660	29.77	3.84	2.75	38	0.20
6	中砂岩	4.2	2 630	36.18	5.13	4.40	36	0.26
7	细砂岩	3.0	2 750	38.45	6.75	3.80	37	0.18
8	粗砂岩	8.2	2 700	20.29	4.34	3.04	40	0.15
9	泥岩	4.1	2 560	10.90	1.68	1.05	30	0.23
10	细砂岩	3.3	2 750	38.45	6.75	3.80	37	0.18
11	砂质泥岩	13.8	2 580	18.53	3.05	1.18	32	0.27
12	中砂岩	4.8	2 630	36.18	5.13	4.40	36	0.26
13	粉砂岩	5.2	2 660	29.77	3.84	2.75	38	0.20
14	泥岩	3.2	2 560	10.90	1.68	1.05	30	0.23
15	中砂岩	4.4	2 630	36.18	5.13	4.40	36	0.26
16	细砂岩	8.6	2 750	38.45	6.75	3.80	37	0.18
17	砂质泥岩	15.1	2 580	18.53	3.05	1.18	32	0.27
18	中砂岩	3.6	2 630	36.18	5.13	4.40	36	0.26
19	粉砂岩	1.7	2 660	29.77	3.84	2.75	38	0.20
20	二$_1$煤	7.0	1 400	2.30	1.03	0.50	24	0.31
21	粉砂岩	10.1	2 660	29.77	3.84	2.75	38	0.20

6.2.2 定向长钻孔布置抽采方案

按照确定定向长钻孔位置的方法流程，首先对结构裂隙区边界进行界定，确定钻孔在采动覆岩中的布置范围；然后通过量化分析钻孔位置判据的 3 个因素指标，得到各布置位置判据值；进而确定钻孔的布置位置，结合工作面瓦斯涌出量确定钻孔布置方式及数量，进行钻孔布置抽采方案的设计。

(1) 钻孔布置位置

① 钻孔布置范围确定

根据 16051 工作面岩层参数条件(表 6-4)，采用理论计算公式对钻孔布置范围(结构裂隙区上山侧)各界面进行计算，计算结果见表 6-5。

表 6-5 结构裂隙区(上山侧)各界面

界面	参数取值
下界面(B_b)	据式(2-2)，工作面顶板粉砂岩和中粒砂岩垮落，基本顶砂质泥岩分 4 层(每层 3.8 m)，岩层断裂后形成“砌体梁”结构，则据式(2-3)：$$B_b = \sum h + \sum_{r=0}^{r-1} h_r = 5.3\ (\text{m})$$

表 6-5(续)

界面	参数取值
上界面 (B_t)	据式(2-9),采动覆岩破断至煤层顶板第七层岩层(粉砂岩)时其下方自由空间高度小于其下沉值,因此此岩层不再发生破断,则据式(2-10): $$B_t = \sum_{i=1}^{i} h_i = 36.6\ (\mathrm{m})$$
外界面 (B_o)	据式(2-13),在倾向上山侧,覆岩按初次破断角计算($f=0.4$,$\alpha=12°$):$\beta_d=63.2°$;将值代入式(2-14): $$B_o = H_i \cot(\beta_d + \alpha)\cos\alpha + H_i \sin\alpha = 0.47H_i$$
内界面 (B_i)	据式(2-19),工作面基本顶砂质泥岩分层断裂岩块长度 $l=6.05$ m;结构裂隙区断裂岩块数量 $n=6$;则 $L_a=6\times 6.05$ m$=36.3$ m;据式(2-20): $$B_i = B_o + L_a = 0.47H_i + 36.3\ \mathrm{m}$$

② 钻孔布置位置确定

将结构裂隙区沿倾向剖面划分为九宫格块段,单个块段宽度和高度均为 10 m 左右,现对各块段钻孔位置判据 3 个指标进行量化分析。

A. 块段瓦斯积聚程度(R_a)

设结构裂隙区下边界距离采空区底部高度为 H,区域高度为 $3h$,则区域上、中、下部岩层各块段距采空区底部的平均高度可分别表示为 $H+5h/2$、$H+3h/2$ 和 $H+h/2$。据对结构裂隙区边界的计算结果,得 $H=8.3$ m,$H+3h=39.6$ m,则由式(3-6)可得结构裂隙区内上、中、下部岩层各块段瓦斯浓度分别为 $1.86a$、$1.54a$、$1.28a$。以各块段瓦斯浓度代表瓦斯积聚程度,取结构裂隙区整体瓦斯积聚程度为 1,则各块段相对瓦斯积聚程度经归一化处理后见表 6-6。

表 6-6　各块段相对瓦斯积聚程度

岩层		块段瓦斯浓度			块段相对瓦斯积聚程度/%		
		外部	中部	内部	外部	中部	内部
参数值	上部	$1.86a$	$1.86a$	$1.86a$	13.25	13.25	13.25
	中部	$1.54a$	$1.54a$	$1.54a$	10.99	10.99	10.99
	下部	$1.28a$	$1.28a$	$1.28a$	9.10	9.10	9.10

B. 块段岩层渗透率(R_p)

采用式(3-23)对裂缝带高度范围内岩层渗透率进行计算分析,分别取 $k_1=1.35$,$B=300$ m,$L=160$ m,$b=0.09$;煤层采高为 3.0 m,垮落带高度为 8.3 m,裂缝带高度为 39.6 m,将裂缝带内岩层分上、中、下部 3 个部分,其距离煤层的平均高度分别为 31.4 m、21.0 m 和 10.5 m。经计算,得到的裂缝带上、中、下部岩层平均渗透率如图 6-12 所示。

根据结构裂隙区在裂缝带内的位置范围,并结合区域内块段划分情况,分别对图 6-12 所示上、中、下部岩层渗透率分布曲面在相应块段范围进行积分计算,得到各块段岩层的渗透率积分面积。取结构裂隙区内采动岩层整体渗透率为 1,则各块段内岩层相对渗透率经归一化处理后见表 6-7。

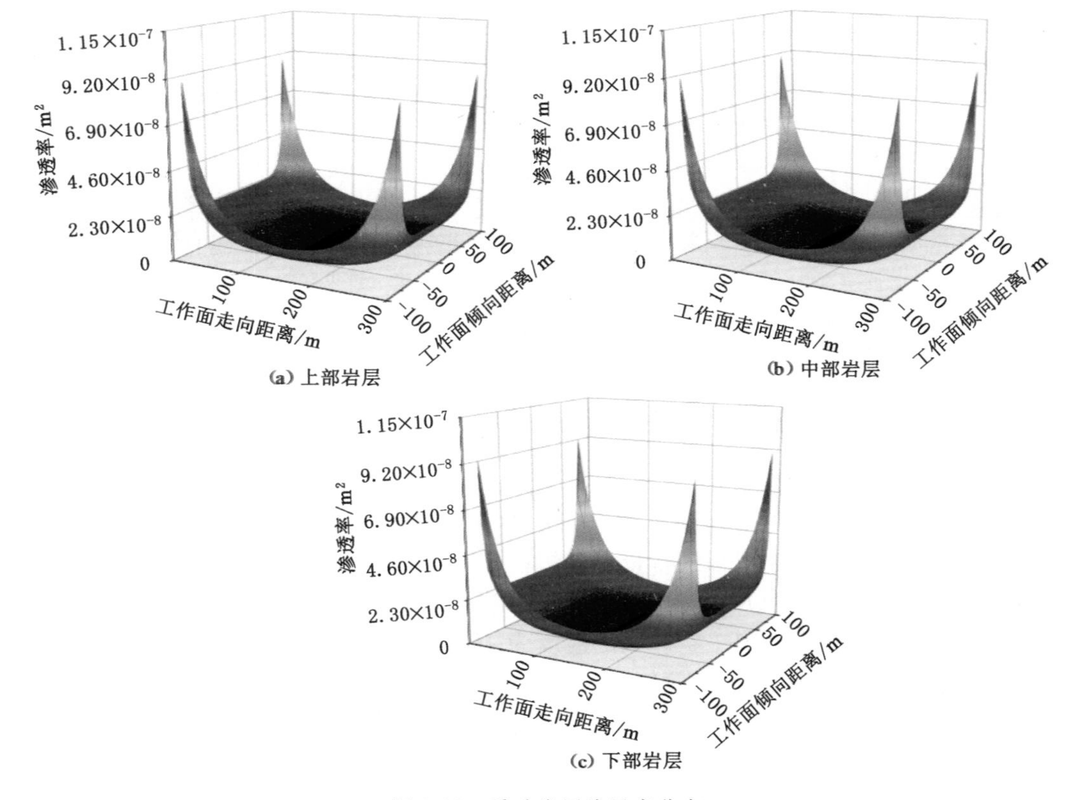

图 6-12 采动岩层渗透率分布

表 6-7 各块段岩层相对渗透率

岩层		块段渗透率积分面积/10^{-7} m²			块段相对渗透率/%		
		外部	中部	内部	外部	中部	内部
参数值	上部	10.49	5.43	4.08	17.25	8.92	6.71
	中部	10.60	5.49	4.12	17.44	9.02	6.78
	下部	10.81	5.59	4.20	17.78	9.20	6.91

C. 块段钻孔稳定性(R_s)

采用式(3-53)对结构裂隙区沿倾向剖面破断岩块间断裂裂隙面积进行计算，计算各参数取值见表 6-8。经计算，得结构裂隙区各层破断岩块间断裂裂隙面积，然后对其进行归一化处理，并与 1 取差值，得到布置于相应岩块处钻孔受采动影响的相对稳定程度，见表 6-9（岩层为由下向上顺序排列）。

表 6-8 计算参数取值

参数	值	参数	值
煤层采高/m	3.0	垮落岩层厚度/m	5.3
区域厚度/m	31.3	区域宽度/m	36.3

表 6-8(续)

参数	值	参数	值
破断岩层层数/层	9	破断岩层厚度(单层)/m	3.48
周期破断岩块长度/m	6.05	破断岩块数(单层)/个	6
岩层碎胀系数	1.05		

根据结构裂隙区各划分块段所包含的破断岩块(每个块段包含 3 层岩层，各层包含 2 个破断岩块，见表 6-9 中不同填充颜色所示)，可得到在各块段内布置钻孔时其受采动影响的相对稳定程度，并对其进行归一化处理(取结构裂隙区内布置钻孔的整体稳定性为 1)，可得到相应块段内布置钻孔的相对稳定性指标，见表 6-10。

表 6-9　各层相邻破断岩块间断裂裂隙面积与钻孔相对稳定性指标

岩层		1	2	3	4	5	6	7	8	9
岩块间断裂裂隙面积/m^2	1-2	2.111 6	1.990 7	1.870 6	1.751 2	1.632 4	1.514 1	1.396 3	1.278 9	1.162 0
	2-3	0.538 5	0.506 5	0.474 9	0.443 7	0.412 9	0.382 3	0.352 0	0.322 0	0.292 2
	3-4	0.134 8	0.126 8	0.118 9	0.111 0	0.103 3	0.095 6	0.088 1	0.080 5	0.073 1
	4-5	0.033 7	0.031 7	0.029 7	0.027 8	0.025 8	0.023 9	0.022 0	0.020 1	0.018 3
	5-6	0.008 4	0.007 9	0.007 4	0.006 9	0.006 5	0.006 0	0.005 5	0.005 0	0.004 6
	6-7	0.002 1	0.002 0	0.001 9	0.001 7	0.001 6	0.001 5	0.001 4	0.001 3	0.001 1
钻孔受采动影响的相对稳定程度/%	1-2	0	5.72	11.41	17.07	22.70	28.30	33.87	39.43	44.97
	2-3	74.50	76.01	77.51	78.99	80.45	81.89	83.33	84.75	86.16
	3-4	93.62	94.00	94.37	94.74	95.11	95.47	95.83	96.19	96.54
	4-5	98.40	98.50	98.59	98.69	98.78	98.87	98.96	99.05	99.13
	5-6	99.60	99.62	99.65	99.67	99.69	99.72	99.74	99.76	99.78
	6-7	99.90	99.91	99.91	99.92	99.92	99.93	99.93	99.94	99.95

表 6-10　各块段内钻孔相对稳定性

岩层		块段内钻孔受采动影响的相对稳定程度/%			块段内钻孔相对稳定性/%		
		外部	中部	内部	外部	中部	内部
参数值	上部	62.09	97.62	99.85	8.34	13.11	13.41
	中部	51.56	96.94	99.81	6.92	13.02	13.40
	下部	40.86	96.25	99.77	5.49	12.92	13.40

D. 钻孔位置确定

将表 6-6、表 6-7 和表 6-10 中各块段的 3 个指标值分别代入式(3-1)，可得到在各块段位置布置钻孔时的判据值。由于得到的判据值较小，对其进行归一化处理，如图 6-13 所示。

由图 6-13 可知，钻孔在结构裂隙区内布置位置优先次序为：块段 Ⅰ—块段 Ⅱ—块段

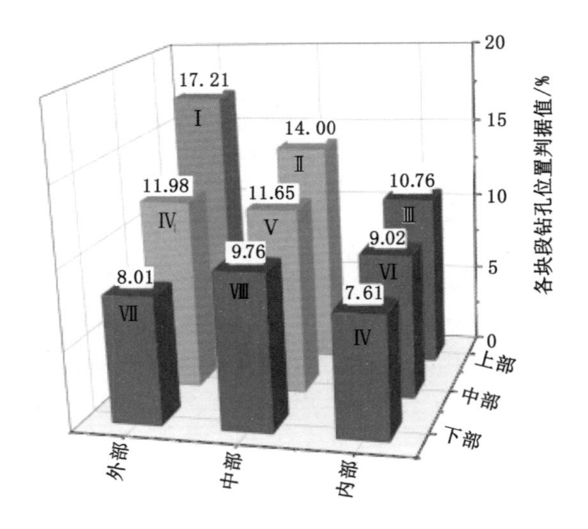

图 6-13　各块段位置布置钻孔的判据值

Ⅳ—块段Ⅴ—块段Ⅲ—块段Ⅷ—块段Ⅵ—块段Ⅶ—块段Ⅸ。

(2) 定向长钻孔布置抽采方案

在九里山矿 16021 工作面下车场处开口，沿走向在 16051 工作面顶板施工 2 个定向长钻孔进行卸压瓦斯抽采。1# 钻孔位置为块段Ⅰ(次序一)，2# 钻孔位置为块段Ⅱ(次序二)，钻孔直径 96 mm、间距 9.5 m、抽采负压 20 kPa，如图 6-14 所示。

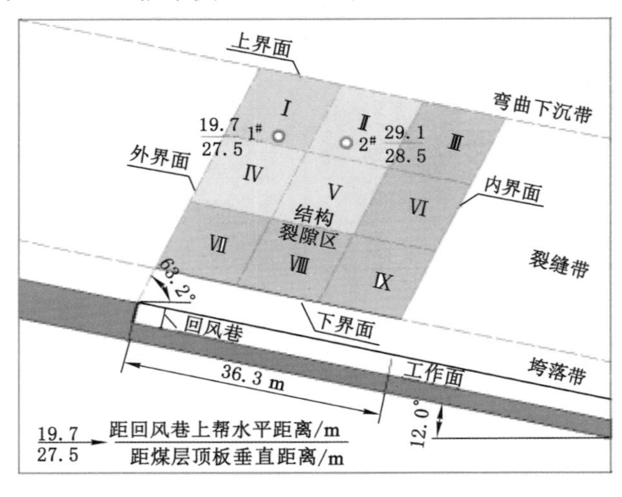

图 6-14　钻孔成孔倾向剖面图

6.2.3　定向长钻孔抽采瓦斯情况

随着工作面开采推进，当钻孔进入结构裂隙区、瓦斯抽采量开始增大时对抽采数据进行统计，历时 232 d，各钻孔瓦斯抽采数据如下。

① 1# 钻孔。如图 6-15 所示，钻孔在抽采初期瓦斯抽采量逐渐增大，瓦斯浓度逐渐增高，最大瓦斯抽采纯量和混量分别可达 2.59 m^3/min 和 9.86 m^3/min，瓦斯最大浓度为 51%。随着工作面开采推进，后期瓦斯抽采纯量和混量逐渐减小，分别维持在 1.0 m^3/min

和 3.6 m^3/min 左右。

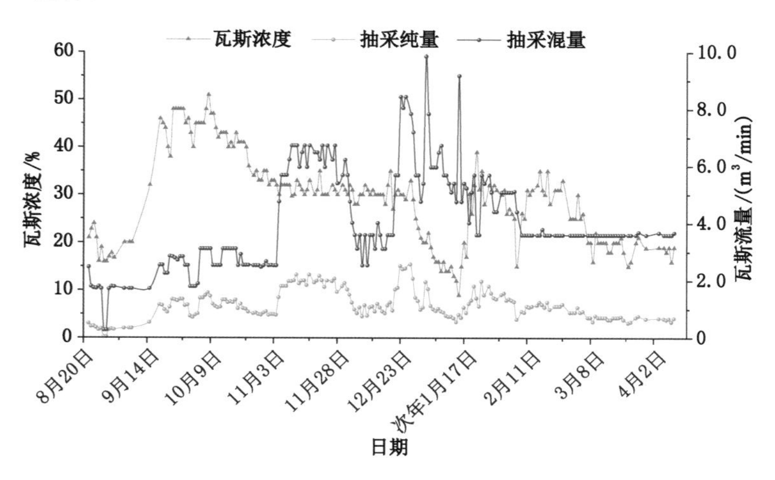

图 6-15　1# 钻孔瓦斯抽采数据

② 2# 钻孔。如图 6-16 所示，钻孔在抽采初期瓦斯抽采量较大，瓦斯浓度最高，其最大瓦斯抽采纯量和混量分别可达 2.20 m^3/min 和 7.84 m^3/min，瓦斯最大浓度为 65%。随着工作面开采推进，瓦斯抽采纯量整体呈逐渐减小的趋势，后期维持在 0.2 m^3/min 左右。瓦斯抽采混量呈现先增大后减小的趋势，后期维持在 2.5 m^3/min 左右。

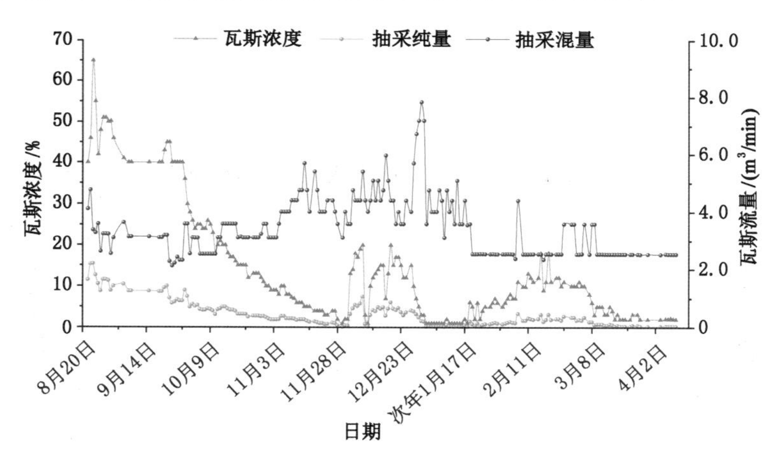

图 6-16　2# 钻孔瓦斯抽采数据

6.2.4　定向长钻孔布置及抽采效果分析

现将两钻孔抽采瓦斯纯量和混量数据进行对比分析，如图 6-17 所示。

分析图 6-17 可知：

① 两钻孔均布置于结构裂隙区内，1# 钻孔最大瓦斯抽采纯量和混量分别为 2.59 m^3/min 和 9.86 m^3/min，对应单日最大瓦斯抽采纯量为 3 729.6 m^3；2# 钻孔最大瓦斯抽采纯量和混量分别为 2.20 m^3/min 和 7.84 m^3/min，对应单日最大瓦斯抽采纯量为 3 168.0 m^3。

② 在钻孔抽采全阶段，两钻孔抽采瓦斯总纯量为 0.59～3.19 m^3/min，其中，1# 钻孔平均瓦斯抽采纯量为 1.15 m^3/min，平均日抽采瓦斯纯量为 1 656.0 m^3；2# 钻孔平均瓦斯抽采

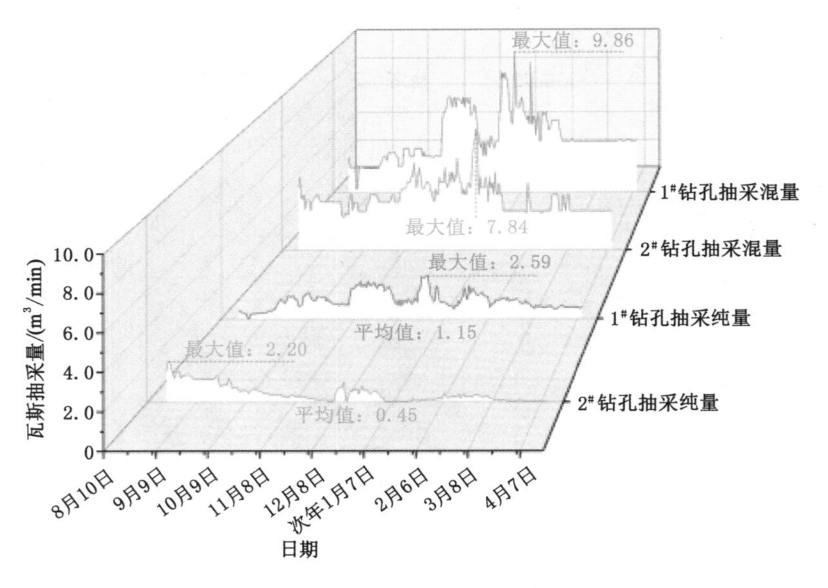

图 6-17 钻孔抽采瓦斯数据

纯量为 0.45 m^3/min，平均日抽采瓦斯纯量为 648.0 m^3。

③ 1# 钻孔的最大瓦斯抽采纯量和混量均大于 2# 钻孔，且 1# 钻孔抽采全阶段的瓦斯抽采纯量约为 2# 钻孔的 2.56 倍，布置于块段Ⅰ(次序一)的 1# 钻孔抽采效果明显优于布置于块段Ⅱ(次序二)的 2# 钻孔。

在定向长钻孔抽采作用下，工作面未出现瓦斯超限现象，对回风巷瓦斯传感器监测数据进行采集分析，结果如图 6-18 所示。

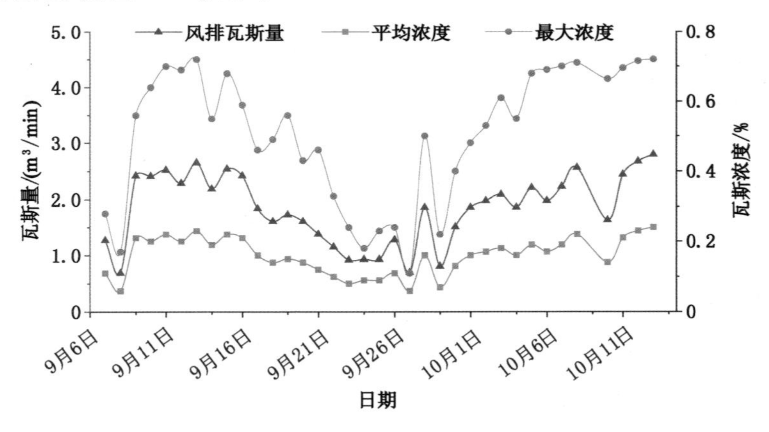

图 6-18 回风巷瓦斯监测数据

由图 6-18 可知，在定向长钻孔抽采作用下(抽采瓦斯总纯量为 0.59～3.19 m^3/min)，回风巷平均瓦斯浓度为 0.06%～0.24%，最大瓦斯浓度为 0.11%～0.72%，风排瓦斯量为 0.69～2.79 m^3/min，这说明定向长钻孔对工作面采空区卸压瓦斯进行了有效抽采治理，工作面及回风巷均没有发生瓦斯超限事故。

6.3 小　　结

本章以河南能源化工集团焦煤古汉山矿和九里山矿高瓦斯工作面定向长钻孔抽采瓦斯为工程背景，对定向长钻孔抽采卸压瓦斯技术进行了应用分析。

(1) 古汉山矿采用三钻孔非线性布置方案对采空区和工作面卸压瓦斯进行抽采治理，结果表明：从钻孔实测数据得出的结构裂隙区边界与理论计算边界相符；布置于结构裂隙区内的钻孔抽采能力较强，且钻孔稳定性较好，单孔瓦斯抽采纯量最高达 5.52 m^3/min，三钻孔总平均抽采纯量为 3.45 m^3/min；工作面瓦斯涌出量平均为 6.98 m^3/min。在钻孔抽采作用下，工作面上隅角瓦斯浓度小于 1%，回风巷瓦斯浓度为 0.18%～0.46%，通风排放瓦斯量为 1.44～3.90 m^3/min，这说明定向长钻孔对工作面及采空区卸压瓦斯进行了有效抽采治理。

(2) 九里山矿采用双钻孔布置对采空区和工作面卸压瓦斯进行抽采治理，结果表明：布置于结构裂隙区块段Ⅰ(位置次序一)的钻孔瓦斯抽采纯量最高达 2.59 m^3/min，抽采全阶段平均瓦斯抽采纯量为 1.15 m^3/min，为布置于块段Ⅱ(位置次序二)钻孔的 2.56 倍；两钻孔抽采瓦斯总纯量为 0.59～3.19 m^3/min。在钻孔抽采作用下，工作面及回风巷均没有发生瓦斯超限事故，回风巷瓦斯浓度为 0.11%～0.72%，通风排放瓦斯量为 0.69～2.79 m^3/min，这说明定向长钻孔对工作面及采空区卸压瓦斯进行了有效抽采治理。

第7章　结论与展望

7.1　结　　论

高产高效的矿井建设使得煤层开采强度不断提高，生产也变得更加集中，这不可避免地导致大量解吸涌出的瓦斯积聚在采空区和工作面上隅角，对矿井安全生产构成严重威胁。布置顶板水平定向长钻孔是进行卸压瓦斯抽采治理的有效方法，但存在钻孔布置位置设计理论依据少、钻孔抽采及布置参数研究不足的问题。本书通过数值模拟、相似模拟、理论分析和现场实测等方法对煤矿顶板水平定向长钻孔抽采卸压瓦斯技术进行了研究，得到了以下主要结论：

（1）基于采动裂隙演化特征，将裂缝带内的裂隙分布划分为“横四区”，分别为：原岩裂隙区、拉张裂隙区、结构裂隙区和压密裂隙区。确定结构裂隙区为定向长钻孔布置的最佳区域，并通过理论分析得到了结构裂隙区在采动覆岩中的空间位置边界计算公式。

（2）提出采动裂隙内瓦斯积聚程度、采动岩层渗透率和钻孔稳定性是影响钻孔布置位置的三个因素指标，并通过定义钻孔位置判据，得到了结构裂隙区各划分块段的钻孔位置判据值，进而确定了定向长钻孔在结构裂隙区中的布置位置，并给出了具体的方法流程。

（3）采用复变函数和镜像原理建立了单排平行布置、双排平行布置（对正排列和交错排列）和非线性布置钻孔抽采瓦斯数学模型，通过分析瓦斯流场分布及钻孔抽采相互影响特征可知：钻孔布置位置及间距对瓦斯抽采效率影响较大；非线性布置钻孔数量取 3～4 个可获得较好的钻孔抽采效率和钻孔等效半径；双排平行布置两种钻孔排列方式抽采效果相差不大，但双排布置抽采遮挡系数较大（0.737 9），上排钻孔抽采效率显著降低。

（4）提出了以瓦斯向钻孔的汇流速度作为定向长钻孔抽采影响半径的界定指标，结合钻孔抽采瓦斯数学模型，采用数值模拟对定向长钻孔抽采及布置参数进行了分析确定。在钻孔布置位置和钻孔抽采布置参数分析确定的基础上，提出了三钻孔布置和六钻孔布置共 4 种钻孔布置抽采方案。

（5）采用数值模拟对钻孔布置位置顺序及钻孔布置抽采方案进行了分析验证，确定三钻孔非线性布置方案抽采效果更优，在钻孔布置时应尽量将钻孔布置于结构裂隙区内区域一，其次布置于区域二。六钻孔交错布置较对正布置抽采能力更强，在钻孔布置数量一定的前提下，钻孔抽采能力随采空区瓦斯涌出量的增加而缓慢增长，且由于钻孔数量的增多，钻孔间相互影响增大，其单孔抽采效率降低。

（6）采用三钻孔非线性布置方案和双钻孔布置方案分别在古汉山矿 16031 工作面和九里山矿 16051 工作面进行了瓦斯抽采治理，结果表明：布置于结构裂隙区内的钻孔对工作面和采空区卸压瓦斯抽采效果显著，单孔瓦斯抽采纯量最高达 5.52 m^3/min，三孔总平均抽采纯量为3.45 m^3/min;布置于结构裂隙区块段Ⅰ(位置次序一)的钻孔平均瓦斯抽采纯量为布置于块段Ⅱ(位置次序二)钻孔的2.56倍;在钻孔抽采作用下,工作面上隅角和回风巷瓦斯浓度均小于1%,这说明定向长钻孔对工作面及采空区卸压瓦斯进行了有效抽采治理。

7.2 创 新 点

(1) 基于采动裂隙演化特征,将裂缝带内裂隙分布划分为“横四区”,确定结构裂隙区为定向长钻孔布置的最佳区域,并得出了结构裂隙区在采动覆岩中的空间位置边界计算方法。

(2) 提出了采动裂隙内瓦斯积聚程度、采动岩层渗透率和钻孔稳定性是影响钻孔布置位置的三个因素指标,并通过定义钻孔位置判据,确定了定向长钻孔在采动覆岩中的布置位置,给出了方法流程。

(3) 建立了裂隙场定向长钻孔抽采瓦斯数学模型,分析了各钻孔布置方式抽采条件下瓦斯分布及钻孔抽采特征;提出了以瓦斯向钻孔的汇流速度作为定向长钻孔抽采影响半径的界定指标,确定了钻孔的抽采及布置参数;在此基础上,设计了四种定向长钻孔布置抽采方案,并进行了工程验证。

7.3 研究展望

本书采用数值模拟、相似模拟、理论分析和现场实测等方法对水平定向长钻孔抽采卸压瓦斯技术进行了一定的研究,但由于实验条件限制和作者水平所限,仍有以下问题需进一步探索和完善:

(1) 钻孔稳定性对钻孔抽采效果影响很大,本书对采动影响阶段钻孔稳定性的研究为结构裂隙区各划分块段内布置钻孔的相对稳定性分析,参考指标为岩层破断岩块间断裂裂隙面积。对于采动影响阶段钻孔的具体破坏形式及破坏判别指标还需进一步分析研究。

(2) 本书建立了各布置方式定向长钻孔抽采瓦斯数学模型,在对瓦斯流场的分布特征分析时没有考虑采动裂隙分布的不均匀性;在分析钻孔抽采相互影响规律时也未考虑钻孔布置位置渗透率的不同所造成的影响。下一步应结合实际情况,对模型进行完善分析。

参考文献

[1] 郭文兵.煤矿开采损害与保护[M].3版.北京:应急管理出版社,2019.

[2] 钱鸣高,许家林,缪协兴.煤矿绿色开采技术[J].中国矿业大学学报,2003,32(4):343-348.

[3] 钱鸣高,石平五,许家林.矿山压力与岩层控制[M].2版.徐州:中国矿业大学出版社,2010.

[4] 李树志.我国采煤沉陷区治理实践与对策分析[J].煤炭科学技术,2019,47(1):36-43.

[5] GUO W B,GUO M J,TAN Y,et al. Sustainable development of resources and the environment: mining-induced eco-geological environmental damage and mitigation measures:a case study in the Henan coal mining area,China[J]. Sustainability,2019,11(16):4366.

[6] 王兆丰,宋党育,张明杰.瓦斯地质与瓦斯防治[M].徐州:中国矿业大学出版社,2015.

[7] 许家林,钱鸣高.绿色开采的理念与技术框架[J].科技导报,2007,25(7):61-65.

[8] 杨启军,郝小礼,冯涛,等.煤矿排风低浓度瓦斯节能减排潜力分析[J].矿业工程研究,2014,29(2):75-80.

[9] 林柏泉,等.矿井瓦斯防治理论与技术[M].2版.徐州:中国矿业大学出版社,2010.

[10] CHANG X C,TIAN H. Technical scheme and application of pressure-relief gas extraction in multi-coalseam mining region[J]. International journal of mining science and technology,2018,28(3):483-489.

[11] 聂百胜,何学秋,王恩元,等.煤与瓦斯突出预测技术研究现状及发展趋势[J].中国安全科学学报,2003,13(6):40-43.

[12] ZHOU H X,YANG Q L,CHENG Y P,et al. Methane drainage and utilization in coal mines with strong coal and gas outburst dangers:a case study in Luling mine,China[J]. Journal of natural gas science and engineering,2014,20:357-365.

[13] 李树刚,林海飞.煤与甲烷共采学导论[M].北京:科学出版社,2014.

[14] 胡千庭.煤矿瓦斯抽采与瓦斯灾害防治[M].徐州:中国矿业大学出版社,2007.

[15] QIN W,XU J L,HU G Z,et al. A method for arranging a network of surface boreholes for abandoned gob methane extraction[J]. Energy exploration and exploitation,2019,37(6):1619-1637.

[16] 赵学良,贾航,罗华贵.赵庄煤矿工作面分源联合立体抽采技术应用研究[J].煤炭工程,2022,54(1):74-79.

[17] 赵鹏翔,康新朋,李树刚,等.卸压瓦斯运移区“孔-巷”协同抽采布置参数优化及高效抽采[J].煤炭科学技术,2022,50(2):137-146.

[18] WANG F T, REN T, TU S H, et al. Implementation of underground longhole directional drilling technology for greenhouse gas mitigation in Chinese coal mines [J]. International journal of greenhouse gas control, 2012, 11: 290-303.

[19] 石浩. 大直径高位定向长钻孔瓦斯抽采技术及应用[J]. 煤炭科学技术, 2018, 46(10): 190-195.

[20] 钱鸣高, 许家林. 煤炭开采与岩层运动[J]. 煤炭学报, 2019, 44(4): 973-984.

[21] 黄庆享, 韩金博. 浅埋近距离煤层开采裂隙演化机理研究[J]. 采矿与安全工程学报, 2019, 36(4): 706-711.

[22] LI S W, GAO M Z, YANG X J, et al. Numerical simulation of spatial distributions of mining-induced stress and fracture fields for three coal mining layouts[J]. Journal of rock mechanics and geotechnical engineering, 2018, 10(5): 907-913.

[23] 谢和平, 高峰, 周宏伟, 等. 煤与瓦斯共采中煤层增透率理论与模型研究[J]. 煤炭学报, 2013, 38(7): 1101-1108.

[24] YAN F Z, LIN B Q, ZHU C J, et al. A novel ECBM extraction technology based on the integration of hydraulic slotting and hydraulic fracturing[J]. Journal of natural gas science and engineering, 2015, 22: 571-579.

[25] 杨科, 刘帅. 深部远距离下保护层开采多关键层运移—裂隙演化—瓦斯涌出动态规律研究[J]. 采矿与安全工程学报, 2020, 37(5): 991-1000.

[26] 钱鸣高, 缪协兴, 许家林, 等. 岩层控制的关键层理论[M]. 徐州: 中国矿业大学出版社, 2000.

[27] PENG S S. 长壁开采[M]. 郭文兵, 等译. 北京: 科学出版社, 2011.

[28] PENG S S. 煤矿围岩控制[M]. 翟新献, 翟俨伟, 译. 北京: 科学出版社, 2014.

[29] HASENFUS G J, JOHNSON K L, SU D W. A hydrogeomechanical study of overburden aquifer response to longwall mining[C]//International Conference on Ground Control in Mining, Morgantown, 1988.

[30] BAI M, ELSWORTH D. Some aspects of mining under aquifers in China[J]. Mining science and technology, 1990, 10(1): 81-91.

[31] PALCHIK V. Influence of physical characteristics of weak rock mass on height of caved zone over abandoned subsurface coal mines[J]. Environmental geology, 2002, 42(1): 92-101.

[32] CHRISTOPHER M. Multiple-seam mining in the United States: background[C]//Proceedings of the New Technology for Ground Control in Multiple-Seam Mining, Pittsburgh, 2007.

[33] YAVUZ H. An estimation method for cover pressure re-establishment distance and pressure distribution in the goaf of longwall coal mines[J]. International journal of rock mechanics and mining sciences, 2004, 41(2): 193-205.

[34] SHABANIMASHCOOL M, LI C C. Numerical modelling of longwall mining and stability analysis of the gates in a coal mine[J]. International journal of rock mechanics and mining sciences, 2012, 51: 24-34.

[35] PALCHIK V. Experimental investigation of apertures of mining-induced horizontal fractures[J]. International journal of rock mechanics and mining sciences, 2010, 47(3):502-508.

[36] SAGHAFI A, PINETOWN K L. A new method to determine the depth of the de-stressed gas-emitting zone in the underburden of a longwall coal mine [J]. International journal of coal geology, 2015, 152:156-164.

[37] 黄学满. 煤矿采场"竖三带"的确定方法及应用[J]. 煤炭科学技术, 2013, 41(增刊 2): 48-50.

[38] 高延法. 岩移"四带"模型与动态位移反分析[J]. 煤炭学报, 1996, 21(1):51-56.

[39] 郭惟嘉, 李杨杨, 范炜琳, 等. 岩层结构运动演化数控机械模拟试验系统研制及应用[J]. 岩石力学与工程学报, 2014, 33(增刊 2):3776-3782.

[40] 崔希民, 邓喀中. 煤矿开采沉陷预计理论与方法研究评述[J]. 煤炭科学技术, 2017, 45(1):160-169.

[41] 侯忠杰. 断裂带老顶的判别准则及在浅埋煤层中的应用[J]. 煤炭学报, 2003, 28(1): 8-12.

[42] 侯忠杰, 谢胜华. 采场老顶断裂岩块失稳类型判断曲线讨论[J]. 矿山压力与顶板管理, 2002(2):1-3, 110.

[43] ZHANG C W, JIN Z X, SONG X M, et al. Failure mechanism and fracture aperture characteristics of hard thick main roof based on voussoir beam structure in longwall coal mining[J]. Energy science and engineering, 2020, 8(2):340-352.

[44] 袁亮. 松软低透煤层群瓦斯抽采理论与技术[M]. 北京:煤炭工业出版社, 2004.

[45] 袁亮. 煤及共伴生资源精准开采科学问题与对策[J]. 煤炭学报, 2019, 44(1):1-9.

[46] GUO H, YUAN L, SHEN B T, et al. Mining-induced strata stress changes, fractures and gas flow dynamics in multi-seam longwall mining[J]. International journal of rock mechanics and mining sciences, 2012, 54:129-139.

[47] 许家林, 朱卫兵, 王晓振. 基于关键层位置的导水裂隙带高度预计方法[J]. 煤炭学报, 2012, 37(5):762-769.

[48] QU Q D, XU J L, WU R L, et al. Three-zone characterisation of coupled strata and gas behaviour in multi-seam mining[J]. International journal of rock mechanics and mining sciences, 2015, 78:91-98.

[49] QIN W, XU J L. Horizontal subzone characteristics and methane seepage properties of the gas flowing fracture zone above the gob[J]. Advances in civil engineering, 2018, 2018(1):9071578.

[50] 李树刚, 徐培耘, 赵鹏翔, 等. 采动裂隙椭抛带时效诱导作用及卸压瓦斯抽采技术[J]. 煤炭科学技术, 2018, 46(9):146-152.

[51] LI S G, DU X H, ZHAO P X, et al. Experimental study on crack evolution characteristics of rock-like materials under different strain rates [J]. Journal of geophysics and engineering, 2018, 15(5):2071-2078.

[52] ZHAO P X, ZHUO R S, LI S G, et al. Analysis of advancing speed effect in gas safety

extraction channels and pressure-relief gas extraction[J]. Fuel,2020,265:116825.

[53] ZHAO P X,ZHUO R S,LI S G,et al. Fractal characteristics of gas migration channels at different mining heights[J]. Fuel,2020,271:117479.

[54] 黄庆享. 浅埋煤层保水开采岩层控制研究[J]. 煤炭学报,2017,42(1):50-55.

[55] 范钢伟,张东升,陈铭威,等. 采动覆岩裂隙体系统耗散结构特征与突变失稳阈值效应[J]. 采矿与安全工程学报,2019,36(6):1093-1101.

[56] ZHANG B C,SUN H T,LIANG Y P,et al. Characterization and quantification of mining-induced fractures in overlying strata: implications for coalbed methane drainage[J]. Natural resources research,2020,29(4):2467-2480.

[57] BLACK D J,AZIZ N I. Developments in coal mine methane drainage and utilization in Australia[C]//Proceedings of the Ninth International Mine Ventilation Congress, Dhanbad,2009.

[58] KARACAN C Ö,GOODMAN G V R. Probabilistic modeling using bivariate normal distributions for identification of flow and displacement intervals in longwall overburden[J]. International journal of rock mechanics and mining sciences,2011, 48(1):27-41.

[59] 刘泽功,袁亮,戴广龙,等. 开采煤层顶板环形裂隙圈内走向长钻孔法抽放瓦斯研究[J]. 中国工程科学,2004,6(5):32-38.

[60] 郭玉森,林柏泉,吴传始. 围岩裂隙演化与采动卸压瓦斯储运的耦合关系[J]. 采矿与安全工程学报,2007,24(4):414-417.

[61] 王海锋,程远平,吴冬梅,等. 近距离上保护层开采工作面瓦斯涌出及瓦斯抽采参数优化[J]. 煤炭学报,2010,35(4):590-594.

[62] 李树刚,林海飞,赵鹏翔,等. 采动裂隙椭抛带动态演化及煤与甲烷共采[J]. 煤炭学报,2014,39(8):1455-1462.

[63] 屠世浩,张村,杨冠宇,等. 采空区渗透率演化规律及卸压开采效果研究[J]. 采矿与安全工程学报,2016,33(4):571-577.

[64] FENG G R, HU S Y, LI Z, et al. Distribution of methane enrichment zone in abandoned coal mine and methane drainage by surface vertical boreholes:a case study from China[J]. Journal of natural gas science and engineering,2016,34:767-778.

[65] HU S Y,ZHANG A,FENG G R,et al. Impact of coalbed incidence angle on methane enrichment zone in longwall gob[J]. Minerals,2017,7(9):166.

[66] FENG G R,ZHANG A,HU S Y,et al. A methodology for determining the methane flow space in abandoned mine gobs and its application in methane drainage[J]. Fuel, 2018,227:208-217.

[67] 屈庆栋. 采动上覆瓦斯卸压运移的“三带”理论及其应用研究[D]. 徐州:中国矿业大学,2010.

[68] 吴仁伦. 煤层群开采瓦斯卸压抽采“三带”范围的理论研究[D]. 徐州:中国矿业大学,2011.

[69] 周福宝,夏同强,刘应科,等. 地面钻井抽采卸压煤层及采空区瓦斯的流量计算模型

[J]. 煤炭学报,2010,35(10):1638-1643.

[70] XIE S R,ZHAO Y J,ZHANG S B,et al. Mechanism and experiment of substituting high drainage roadway with directional long drilling group to extract pressure-relief gas[J]. Journal of Central South University,2012,19:2591-2597.

[71] 姚伟,金龙哲,张君. 采空区高位钻孔瓦斯抽放的数值模拟[J]. 北京科技大学学报,2010,32(12):1521-1525.

[72] 金龙哲,姚伟,张君. 采空区瓦斯渗流规律的 CFD 模拟[J]. 煤炭学报,2010,35(9):1476-1480.

[73] QIN Z Y,YUAN L,GUO H,et al. Investigation of longwall goaf gas flows and borehole drainage performance by CFD simulation[J]. International journal of coal geology,2015,150/151:51-63.

[74] HU G Z,XU J L,REN T,et al. Adjacent seam pressure-relief gas drainage technique based on ground movement for initial mining phase of longwall face[J]. International journal of rock mechanics and mining sciences,2015,77:237-245.

[75] WANG Z W,REN T,CHENG Y P. Numerical investigations of methane flow characteristics on a longwall face part Ⅰ:methane emission and base model results [J]. Journal of natural gas science and engineering,2017,43:242-253.

[76] WANG Z W,REN T,CHENG Y P. Numerical investigations of methane flow characteristics on a longwall face part Ⅱ:parametric studies[J]. Journal of natural gas science and engineering,2017,43:254-267.

[77] 洛锋,曹树刚,李国栋,等. 采动应力集中壳和卸压体空间形态演化及瓦斯运移规律研究[J]. 采矿与安全工程学报,2018,35(1):155-162.

[78] CAO J,LI W P. Numerical simulation of gas migration into mining-induced fracture network in the goaf[J]. International journal of mining science and technology,2017,27(4):681-685.

[79] 梁运涛,张腾飞,王树刚,等. 采空区孔隙率非均质模型及其流场分布模拟[J]. 煤炭学报,2009,34(9):1203-1207.

[80] 赵洪宝,潘卫东,汪昕. 开采薄煤层采空区瓦斯分布规律数值模拟研究[J]. 煤炭学报,2011,36(增刊 2):440-443.

[81] 陈鹏,张浪,邹东起. 基于“O”形圈理论的采空区三维渗透率分布研究[J]. 矿业安全与环保,2015,42(5):38-41.

[82] 王伟,程远平,刘洪永,等. 基于 sigmoid 函数的采空区渗透率模型及瓦斯流场模拟应用[J]. 采矿与安全工程学报,2017,34(6):1232-1239.

[83] 司俊鸿,程根银,朱建芳,等. 采空区非均质多孔介质渗透特性三维建模及应用[J]. 煤炭科学技术,2019,47(5):220-224.

[84] 梁涛,刘晓丽,王思敬. 采动裂隙扩展规律及渗透特性分形研究[J]. 煤炭学报,2019,44(12):3729-3739.

[85] 马东民,李卫波,蔺亚兵. 降压解吸关系式在中高阶煤煤层气排采中的应用[J]. 西安科技大学学报,2010,30(6):697-701.

[86] 王伟,程远平,袁亮,等.深部近距离上保护层底板裂隙演化及卸压瓦斯抽采时效性[J].煤炭学报,2016,41(1):138-148.

[87] 张勇,张春雷,赵甫.近距离煤层群开采底板不同分区采动裂隙动态演化规律[J].煤炭学报,2015,40(4):786-792.

[88] 张东明,齐消寒,宋润权,等.采动裂隙煤岩体应力与瓦斯流动的耦合机理[J].煤炭学报,2015,40(4):774-780.

[89] 尹光志,何兵,李铭辉,等.采动过程中瓦斯抽采流量与煤层支承应力的相关性[J].煤炭学报,2015,40(4):736-741.

[90] 胡恩宝,张春雷.高抽巷治理厚煤层综采工作面瓦斯技术研究[J].矿业安全与环保,2014,41(5):79-81.

[91] 郝春生,袁瑞甫,郝海金,等.基于采动覆岩裂隙三维分布形态的地面L型抽采钻孔合理位置研究[J].河南理工大学学报(自然科学版),2019,38(6):24-31.

[92] 赵晶,皮希宇,王栓林,等.高瓦斯薄煤层采煤工作面高位钻孔瓦斯抽采技术[J].煤炭科学技术,2015,43(11):78-82.

[93] 孙荣军,李泉新,方俊,等.采空区瓦斯抽采高位钻孔施工技术及发展趋势[J].煤炭科学技术,2017,45(1):94-99,213.

[94] 张海权,王惠风,王向东.大直径高位钻孔代替高抽巷抽采瓦斯的研究[J].煤炭科学技术,2012,40(6):51-53,57.

[95] 赵耀江,谢生荣,温百根,等.高瓦斯煤层群顶板大直径千米钻孔抽采技术[J].煤炭学报,2009,34(6):797-801.

[96] QIN J, QU Q D, HUA G. CFD simulations for longwall gas drainage design optimisation[J]. International journal of mining science and technology,2017,27(5):777-782.

[97] WANG G,FAN C,XU H,et al. Determination of long horizontal borehole height in roofs and its application to gas drainage[J]. Energies,2018,11(10):2647.

[98] 林海飞,杨二豪,夏保庆,等.高瓦斯综采工作面定向钻孔代替尾巷抽采瓦斯技术[J].煤炭科学技术,2020,48(1):136-143.

[99] 段会军,郝世俊.基于高位定向钻孔分区抽采的上隅角瓦斯治理技术[J].中国煤炭地质,2020,32(12):72-76.

[100] YAN Z G, WANG Y P, FAN J D, et al. Study on key parameters of directional long borehole layout in high-gas working face [J]. Shock and vibration, 2021, 2021(1):5579967.

[101] 童碧,许超,刘飞,等.淮南矿区瓦斯抽采中以孔代巷技术研究与工程实践[J].煤炭科学技术,2018,46(4):33-39.

[102] 刘秀保,逄锦伦,范彦阳,等.顶板走向高位长钻孔分源抽采采空区瓦斯技术研究与应用[J].矿业安全与环保,2019,46(5):70-74.

[103] 郭艳飞,魏国营,李学臣,等.赵固二矿千米定向煤钻孔区域瓦斯治理关键技术研究[J].河南理工大学学报(自然科学版),2019,38(2):14-19.

[104] 郝光生,陈宾,申凯.采空区顶板高位定向钻孔差异化布置与抽采效果分析[J].煤炭

科学技术,2018,46(8):101-106.

[105] 李彦明.基于高位定向长钻孔的上隅角瓦斯治理研究[J].煤炭科学技术,2018,46(1):215-218.

[106] 息岩君.塔山矿8214工作面大直径长钻孔采空区瓦斯治理技术研究与应用[J].煤炭与化工,2020,43(12):93-96,99.

[107] 郭英,孟祥军,陈功华,等.青龙煤矿11615工作面高位定向长钻孔瓦斯抽采分析[J].中国矿业,2021,30(4):185-190.

[108] 任建平,王宁.高位定向长钻孔替代普通倾向孔工程实践[J].煤炭技术,2021,40(9):121-125.

[109] 王文彬,张军义,王露.煤层顶板裂隙高位定向长钻孔安全高效抽采技术的研究与应用[J].能源与环保,2020,42(12):65-70.

[110] ZHANG J,ROEGIERS J C. Double porosity finite element method for borehole modeling[J]. Rock mechanics and rock engineering,2005,38(3):217-242.

[111] DRESEN G,STANCHITS S,RYBACKI E. Borehole breakout evolution through acoustic emission location analysis[J]. International journal of rock mechanics and mining sciences,2010,47(3):426-435.

[112] GAEDE O,KARPFINGER F,JOCKER J,et al. Comparison between analytical and 3D finite element solutions for borehole stresses in anisotropic elastic rock[J]. International journal of rock mechanics and mining sciences,2012,51:53-63.

[113] GELET R, LORET B, KHALILI N. Borehole stability analysis in a thermoporoelastic dual-porosity medium[J]. International journal of rock mechanics and mining sciences,2012,50:65-76.

[114] ZHANG J C. Borehole stability analysis accounting for anisotropies in drilling to weak bedding planes[J]. International journal of rock mechanics and mining sciences,2013,60:160-170.

[115] KARATELA E,TAHERI A,XU C S,et al. Study on effect of in situ stress ratio and discontinuities orientation on borehole stability in heavily fractured rocks using discrete element method[J]. Journal of petroleum science and engineering,2016,139:94-103.

[116] XUE F,FENG X W. Spatial and temporal distribution law and influencing factors of the mining-induced deformation and failure of gas boreholes[J]. Advances in materials science and engineering,2018,2018(1):9580526.

[117] DOKHANI V,YU M J,BLOYS B. A wellbore stability model for shale formations: accounting for strength anisotropy and fluid induced instability[J]. Journal of natural gas science and engineering,2016,32:174-184.

[118] LIU M,JIN Y,LU Y H,et al. A wellbore stability model for a deviated well in a transversely isotropic formation considering poroelastic effects[J]. Rock mechanics and rock engineering,2016,49(9):3671-3686.

[119] LAN H T,MOORE I D. Numerical investigation of the circumferential stresses

around boreholes during horizontal directional drilling[J]. International journal of geomechanics,2017,17(12):04017114.

[120] LIANG H B, HUANG X Q, SUN Y Q, et al. A diagnostic model based on support vector machine for the collapse of horizontal well borehole wall[J]. Journal of residuals science and technology, 2016,13(1):167-175.

[121] JIA L C,CHEN M,JIN Y,et al. Numerical simulation of failure mechanism of horizontal borehole in transversely isotropic shale gas reservoirs[J]. Journal of natural gas science and engineering,2017,45:65-74.

[122] ZHAO H B,LI J Y,LIU Y H,et al. Experimental and measured research on three-dimensional deformation law of gas drainage borehole in coal seam[J]. International journal of mining science and technology,2020,30(3):397-403.

[123] 付彬,艾志久. 基于流-固耦合的水平定向钻孔壁稳定性研究[J]. 地下空间与工程学报,2016,12(4):890-896.

[124] 康坤坤,钱锋,尤伟星,等. 水平定向钻孔壁稳定性影响因素分析[J]. 地质科技情报,2016,35(2):45-48.

[125] 王建钧,曹净,刘海明. 水平定向钻孔稳定性因素分析[J]. 地质装备,2009,10(2):44-45.

[126] FUMAGALLI E. Statical and geomechanical models[M]. Vienna:Springer,1973.

[127] 林柏泉,宋浩然,杨威,等. 基于煤体各向异性的煤层瓦斯有效抽采区域研究[J]. 煤炭科学技术,2019,47(6):139-145.

[128] 程远平,刘洪永,郭品坤,等. 深部含瓦斯煤体渗透率演化及卸荷增透理论模型[J]. 煤炭学报,2014,39(8):1650-1658.

[129] 王亮,廖晓雪,褚鹏,等. 瓦斯抽采穿层钻孔钻扩造穴卸压增透机理研究[J]. 煤炭科学技术,2021,49(5):75-82.

[130] 许家林. 岩层采动裂隙演化规律与应用[M]. 2 版. 徐州:中国矿业大学出版社,2016.

[131] 郭文兵,赵高博,白二虎. 煤矿高强度长壁开采覆岩破坏充分采动及其判据[J]. 煤炭学报,2020,45(11):3657-3666.

[132] 许斌,蒋金泉,代进,等. 采场上覆关键层破断角的力学推导和实验模拟[J]. 煤炭学报,2018,43(3):599-606.

[133] 车强. 采空区气体多场耦合理论及应用[M]. 北京:化学工业出版社,2012.

[134] 朱建芳. 动坐标下采空区自燃无因次模型及判别准则研究[D]. 北京:中国矿业大学(北京),2006.

[135] 王文学. 采动裂隙岩体应力恢复及其渗透性演化[D]. 徐州:中国矿业大学,2014.

[136] 邓军,文虎,徐精彩. 煤自然发火预测理论及技术[M]. 西安:陕西科学技术出版社,2001.

[137] JIN Y, CHEN M, LIU G H, et al. Wellbore stability analysis of extended reach wells[J]. Journal of geomechanics,1999,5(1):4-11.

[138] 谢群丹,何杰,刘杰,等. 双剪统一强度理论在土压力计算中的应用[J]. 岩土工程学报,2003,25(3):343-345.

[139] 俞茂宏,昝月稳,范文,等.20世纪岩石强度理论的发展:纪念 Mohr-Coulomb 强度理论100周年[J].岩石力学与工程学报,2000,19(5):545-550.

[140] YU M H,ZAN Y W,ZHAO J,et al. A Unified strength criterion for rock material [J]. International journal of rock mechanics and mining sciences,2002,39(8):975-989.

[141] 薛飞.无煤柱煤与瓦斯共采中抽采钻孔采动破坏机理研究[D].徐州:中国矿业大学,2015.

[142] LI X P,ZHAO H,WANG B,et al. Mechanical properties of deep-buried marble material under loading and unloading tests[J]. Journal of Wuhan University of Technology,2013,28(3):514-520.

[143] 胡良平.顶板长钻孔瓦斯抽采效果主控因素及影响规律研究[D].北京:煤炭科学研究总院,2017.

[144] 钟玉泉.复变函数论[M].2版.北京:高等教育出版社,2003.

[145] 孔祥言.高等渗流力学[M].2版.合肥:中国科学技术大学出版社,2010.